TRAITÉ
DE
BALISTIQUE
EXPÉRIMENTALE,

PAR M. HÉLIE,
Professeur à l'École d'Artillerie de la Marine.

DEUXIÈME ÉDITION, CONSIDÉRABLEMENT AUGMENTÉE,

AVEC LA COLLABORATION DE

M. HUGONIOT,
Capitaine d'Artillerie de la Marine.

OUVRAGE PUBLIÉ SOUS LES AUSPICES DU MINISTRE DE LA MARINE.

TOME PREMIER.

PARIS,
GAUTHIER-VILLARS, IMPRIMEUR-LIBRAIRE
DU BUREAU DES LONGITUDES, DE L'ÉCOLE POLYTECHNIQUE,

Quai des Augustins, 55.

1884

TRAITÉ

DE

BALISTIQUE EXPÉRIMENTALE.

TRAITÉ

DE

BALISTIQUE

EXPÉRIMENTALE,

PAR M. HÉLIE,

Professeur à l'École d'Artillerie de la Marine.

DEUXIÈME ÉDITION, CONSIDÉRABLEMENT AUGMENTÉE,

AVEC LA COLLABORATION DE

M. HUGONIOT,

Capitaine d'Artillerie de la Marine.

OUVRAGE PUBLIÉ SOUS LES AUSPICES DU MINISTRE DE LA MARINE.

TOME PREMIER.

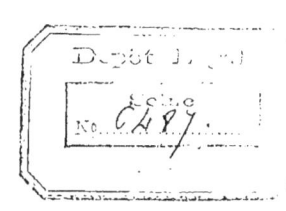

PARIS,

GAUTHIER-VILLARS, IMPRIMEUR-LIBRAIRE

DU BUREAU DES LONGITUDES, DE L'ÉCOLE POLYTECHNIQUE,

Quai des Augustins, 55.

1884

(Tous droits réservés.)

PRÉFACE.

La première édition de cet Ouvrage a paru en 1865. L'artillerie rayée était alors à sa naissance et les essais dont elle avait été l'objet étaient renfermés entre des limites fort restreintes.

Depuis cette époque, le système général de l'artillerie a été entièrement changé; les bouches à feu employées jusqu'alors ont été remplacées par d'autres susceptibles d'une plus grande précision. Aux anciennes poudres, reconnues trop brisantes, on en a substitué de nouvelles, moins dangereuses; on a pu ainsi imprimer aux projectiles des vitesses beaucoup plus considérables. Enfin les modifications apportées au mode de chargement ont beaucoup augmenté la précision du tir.

Une seconde édition m'était demandée; mais elle exigeait des recherches que l'affaiblissement de ma vue semblait m'interdire. Fort heureusement, j'ai rencontré dans M. Hugoniot, capitaine d'Artillerie de la Marine, un collaborateur avec lequel je me suis toujours trouvé en parfaite conformité d'idées, en sorte qu'il partage avec moi la responsabilité de cette œuvre.

TRAITÉ

DE

BALISTIQUE EXPÉRIMENTALE.

PRÉLIMINAIRES.

§ 1. — Considérations générales.

Toutes les questions relatives au tir de projectiles et à leurs effets destructeurs sont du ressort de la Balistique. Les principes de la Mécanique rationnelle ne suffisent point pour les résoudre; les forces et les résistances qui se trouvent en jeu ne peuvent être appréciées que par l'observation.

Un Traité de Balistique doit donc se composer en grande partie de descriptions et de discussions d'expériences dont les résultats constituent souvent la seule démonstration possible des propositions que l'on se croit en droit d'établir. Ces descriptions entraînent, il est vrai, dans de grandes longueurs; mais c'est un inconvénient qu'on ne peut guère éviter. Les épreuves n'inspirent de confiance qu'autant que les circonstances en sont bien connues; elles présentent souvent des divergences qui ne doivent pas rester ignorées; quelquefois même elles peuvent être interprétées de diverses manières, et, si plus tard de nouveaux faits viennent se joindre à ceux qui avaient été primitivement recueillis et obligent à modifier les conséquences qu'on en avait déduites, il importe que les diverses séries d'observations puissent être comparées les unes aux autres.

La recherche des lois générales qui régissent les phénomènes offre de grandes difficultés. Les expériences d'artillerie sont certainement fort nombreuses ; mais elles sont presque toujours déterminées par des circonstances particulières et pour satisfaire aux besoins du moment. Il faut donc rapprocher des épreuves entreprises le plus souvent dans des vues fort différentes et auxquelles aucun esprit d'ensemble n'a présidé. De plus, les expérimentations semblent toujours dominées par la crainte de s'écarter des circonstances que présente habituellement la pratique ; par suite, les lois observées ne peuvent être vérifiées qu'entre des limites assez resserrées, et les formules construites avec le plus de soin n'ont souvent qu'une existence éphémère.

Beaucoup de questions ne peuvent être traitées que d'une manière très incomplète, et les solutions les plus avancées laissent encore fort à désirer. L'exposé de ce qui a été fait montrera du moins ce qui reste à faire.

§ 2. — Observations relatives au poids et à la densité des corps.

Le mot *poids* n'a pas la même signification dans le langage scientifique et dans le langage ordinaire. Cette double acception pouvant donner lieu à des méprises, des observations à cet égard ne semblent pas inutiles.

On sait qu'un corps abandonné à lui-même dans le vide prendrait un mouvement vertical uniformément accéléré. L'accélération pendant chaque seconde sexagésimale a reçu le nom de *gravité* et est ordinairement représentée par la lettre g.

La force qui imprime cette accélération, à laquelle elle est nécessairement proportionnelle, est ce que dans la Mécanique rationnelle on appelle *poids du corps*. En le désignant par p et représentant la masse par m, on a l'équation

$$\frac{p}{g} = m.$$

La valeur de g varie d'un lieu à l'autre ; à Paris, $g = 9,809$, ou à très peu près $g = 9,81$.

PRÉLIMINAIRES.   3

Le kilogramme est pris généralement pour unité de poids. D'après la détermination faite à Paris, le kilogramme est la force qui, pendant chaque seconde, imprime à 1^{dc} cube d'eau distillée amenée au maximum de densité une accélération égale à 9,809.

Le poids théorique p dont on vient de donner la définition ne doit pas être confondu avec le poids usuel ou métrique que l'on détermine à l'aide de la balance. Le premier varie d'un lieu à l'autre, le second est le même quel que soit le lieu où l'on opère. A Paris, leur inégalité disparaît; par conséquent, si l'on désigne par p_m le poids métrique, on a l'équation

$$\frac{p_m}{9,809} = m.$$

On voit que le poids métrique est proportionnel à la masse. Il est clair que

$$\frac{p}{g} = \frac{p_m}{9,809}.$$

C'est toujours le poids théorique p qui figure dans les formules générales; mais, si la valeur de g reste arbitraire, rien n'empêche de prendre $g = 9,81$, et dès lors le poids théorique peut être remplacé par le poids métrique.

Dans la Mécanique rationnelle, la densité est le rapport de la masse au volume. En la désignant par d et représentant le volume par v, on a

$$d = \frac{p}{gv} \quad \text{et} \quad d = \frac{p_m}{9,809\, v}.$$

On se débarrasse ordinairement du diviseur 9,809, et l'on prend l'expression $\frac{p_m}{v}$ pour l'expression de la densité, qui devient ainsi le rapport du poids métrique au volume. On peut dire encore qu'elle est le poids métrique de l'unité de volume.

PRÉLIMINAIRES.

§ 3. — Poudre.

La poudre est le moteur qu'emploie l'artillerie.

Celle dont on faisait usage en France jusqu'en 1870 était formée de 75 parties de salpêtre, 12,5 de soufre et 12,5 de charbon. Le mélange et la trituration s'opéraient au moyen de pilons. Les procédés sont décrits dans les Ouvrages spéciaux.

Les grains étaient de forme irrégulière; leurs dimensions variaient entre $2^{mm},5$ et $1^{mm},4$.

1^{lit} de poudre à canon non tassée pesait généralement de 830^{gr} à 870^{gr}. La densité apparente ou gravimétrique est le rapport du poids exprimé en kilogrammes au volume total évalué en décimètres cubes. Cette densité était donc comprise entre 0,83 et 0,87.

Dans les gargousses, la poudre, étant toujours tassée, avait une densité généralement supérieure à 0,9.

Les produits des diverses poudreries étaient loin d'être identiques. Ainsi, par exemple, le nombre de grains au gramme variait de l'une à l'autre.

Depuis 1870, beaucoup de poudres diverses ont été employées. Les caractères et la composition de ces poudres seront indiqués lorsqu'on mentionnera les expériences dans lesquelles on en a fait usage.

§ 4. — **Effets de la poudre en vases clos. Expériences de Rumford.**

Rumford a voulu mesurer directement la pression exercée par les gaz de la poudre lorsque l'explosion a lieu dans une capacité constante. Le compte rendu des expériences qu'il a exécutées à ce sujet en 1797, dans l'arsenal de Munich, a été inséré dans le *Traité d'Artillerie* du général Piobert. On se bornera à en donner ici un résumé succinct.

Un petit canon en fer forgé était maintenu verticalement;

l'âme avait un diamètre égal à $6^{mm},35$ et était prolongée, dans sa partie inférieure, par un canal très étroit et fermé. Lorsqu'on voulait déterminer l'explosion, on mettait un fer rouge en contact avec cet appendice.

Quand la charge de poudre était placée dans le canon, on fermait ce dernier en y introduisant une rondelle d'une épaisseur égale à $3^{mm},3$, formée d'un cuir gras fortement battu. Le dessus de la rondelle affleurait la tranche du canon.

Sur cette dernière on plaçait la partie plane d'un hémisphère en acier et de 29^{mm} de diamètre, lequel servait d'appui à une masse considérable dont on pouvait varier la grandeur. Le centre de gravité de cette masse se trouvait sur le prolongement de l'axe du canon.

Après quelques essais, on finissait par trouver une masse telle, que l'explosion de la charge employée ne la soulevait que fort légèrement, en sorte que la rondelle n'était point chassée au dehors.

D'après la disposition de l'appareil, les gaz étaient animés d'une très grande vitesse au moment où ils rencontraient la rondelle; leur action sur cette dernière dépendait donc de la grandeur de cette vitesse et ne pouvait être rigoureusement assimilée à une pression. Toutefois, admettant cette assimilation, Rumford regardait le poids soulevé comme exprimant à très peu près la valeur de la pression exercée par les gaz. En divisant le poids soulevé par la section transversale du canon, il avait la valeur de la pression rapportée à l'unité de surface.

La capacité totale de l'âme, diminuée de l'espace occupé par la rondelle, était telle, qu'une quantité de poudre d'un poids égal à 1 grain pharmaceutique d'Allemagne ($0^{gr},0618$) en occupait les $\frac{39}{1000}$.

On se servait de poudre de chasse d'un grain très fin et composée de 67,3 parties de salpêtre, 17,3 de soufre et 15,4 de charbon. Lorsqu'elle était bien tassée, la densité gravimétrique (§ 3) s'élevait à 1,077.

Les expériences ont marché d'une manière assez régulière

tant que le poids de la charge n'a pas dépassé 15 grains, et, jusqu'à cette limite, Rumford a pu en représenter les résultats par une formule qui a été adoptée par le général Piobert.

Soient y la pression exprimée en atmosphères et x la charge représentée par le rapport de son volume au millième de la capacité de l'âme.

En admettant avec Piobert l'état gazeux de tous les produits de la combustion, les gaz occupant constamment le même espace, leur densité serait proportionnelle au poids de la charge employée. Dès lors, si la loi de Mariotte eût été applicable, la pression eût été proportionnelle à la charge, et le rapport $\frac{y}{x}$ se fût montré constant.

Mais les expériences ont fait voir immédiatement que ce rapport croissait en même temps que x.

La formule de Rumford est

$$y = 1,841 . x^{1 + 0,0004 x}.$$

Elle donne lieu à une observation. On en tire, en effet,

$$\frac{y}{x} = 1,841 . x^{0,0004 x}.$$

La dérivée de $x^{0,0004 x}$ est

$$0,0004 . x^{0,0004 x} [1 + l(x)].$$

$l(x)$ représentant un logarithme pris dans le système népérien, dont la base est représentée généralement par la lettre e. Cette dérivée est négative tant que la valeur de x reste inférieure à celle qui est donnée par l'équation $1 + l(x) = 0$, c'est-à-dire à $\frac{1}{e}$. Ce ne serait donc qu'à partir de cette limite que le rapport $\frac{y}{x}$ croîtrait en même temps que x. Une pareille conséquence ne paraît pas de nature à être admise.

La formule suivante est exempte de cet inconvénient et

représente les résultats des expériences au moins aussi bien que celle de Rumford.

La lettre ϖ désigne le poids de la charge exprimé en grains d'Allemagne.

$$\frac{V}{\varpi} = 10^{1,83129 + 0,03801\,\varpi + 0,0004428\,\varpi^2}.$$

CHARGE DE POUDRE.		PRESSION donnée par l'expérience et exprimée en atmosphères	PRESSION donnée par l'équation de Rumford.	EXCÈS de l'expérience.	PRESSION donnée par la nouvelle formule.	EXCÈS de l'expérience.
Poids (grains d'Allemagne).	Rapport du volume au millième de la capacité de l'âme.					
1	39	78	77	+ 1	74	+ 4
2	78	182	164	+ 18	162	+ 20
3	117	228	269	− 41	267	− 39
4	156	382	394	− 12	391	− 9
5	195	561	542	+ 19	539	+ 22
6	234	686	718	− 32	714	− 28
7	273	812	927	− 115	921	− 109
8	312	1165	1176	− 11	1166	− 1
9	351	1551	1471	+ 80	1457	+ 94
10	390	1884	1821	+ 63	1802	+ 82
11	429	2219	2235	− 16	2210	+ 9
12	468	2574	2724	− 150	2693	− 119
13	507	3283	3301	− 18	3267	+ 16
14	546	4008	3980	+ 28	3948	+ 60
15	585	4722	4783	− 61	4752	− 30

	FORMULES	
	de Rumford.	nouvelle.
Somme des erreurs positives..........	+ 200	+ 307
Somme des erreurs négatives..........	− 461	− 335
Erreurs moyennes.............	− 17	− 1,4

8 PRÉLIMINAIRES.

Il est clair qu'entre ϖ et x on a la relation

$$\varpi = \frac{x}{39}.$$

Soit maintenant ρ la capacité des gaz au moment où, remplissant la capacité du canon, ils exerçaient la pression y.

Il est facile d'obtenir la valeur de cette quantité si l'on admet qu'au moment de l'explosion toutes les matières composant la poudre se trouvaient également gazéifiées. En effet, dans le cas où la charge aurait entièrement rempli la capacité de l'âme, la densité des gaz aurait été égale à celle de la poudre avant la combustion, c'est-à-dire à 1,077; par conséquent, lorsqu'elle n'occupait que les $\frac{x}{1000}$ de cette capacité, on devait avoir

$$\rho = 1,077 \frac{x}{1000}.$$

L'élimination de x entre cette équation et la précédente conduit à

$$\varpi = \frac{1000}{(39)(1,077)} \rho.$$

En remplaçant, dans l'expression de y, ϖ par la valeur que l'on vient de trouver, on obtient la formule

(1) $$\frac{y}{\rho} = 10^{3,20751 + 0,904 \rho + 0,25 \rho^2},$$

au moyen de laquelle on peut calculer la pression des gaz exprimée en atmosphères, lorsque l'on connaît leur densité ρ rapportée à celle de l'eau, prise pour unité.

Rumford, dans ses évaluations, supposait la pression atmosphérique égale à $1^{kg},054$ par centimètre carré.

Si donc Y représente la pression que les gaz exercent sur chaque centimètre carré et exprimée en kilogrammes, $Y = 1,054 y$, et, par suite,

(2) $$\frac{Y}{\rho} = 10^{3,23035 + 0,904 \rho + 0,25 \rho^2}.$$

PRÉLIMINAIRES.

Ces expressions ne peuvent être considérées comme vérifiées qu'autant que la densité ρ ne surpasse pas 0,6. Si on les appliquait cependant au cas où les gaz auraient une densité égale à l'unité, on trouverait que la pression serait égale à 23.000^{atm}.

On peut avoir besoin d'avoir la densité capable de produire une pression donnée. Il faut alors résoudre les équations par rapport à ρ. On y parviendra par la méthode des substitutions successives, dont l'application ne sera sujette à aucune difficulté, attendu que la pression est une fonction croissante de ρ.

On pourra, au reste, s'aider de la Table suivante :

DENSITÉ du gaz ρ.	PRESSION sur 1 centim. carré Y.		DENSITÉ du gaz ρ.	PRESSION sur 1 centim. carré Y.	DENSITÉ du gaz ρ.	PRESSION sur 1 centim. carré Y.	
"	kg "		0,20	527,4	0,40	kg 1724	
0,01	17,3	18,1	0,21	566,8	39,4	0,41	1802	88
0,02	35,4	18,9	0,22	607,8	41,0	0,42	1894	92
0,03	54,3	19,6	0,23	650,5	42,7	0,43	1990	96
0,04	73,9	20,5	0,24	694,9	44,2	0,44	2089	99
0,05	94,4	21,4	0,25	741,2	46,3	0,45	2192	103
0,06	115,8	22,2	0,26	789,3	48,1	0,46	2300	108
0,07	138,0	23,2	0,27	839,5	50,1	0,47	2413	113
0,08	161,2	24,1	0,28	891,7	52,2	0,48	2530	117
0,09	185,3	25,2	0,29	946,1	54,4	0,49	2652	122
0,10	210,5	26,1	0,30	1003	57	0,50	2779	127
0,11	236,6	27,4	0,31	1062	59	0,51	2911	132
0,12	264,0	28,4	0,32	1123	61	0,52	3048	137
0,13	292,4	29,7	0,33	1187	64	0,53	3191	143
0,14	322,1	30,8	0,34	1254	67	0,54	3340	149
0,15	352,9	32,1	0,35	1323	69	0,55	3496	156
0,16	385,0	33,5	0,36	1395	72	0,56	3658	162
0,17	418,5	34,9	0,37	1470	75	0,57	3826	168
0,18	453,4	36,2	0,38	1548	78	0,58	4001	175
0,19	489,6	37,8	0,39	1629	81	0,59	4184	183
0,20	527,4		0,40	1724	85	0,60	4275	191

On ne peut appliquer les formules précédentes aux poudres

françaises qu'autant qu'on admet que la différence des dosages n'exerce qu'une influence secondaire sur les produits de la combustion et sur la chaleur développée.

§ 5. — Suite. — Expériences de MM. Noble et Abel.

MM. Noble et Abel ont commencé en 1868 une série de recherches très importantes sur la tension des produits de la combustion de la poudre. Le Mémoire où ils ont exposé les résultats de leurs expériences a été traduit et inséré dans le Tome IV du *Mémorial de l'Artillerie de la Marine*. On ne s'occupera ici que des expériences exécutées en vases clos.

Les deux vases dans lesquels on produisait l'explosion sont représentés dans la *fig.* 1. Ils étaient en acier doux trempé à l'huile et doués d'une grande solidité. L'intérieur formait une chambre cylindrique munie de plusieurs orifices. L'orifice principal, percé sur le haut du cylindre, était fermé au moyen d'un tampon fileté A, portant le nom de *tampon d'inflammation*, ajusté et rodé dans son logement avec une grande précision. Le tampon d'inflammation était lui-même percé d'un trou que l'on fermait au moyen d'un second tampon conique B, ayant sa grande base tournée vers l'intérieur de la chambre, et qui, au moment de l'explosion, était pressé par l'action des gaz, ce qui avait pour effet de rendre la fermeture plus hermétique. Ce dernier tampon était maintenu en place à l'aide d'une vis avec écrou C. Il était traversé par l'un des fils d'inflammation L; aussi était-il recouvert d'un papier de soie très fin servant à l'isoler. L'écrou C était séparé du cylindre par une rondelle en caoutchouc durci.

L'autre fil d'inflammation L' traversait le cylindre et était relié au premier par un fil de platine très fin traversant un petit tube en verre rempli de pulvérin.

Le second orifice était fermé par une vis D terminée par une partie tronconique. Quand, après l'explosion, on desserrait cette vis, le cône cessait de s'appliquer contre son logement et laissait passer les gaz, qui s'échappaient par un conduit latéral E et se rendaient dans un gazomètre.

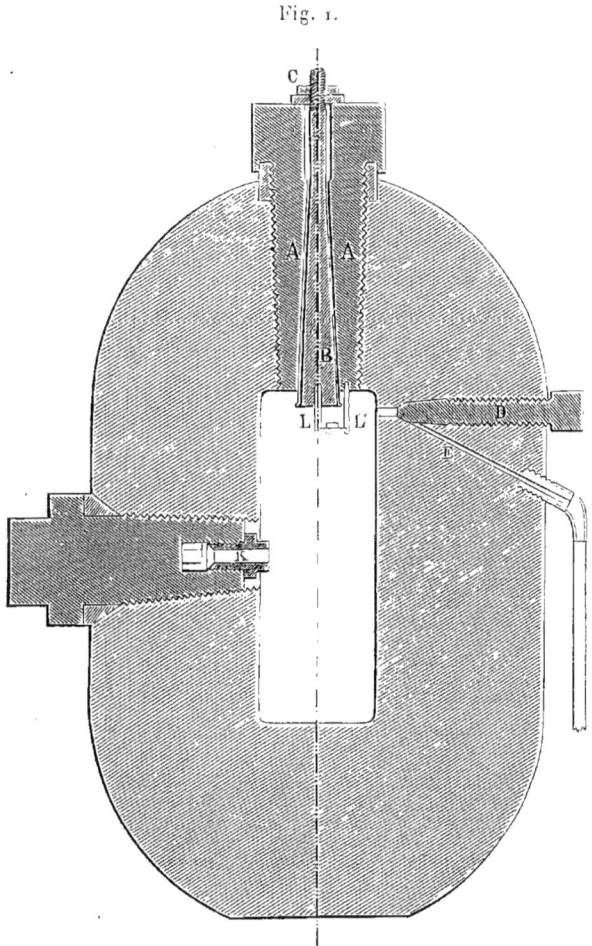

Fig. 1.

Enfin en K était placé l'appareil à écrasement (¹) destiné à mesurer les pressions.

(¹) Les appareils dits *à écrasement* sont aujourd'hui employés dans la plupart des artilleries. Leur construction est fondée sur le principe suivant : Lorsqu'un cylindre de cuivre dont l'une des bases est appuyée sur une

On enflammait la charge en mettant les deux fils L et L′ en communication avec une pile de Daniell.

Après l'explosion, on déterminait le volume et la composition des produits gazeux; on recueillait également les produits solides, dont on mesurait le volume et qu'on soumettait à l'analyse.

L'appareil à écrasement donnait la mesure de la pression.

Quand on voulait déterminer la quantité de chaleur développée par l'explosion, on commençait par placer la poudre dans le cylindre, qu'on laissait pendant quelques heures dans une chambre à une température très uniforme. Après avoir noté la hauteur du thermomètre, on mettait le feu à la charge et on mettait immédiatement le cylindre dans un calorimètre contenant un poids déterminé d'eau à une température connue. L'élévation de température de l'eau permettait de calculer la chaleur développée, en prenant, bien entendu, les précautions habituelles des expériences calorimétriques.

Les recherches portèrent principalement sur les poudres anglaises désignées par les initiales F.G., R.F.G., R.L.G. et sur la poudre à gros grains dite *poudre Pebble*. Toutes provenaient de la poudrerie de Waltham-Abbey. La densité gravimétrique de la poudre Pebble était peu différente de l'unité; celle des poudres R.L.G., R.F.G. variait générale-

---

surface inébranlable subit sur l'autre base une pression déterminée, la réduction qu'éprouve sa longueur atteint une certaine limite qu'elle ne dépasse jamais, quelle que soit la durée de la pression.

Une suite d'épreuves exécutées sur des cylindres aussi identiques que possible fait connaître la relation qui existe entre la réduction de longueur et la pression.

Par conséquent, de la réduction de longueur qu'éprouve le cylindre dans une épreuve particulière on déduit immédiatement la grandeur de la pression à laquelle il a été soumis.

On ne saurait attendre une grande précision de ce procédé, attendu que les cylindres ne peuvent jamais être considérés comme rigoureusement identiques et qu'à de grandes différences dans les pressions correspondent de très faibles variations dans la réduction de longueur des cylindres.

ment entre 0,870 et 0,920; celle de la poudre F.G. était encore plus faible. On employa aussi la poudre Pebble sphérique espagnole, qui renferme une proportion de soufre notablement plus élevée que les précédentes, et dont la composition se rapproche beaucoup de celle de la poudre à canon française fabriquée par le procédé des pilons.

COMPOSANTS.	POUDRE PEBBLE.	POUDRE R.L.G.	POUDRE R.F.G.	POUDRE F.G.	POUDRE PEBBLE sphérique espagnole.
Salpêtre..	74,74	75,06	75,15	73,82	75,52
Soufre....	10,08	10,29	9,94	10,05	12,46
Charbon.	14,23	13,54	14,11	14,64	11,37
Eau......	0,95	1,11	0,80	1,49	0,65

Les résultats n'ont pas été très différents selon que l'on employait l'une ou l'autre de ces poudres. Cependant les poudres F.G. et R.F.G. ont donné, aux fortes charges, des tensions sensiblement plus faibles que les poudres Pebble et R.L.G.; elles ont fourni aussi des volumes de gaz permanents notablement inférieurs.

La combustion de 1^{gr} de poudre a produit en moyenne environ 43 pour 100 en poids de gaz permanents et 57 pour 100 d'un résidu qui affectait la forme solide au moment où l'on parvenait à ouvrir le vase. Les gaz permanents occupaient, à 0° et sous la pression de 760^{mm}, un volume de 280^{cc}, soit 280 fois le volume primitif pour les poudres dont la densité gravimétrique serait égale à l'unité.

Le volume des produits solides était égal à $0^{cc},29$.

La combustion de 1^{kg} de poudre a produit une quantité de chaleur que les expérimentateurs ont évaluée à 705^{cal}.

Quant à la tension des produits de la combustion, les résultats obtenus sont renfermés dans le Tableau suivant. La première colonne donne la valeur du rapport du poids ϖ de la charge à la capacité C de la chambre, le poids ϖ étant évalué en grammes et la capacité C en centimètres cubes. Les colonnes suivantes renferment les pressions indiquées par les appareils à écrasement.

DENSITÉ moyenne des produits de l'explosion.	NATURE DE LA POUDRE.			DENSITÉ moyenne des produits de l'explosion.	NATURE DE LA POUDRE.		
	F.G. Pressions.	R.L.G. Pressions.	Pebble. Pressions.		F.G. Pressions.	R.L.G. Pressions.	Pebble. Pressions.
0,3171			772	"			2136
0,3193	1063			"			2331
"		995		0,6100		2457	
0,3800		1339		0,6200		2646	
		1213		0,7000	2867	3078	2929
0,3860	1210			"	2977		2678 [b]
0,3947		1275		0,7500		3499	
0,4258	1471		1323	0,8000	3652	3843	4504
"			1433	"	4268	3652	3811
0,4615	1367			0,9000	4281	5607	5620
0,4893	1597			"			4977
0,4934		1811		"			4945
0,5000	1651	1651				5213	
"	1606	1685		0,9040		4835	
"		1748				5800	
0,5300		1858		0,9150		5433	
0,5322	1808		1922	0,9300		5701	
0,6000	2227	2262	2170	0,9300		5355	5512 [c]

[a] Poudre R.F.G.   [b] Poudre Pebble sphérique espagnole.   [c] Poudre Pellet.

La valeur la plus forte qu'atteigne le rapport $\frac{\varpi}{C}$ est, comme on le voit, 0,9 pour les poudres F.G et Pebble, et 0,93 pour la poudre R.L.G.

MM. Noble et Abel ont régularisé les résultats à l'aide de courbes; ils ont considéré comme identiques les pressions obtenues avec les poudres Pebble et R.L.G., mais ils ont construit, pour la poudre F.G., une courbe particulière qui est identique avec la première pour les faibles pressions, tandis qu'elle en diffère notablement quand le rapport $\frac{\varpi}{C}$ atteint une valeur considérable.

En prolongeant les courbes un peu au delà des limites indiquées par l'expérience, ils ont trouvé qu'à une valeur de $\frac{\varpi}{C}$ égale à l'unité correspondaient, pour les poudres Pebble et R.L.G., une pression de 6567^{kg} par centimètre carré, et pour la poudre F.G. une pression de 6066^{kg}.

Les expérimentateurs se sont proposé de rechercher une formule propre à représenter la loi des pressions en fonction du rapport $\frac{\varpi}{C}$. Celle qu'ils ont adoptée est fondée sur des considérations théoriques qu'il n'est pas inutile d'exposer sommairement.

MM. Noble et Abel admettent que les résidus solides se trouvent, au moment de l'explosion, à l'état liquide. Soit $\alpha\varpi$ le volume occupé à ce moment par ces produits; le volume occupé par les gaz est $C - \alpha\varpi$. Regardant la loi de Mariotte comme applicable, ils supposent que la pression p peut être exprimée par la formule

$$p = R \frac{\varpi}{C - \alpha\varpi},$$

R étant une constante, ou

$$p = R \frac{\frac{\varpi}{C}}{1 - \alpha\frac{\varpi}{C}}.$$

Ils ont déterminé les valeurs des constantes R et α en prenant parmi les résultats deux couples de valeurs de p et de $\frac{\varpi}{C}$.

Ils ont trouvé ainsi
$$R = 2308,$$
$$\alpha = 0,65.$$

PRÉLIMINAIRES.

La formule qui résulte des expériences est donc

$$p = 2308 \frac{\frac{\varpi}{C}}{1 - 0,65 \frac{\varpi}{C}}.$$

Cependant, comme l'influence réfrigérante du vase a pour résultat, surtout aux faibles charges, de diminuer les pressions observées, les expérimentateurs ont adopté une valeur de α égale à $0,6$, ce qui a pour résultat d'augmenter la valeur de la pression aux faibles charges. La formule devient alors

(1) $$p = 2612 \frac{\frac{\varpi}{C}}{1 - 0,6 \frac{\varpi}{C}}.$$

Le Tableau suivant permet de comparer les résultats du calcul avec les données de l'expérience.

DENSITÉ MOYENNE des produits de la combustion $\frac{\varpi}{C}$	VALEUR DE p DONNÉE PAR		DIFFÉRENCES.
	l'expérience.	la formule.	
0,3171	772	1023	+ 251
0,3800	1276	1286	+ 10
0,3947	1276	1351	+ 75
0,4258	1323	1494	+ 171
0,4934	1811	1831	+ 20
0,5000	1651	1866	+ 215
0,5300	1858	2030	+ 172
0,5322	1922	2042	+ 120
0,6000	2216	2450	+ 234
0,6100	2457	2513	+ 56
0,6200	2646	2579	− 67
0,7000	3003	3154	+ 51
0,7500	3499	3562	+ 63
0,8000	3973	4020	+ 47
0,9200	5415	5112	− 303
0,9150	5433	5299	− 134
0,9300	5523	5496	− 27

PRÉLIMINAIRES.

On voit que la formule (1) augmente sensiblement la valeur des pressions obtenues aux faibles charges.

On pourra, dans les applications, s'aider de la Table suivante :

DENSITÉ MOYENNE des produits de la combustion $\frac{\varpi}{C}$.	PRESSION en kilogrammes par centimètre carré p.	(diff.)	DENSITÉ MOYENNE des produits de la combustion $\frac{\varpi}{C}$.	PRESSION en kilogrammes par centimètre carré p.	(diff.)
0,05	135		0,55	2145	
		142			305
0,10	277		0,60	2450	
		154			334
0,15	431		0,65	2784	
		164			370
0,20	595		0,70	3154	
		183			409
0,25	778		0,75	3563	
		177			457
0,30	955		0,80	4020	
		203			513
0,35	1158		0,85	4533	
		217			579
0,40	1375		0,90	5112	
		236			661
0,45	1611		0,95	5773	
		255			759
0,50	1866		1,00	6532	

Si, comme le pensent les expérimentateurs, une partie des produits de la combustion est à l'état liquide au moment de l'explosion, il résulte de la formule (1) que cette partie occuperait, à cet instant, un volume de $0^{cc},6$ par kilogramme de poudre, tandis qu'à la température ordinaire et sous forme solide son volume est seulement de $0^{cc},29$.

La formule donnerait un résultat infini pour une valeur de $\frac{\varpi}{C}$ égale à $\frac{1}{\alpha}$, c'est-à-dire égale à $\frac{5}{3}$. Il ne faudrait donc pas songer à l'appliquer quand la valeur de $\frac{\varpi}{C}$ devient supérieure à l'unité. Or cela peut arriver avec les nouvelles poudres, dont la densité du grain est supérieure à 1,8.

Les expériences de MM. Abel et Nobel ont donné des résultats fort inférieurs à ceux qu'avait obtenus Rumford. On a déjà fait remarquer que, dans les expériences exécutées à Munich, les gaz, au moment où ils atteignaient le tampon qui fermait le canon, étaient animés d'une vitesse qui devait nécessairement augmenter leur action. Peut-être aussi, vu le peu de durée du phénomène, l'appareil à écrasement employé par MM. Abel et Noble n'accusait-il pas toute la grandeur qu'atteignait la pression.

Les mêmes expérimentateurs ont fait de nombreuses recherches sur la combustion des poudres en vaisseaux clos. Ils ont remarqué que les poudres qui produisent la plus grande quantité de gaz permanents sont aussi celles qui développent le moins de chaleur; ils ont conclu qu'il s'établit alors une sorte de compensation par suite de laquelle les diverses poudres en usage produisent en vaisseaux clos à peu près les mêmes effets (*Comptes rendus des séances de l'Académie des Sciences*, t. LXXXIX, p. 163).

Ce raisonnement, qui attribue les effets de la poudre aux seuls gaz permanents, suppose que les autres produits de la combustion sont, au moment de l'explosion, à l'état liquide.

PREMIÈRE PARTIE.

ANCIENNE ARTILLERIE.

CANONS A AME LISSE. - BOULETS SPHÉRIQUES.

PREMIÈRE PARTIE.

ANCIENNE ARTILLERIE.

CANONS A AME LISSE. — BOULETS SPHÉRIQUES.

CHAPITRE I.

VITESSES INITIALES DES PROJECTILES SPHÉRIQUES.

§ 1. — **Notions préliminaires.**

La vitesse que le projectile possède en sortant de la bouche à feu est généralement appelée *vitesse initiale*, parce que c'est celle avec laquelle commence le mouvement dans l'air.

Il serait très important d'avoir des formules au moyen desquelles on pût la calculer immédiatement; de là bien des tentatives, dont le nombre seul montre les difficultés que présente la question.

On la simplifie en supposant l'âme du canon cylindrique dans toute sa longueur et admettant que le chargement se compose uniquement : 1° de la gargousse, également cylindrique, et poussée jusqu'au fond de l'âme; 2° du projectile roulant en contact immédiat avec la charge et maintenu par un léger valet annulaire. Dans la marine, ce mode de chargement a été longtemps en usage pour les boulets massifs; on ne se sert de sabots que pour les boulets creux.

L'orifice de la lumière est placé près du fond de l'âme et

dans la partie supérieure; l'inflammation partant de ce point se propage avec une extrême rapidité à l'aide des interstices qui séparent les grains de poudre et du vide plus ou moins considérable qui règne autour de la gargousse. Les gaz, à mesure qu'ils se forment, se répandent dans tous les sens, entraînent les grains non encore comburés et agissent à la fois sur le boulet et sur le canon. Une partie de ces gaz sort par la lumière, une autre s'échappe par l'intervalle provenant de la différence qui existe nécessairement entre le calibre de l'âme et le diamètre du projectile, différence à laquelle on donne le nom de *vent du boulet*. L'inertie du projectile, en s'opposant à la dispersion des grains, favorise la combustion de la poudre, qui, cependant, n'est jamais complète.

Les vitesses initiales des projectiles ne doivent pas être seules l'objet de ce Chapitre, il faut encore connaître le mouvement que l'explosion communique à la bouche à feu.

Les diverses poudres que l'on fabrique en France présentent des qualités très différentes; de là la nécessité d'admettre dans les formules des coefficients dont les valeurs numériques dépendent de la nature de la poudre que l'on emploie.

§ 2. — Notations algébriques.   Rendement des canons.

g, gravité ou vitesse que la pesanteur communique aux corps pendant une seconde sexagésimale.

ϖ, poids de la charge   en kilogrammes.
p, poids du projectile   »
P, poids du canon et de l'affût   »
λ, longueur de la gargousse   en décimètres.
a, diamètre du mandrin de la gargousse   »
a, diamètre du projectile   »
A, diamètre de l'âme   »

C, capacité de l'âme du canon exprimée en décimètres cubes.

V, vitesse initiale du projectile, ou vitesse que l'explosion communique au projectile, exprimée en mètres.

$V_{,}$, vitesse initiale que posséderait le projectile si, conservant le même poids, il avait un diamètre égal au calibre de l'âme.

$V_{,} - V$ est la perte de vitesse due au vent $A - a$.

W, vitesse maximum du recul ou maximum de la vitesse que l'explosion communique au système composé du canon et de l'affût.

$W_{,}$, vitesse maximum du recul dans le cas où le vent du boulet serait nul.

$p \dfrac{V}{g}$ est la quantité de mouvement du projectile, $p \dfrac{W}{g}$ celle du canon et de l'affût. Souvent, pour les comparer l'une à l'autre, on cherche la vitesse que la seconde imprimerait au projectile; c'est ce qu'on appelle le *recul exprimé en vitesse du boulet*.

U, recul exprimé en vitesse du boulet; il est clair que $pU = PW$.

$U_{,}$, recul dans le cas où le vent du boulet serait nul, $pU_{,} = PW_{,}$.

$U_{,} - U$ est la perte de recul due au vent $A - a$.

Pour n'avoir pas à s'occuper des effets de la pesanteur, on suppose d'abord l'axe du canon horizontal. La gravité g ne disparaît pas cependant des formules, car elle entre dans l'expression de la masse; mais sa grandeur reste arbitraire. Rien n'empêche de la prendre égale à 9,81; alors les quantités ϖ, p et P deviennent les poids métriques indiqués par la balance (*Préliminaires*, § 2).

L'équation

$$\lambda = 1,4 \frac{\varpi}{a^2}$$

donne très approximativement la longueur de la gargousse. L'adoption de cette formule revient à prendre, à très peu près, 0,91 pour la densité de la poudre; on sait que la confection des gargousses entraîne toujours un léger tassement.

Conformément à un usage adopté dans la science des machines, on peut appeler *rendement d'un canon* le rapport de la force vive que possède le projectile au sortir de l'âme à la force vive totale que le projectile est capable de produire. La première, d'après les notations précédentes, est égale à $\dfrac{pV^2}{g}$; la seconde est nécessairement proportionnelle à la masse de la charge et peut être représentée par $\dfrac{h\varpi}{g}$, la lettre h désignant une constante. Le rendement a donc pour expression

$$\frac{1}{h}\frac{pV^2}{\varpi}.$$

Il est ainsi proportionnel à

$$\frac{pV^2}{\varpi}$$

et peut être représenté par ce rapport.

Lorsque le diamètre du boulet est supposé égal au calibre de l'âme, cette expression se change en

$$\frac{pV_i^2}{\varpi}.$$

§ 3. — Considérations générales. — Application du principe des forces vives.

Soient $d\varpi$ le poids d'un élément de la charge, u la vitesse de cet élément au moment où le boulet sort de l'âme ; la somme des forces vives du système, à cet instant, est

$$\frac{1}{g}\left(pV^2 + PW^2 + \int u^2 d\varpi\right),$$

en négligeant les mouvements rotatoires dont peuvent être animés le boulet et le canon.

Si l'on fait abstraction des résistances et des pertes de chaleur, cette somme doit être égale au double de la quantité de travail développée jusqu'alors par l'explosion.

Quand on suppose le diamètre du boulet égal au calibre de l'âme, les lettres V et W doivent être remplacées par $V_{,}$ et $W_{,}$, conformément aux notations du § 2. Abstraction faite de la perte, toujours fort petite, qui s'opère par la lumière, aucune molécule gazeuse ne peut alors s'échapper de l'âme avant la sortie du projectile; celles qui touchent ce dernier ont la vitesse $V_{,}$; les autres, à moins qu'il ne se forme des tourbillons, ont toutes des vitesses inférieures; il en résulte qu'en désignant par θ un nombre inférieur à l'unité on a, d'après un théorème connu, $\int u^2 d\varpi = \theta \varpi V_{,}^2$. L'expression de la somme des forces vives devient, par suite,

$$\frac{1}{g}(p V_{,}^2 + P W_{,}^2 + \theta \varpi V_{,}^2).$$

Le nombre θ varie sans doute avec la capacité de l'âme. Quand on suppose que cette capacité croît indéfiniment, la tension des gaz s'affaiblit de plus en plus et finit par devenir insensible; les vitesses $V_{,}$ et $W_{,}$, atteignant de certaines limites $V_{,,}$ et $W_{,,}$, cessent de croître, et la poudre, dont la combustion est nécessairement complète, donne dans l'intérieur même du canon toute la force vive qu'elle est susceptible de produire.

Cette force vive, nécessairement proportionnelle à la masse de la charge, a été représentée par $\dfrac{h\varpi}{g}$ dans le § 2.

C'est donc à $\dfrac{h\varpi}{g}$ qu'il faut égaler l'expression de la somme des forces vives développées. Désignant à cet effet par $\theta_{,}$ la limite vers laquelle converge θ quand la capacité de l'âme croît indéfiniment, on a l'équation

$$p V_{,,}^2 + P W_{,,}^2 + \theta_{,} \varpi V_{,,}^2 = h \varpi.$$

Généralement, la force vive du canon est très petite relativement à celle du boulet, et cette circonstance permet de réduire l'équation à

$$p V_{u}^2 + \theta_{,} \varpi V_{u}^2 = h \varpi \quad \text{ou} \quad \frac{p V_{u}^2}{\varpi} = \frac{h}{1 + \theta_{,} \dfrac{\varpi}{p}}.$$

La suppression du terme PW_{u}^2 revient à admettre que le boulet a la même vitesse que si le canon était inébranlable.

Lors donc que l'âme du canon s'allonge, le rapport $\dfrac{p V_{u}^2}{\varpi}$ croît et converge vers une limite représentée par l'expression $\dfrac{h}{1 + \theta_{,} \dfrac{\varpi}{p}}$.

Il peut se faire que le nombre $\theta_{,}$ n'ait qu'une faible valeur, et, comme le rapport $\dfrac{\varpi}{p}$ du poids de la charge à celui du projectile est toujours inférieur à l'unité, le terme $\theta_{,} \dfrac{\varpi}{p}$ serait alors très petit, et l'on aurait sensiblement

$$\frac{p V_{u}^2}{\varpi} = h$$

ou

$$V_{u} = \sqrt{h} \sqrt{\frac{\varpi}{p}}.$$

La vitesse limite V_{u} serait alors proportionnelle à la racine carrée du rapport du poids de la charge au poids du projectile.

C'est, en effet, le résultat auquel on doit nécessairement parvenir lorsque, comme on vient de le faire, on suppose que la charge donne dans le canon même toute la force vive qu'elle est susceptible de produire, et que cette dernière passe entièrement dans le projectile.

A raison des résistances qui s'opposent au mouvement du projectile et des pertes de chaleur, dont on n'a pas tenu compte dans ce qui précède, il y a toujours une limite au delà de laquelle l'augmentation de la longueur de l'âme n'entraîne pas un accroissement de la vitesse initiale, bien que la tension des gaz soit encore considérable; mais, dans la pratique, on en est fort éloigné.

§ 4. — Suite. — Application du principe de la conservation du mouvement du centre de gravité.

La somme des quantités de mouvement du système, comptées parallèlement à l'axe, nulle avant l'explosion, doit l'être également après. Les quantités de mouvement $\dfrac{p V}{g}$ et $\dfrac{PW}{g}$ du boulet et du canon sont de sens différents; la presque totalité des gaz et des grains incomplètement comburés se meut dans le même sens que le boulet; en désignant donc par Q leur quantité de mouvement, on a

$$\frac{PW}{g} = \frac{pV}{g} + Q,$$

ou, si le diamètre du boulet est égal au calibre de l'âme,

$$\frac{PW_{\prime}}{g} = \frac{pV_{\prime}}{g} + Q.$$

Quand l'âme s'allonge de telle façon que la tension des gaz y devienne insensible, toutes les vitesses cessent de croître; $V_{\prime}$ et $W_{\prime}$ atteignent les limites désignées par $V_{\prime\prime}$ et $W_{\prime\prime}$ dans le § 3; les molécules gazeuses en contact avec le boulet ont la vitesse $V_{\prime\prime}$ et toutes les autres des vitesses moindres, de sorte que, en désignant par Θ un nombre inférieur à l'unité, la somme des quantités de mouvement de la poudre peut être représentée par

$$\frac{\Theta \varpi V_{\prime\prime}}{g},$$

et l'équation devient

$$PW_{\prime\prime} = p V_{\prime\prime} + \Theta \varpi V_{\prime\prime},$$

$$\frac{PW_{\prime\prime}}{p V_{\prime\prime}} = 1 + \Theta \frac{\varpi}{p}.$$

Ainsi $1 + \Theta \frac{\varpi}{p}$ est la limite vers laquelle converge le rapport $\frac{PW_{\prime}}{p V_{\prime}}$ ou $\frac{U_{\prime}}{V_{\prime}}$ lorsque l'âme croît indéfiniment. Cette limite différerait très peu de l'unité si le nombre Θ n'avait qu'une faible valeur, attendu que le poids de la charge est toujours inférieur à celui du projectile.

§ 5. — **Sur le mouvement des gaz dans le canon. — Formation des équations différentielles lorsque la combustion est complète avant le déplacement du boulet.**

On a souvent cherché à déterminer, par des considérations prétendues théoriques, les lois du mouvement des gaz à l'intérieur du canon; les expressions des vitesses initiales en seraient les conséquences.

Si la question est réellement accessible au calcul, ce doit être surtout dans le cas où la combustion de la charge peut être considérée comme complète avant que le projectile ait éprouvé un déplacement sensible. On y apportera d'ailleurs quelque simplification en admettant que le canon, à raison de sa masse, ne prend de mouvement appréciable qu'après la sortie du boulet.

Décomposant toute la masse gazeuse en tranches infiniment minces et perpendiculaires à l'axe, tous les auteurs sont d'accord pour supposer, si aucun vide n'existe entre les parois latérales de l'âme et le projectile, qu'à chaque instant la densité est la même dans toute l'étendue d'une tranche, et que les diverses molécules qui composent cette dernière sont animées de la même vitesse parallèlement à l'axe, sans avoir d'ailleurs aucun autre mouvement.

Soient alors, au bout du temps t,

x la distance d'une tranche au fond de l'âme;
u la vitesse de cette tranche;
ρ la densité   »
y la tension   »
ρ_0 la densité de la tranche immobile au fond de l'âme;
y_0 la tension   »
v la vitesse du boulet;
x la distance qui le sépare du fond de l'âme;
ρ_{x} la densité de la tranche en contact avec le boulet;
y_{x} la tension   »
S la section transversale de l'âme.

Quand on considère toujours la même tranche, x est une fonction de t; si l'on veut passer d'une tranche à une autre, il faut faire varier x indépendamment de t.

Il est clair que $u = \dfrac{dx}{dt}$, $v = \dfrac{d\mathrm{x}}{dt}$.

Les quantités u, ρ, y sont des fonctions de x et de t, tandis que ρ_0, y_0, v, x, ρ_{x}, y_{x} ne dépendent que de t.

Les tensions sont, suivant l'usage, rapportées à l'unité de surface.

$S\,dx$ est le volume, et $\dfrac{S}{g}\rho\,dx$ la masse de la tranche qui se trouve à la distance x.

Pendant l'instant dt, la position de cette tranche varie, et sa vitesse u, qui dépend à la fois de x et de t, prend un accroissement représenté par

$$\frac{du}{dt}dt + \frac{du}{dx}\frac{dx}{dt}dt \quad \text{ou} \quad \left(\frac{du}{dt} + u\frac{du}{dx}\right)dt.$$

La quantité de mouvement acquise est, par suite,

$$\frac{S}{g}\rho\left(\frac{du}{dt} + u\frac{du}{dx}\right)dx\,dt.$$

La tranche éprouve sur sa face postérieure une pression égale à Sy dans le sens du mouvement et sur sa face antérieure la pression $S\left(y + \dfrac{dy}{dx}dx\right)$ en sens opposé. La différence $-S\dfrac{dy}{dx}dx$ est la force motrice; elle produit pendant l'instant dt une quantité de mouvement égale à $-S\dfrac{dy}{dx}dx\,dt$. En égalant cette dernière expression à la quantité de mouvement acquise, on obtient une équation qui, après la suppression des facteurs communs aux deux membres, se réduit à

$$(1) \qquad \frac{dy}{dx} = \frac{\rho}{g}\left(\frac{du}{dt} + u\frac{du}{dx}\right).$$

Cette équation cesserait d'être exacte si la combustion n'était pas complète, car alors chaque tranche se composerait de parties fluides et de parties non comburées, auxquelles on ne pourrait guère attribuer la même vitesse; de plus, ρ désignant spécialement la densité des gaz, $\dfrac{S}{g}\rho\,dx$ ne représenterait plus la masse de cette tranche.

On trouve une seconde équation en observant de quelle manière varie avec le temps la masse de fluide contenue dans la tranche qui se trouve à la distance x du fond de l'âme.

La combustion étant complète, cette masse ne peut varier que par les quantités de fluide qui entrent dans la tranche ou qui en sortent.

Le fluide qui, pendant l'instant dt, pénètre dans la tranche par la face postérieure a une densité ρ et une vitesse u; son poids est donc $S\rho u\,dt$.

Quant à celui qui en sort par la face antérieure, sa densité est $\rho + \dfrac{d\rho}{dx}dx$, et sa vitesse $u + \dfrac{du}{dx}dx$; il a donc un poids égal à

$$S\left(\rho + \frac{d\rho}{dx}dx\right)\left(u + \frac{du}{dx}dx\right)dt$$

ou
$$S\left(\rho u + u\frac{d\rho}{dx}dx + \rho\frac{du}{dx}dx\right)dt,$$

en supprimant l'infiniment petit du troisième ordre. La différence des poids entrés et sortis est

$$-S\left(u\frac{d\rho}{dx}dx + \rho\frac{du}{dx}dx\right)dt;$$

en la divisant par le volume $S\,dx$, on doit avoir la différentielle de la densité relativement au temps; ainsi

$$\frac{d\rho}{dt}dt = -u\frac{d\rho}{dx}dt - \rho\frac{du}{dx}dt$$

ou

(2) $$\frac{d\rho}{dt} + u\frac{d\rho}{dx} + \rho\frac{du}{dx} = 0.$$

Les équations (1) et (2) se trouvent dans tous les Traités d'Hydrodynamique. On n'en a rappelé la démonstration que pour fixer l'attention sur les principes qui servent à les établir.

Pendant la détente des gaz, il existe dans chaque tranche une relation entre leur tension et leur densité. Cette relation est inconnue; elle diffère certainement de celle qui s'établit lorsque l'expansion des gaz s'opère en vase clos. On ne peut donc songer à se servir ici des formules qui résultent des expériences de Rumford ou de celles de MM. Noble et Abel.

Quoi qu'il en soit, la plupart des auteurs ont adopté l'expression

(3) $$y = K\rho^n,$$

K et n étant deux constantes positives. Elle peut être admise lorsque la densité ne varie qu'entre des limites un peu resserrées.

Le boulet, dont le vent est supposé nul et dont p désigne le poids, n'est mis en mouvement que par la pression de la tranche avec laquelle il se trouve en contact; par conséquent,

$$(4) \qquad \frac{p}{g}\frac{dv}{dt} = Sy_\lambda.$$

Si ϖ désigne le poids de la charge et si toutes les parties qui composent cette dernière sont comburées, il faut que

$$(5) \qquad \varpi = S\int_0^\lambda \rho\, dx.$$

Le théorème des forces vives fournit une équation dont on fait souvent usage.

Au bout du temps t, la force vive du boulet est $\dfrac{pc^2}{g}$ et celle de la charge est représentée par $\dfrac{S}{g}\int_0^\lambda \rho u^2 dx$. Chacune d'elles doit être égale au double de la quantité de travail qui la produit.

Il faut distinguer : 1° le travail extérieur de la charge, c'est-à-dire celui de la pression qu'elle exerce sur le boulet et auquel est due la force vive de ce dernier; 2° le travail intérieur, provenant des diverses actions exercées par les tranches les unes sur les autres; c'est celui-ci qui produit la force vive que possèdent les gaz.

La pression que supporte le projectile est Sy_λ; elle développe pendant l'instant dt un travail égal à $Sy_\lambda dx$, en sorte que, λ désignant la longueur primitive de la charge, le principe des forces vives donne

$$(6) \qquad \frac{pc^2}{g} = 2S\int_\lambda^x y_\lambda\, dx.$$

C'est, au reste, le résultat auquel on parviendrait en multipliant l'équation (4) par la suivante, $c = \dfrac{dx}{dt}$, et intégrant ensuite.

Il reste à trouver l'expression du travail intérieur. On peut supposer les épaisseurs des tranches tellement réglées que, pendant un instant infiniment petit, chaque tranche vienne prendre la place de celle qui la précède. A raison de l'inégalité des vitesses, les dx seront alors inégaux; mais deux dx consécutifs ne diffèrent que d'un infiniment petit d'ordre supérieur, et par conséquent négligeable, de sorte que chaque tranche, en remplaçant celle qui la précède, parcourt un espace représenté par dx. Ainsi qu'on l'a vu plus haut, la force motrice qui agit sur la tranche placée à la distance x est $-S \dfrac{dy}{dx} dx$; elle développe pendant l'instant dt une quantité de travail égale à $-S \dfrac{dy}{dx} dx\, dx$.

L'intégrale de cette expression est indépendante du mode de division des tranches. Ainsi, pour la trouver, on peut supposer l'égalité des dx. Une première intégration donne

$$S\, dx \int_0^x -\frac{dy}{dx} dx \quad \text{ou} \quad S\, dx \int_0^x -\frac{dy}{dx} dx.$$

C'est l'expression du travail intérieur de la charge pendant un instant infiniment petit. Or, $\int_0^x -\dfrac{dy}{dx} dx$ n'est autre chose que la somme des décroissements successifs qu'éprouve la pression y à partir de $x = 0$, somme qui est égale à $y_0 - y_x$. Le travail intérieur se trouve donc représenté par

$$S(y_0 - y_x)\, dx.$$

On peut parvenir à ce résultat d'une autre manière. La présence du boulet équivaut à une pression égale à Sy_x, exercée sur la tranche avec laquelle il se trouve en contact et dans le sens opposé au mouvement, tandis que la pression que supporte la tranche placée au fond de l'âme est Sy_0; c'est la différence $S(y_0 - y_x)$ qui produit l'accélération du mouvement, en sorte que cette dernière serait nulle si l'on appliquait sur la tranche qui touche le projectile une nouvelle pression égale à $S(y_0 - y_x)$. Le travail de cette pression pendant l'instant dt doit donc être égal au travail intérieur de la charge.

L'intégrale de l'expression précédente doit être prise à partir de $x = \lambda$, et son double est alors égal à la force vive de la charge. On a donc

$$(7) \qquad \frac{S}{g} \int_0^x \rho u^2 \, dx = 2S \int_\lambda^x (y_0 - y_x) \, dx.$$

En ajoutant les équations (6) et (7), on obtient

$$(8) \qquad \frac{p v^2}{g} + \frac{S}{g} \int_0^x \rho u^2 \, dx = 2S \int_\lambda^x y_0 \, dx.$$

Sur quoi il faut observer que les quantités y_0 et x, ne dépendant que de t, peuvent être considérées comme des fonctions l'une de l'autre.

L'expression $S \int_\lambda^x y_0 \, dx$ représente, par conséquent, le travail total de la charge : c'est ce dont il est facile de se rendre compte à l'aide d'un raisonnement qu'on a employé tout à l'heure.

Lorsqu'on intègre par rapport à x l'équation (1), on a

$$y = y_0 - \frac{1}{g} \int_0^x \rho \left(\frac{du}{dt} + u \frac{du}{dx} \right) dx;$$

par suite,

$$(9) \qquad \begin{cases} y_0 = y_x + \dfrac{1}{g} \int_0^x \rho \left(\dfrac{du}{dt} + u \dfrac{du}{dx} \right) dx, \\ y = y_x + \dfrac{1}{g} \int_x^x \rho \left(\dfrac{du}{dt} + u \dfrac{du}{dx} \right) dx. \end{cases}$$

Sy est la pression qu'exerce la tranche placée à la distance x; $\dfrac{S \rho \, dx}{g} \left(\dfrac{du}{dt} + u \dfrac{du}{dx} \right)$ est le produit de la masse de cette tranche par l'accélération qu'elle acquiert pendant l'instant dt; $S\gamma_0$ et $S\gamma_x$ sont les pressions respectives des tranches placées l'une au fond de l'âme, l'autre près du boulet. En multipliant donc les équations précédentes par S et se rappelant que $S\gamma_x = \dfrac{p}{g}\dfrac{dv}{dt}$, on est conduit au principe suivant, employé par le général Piobert.

La pression totale d'une tranche est, à chaque instant, égale à la somme des produits des masses placées en avant d'elle, en y comprenant celle du boulet, par leurs accélérations respectives.

Tel est l'ensemble des formules que fournit la Mécanique pour le cas purement hypothétique de la gazéification complète de toutes les parties qui composent la poudre avant que le projectile ait éprouvé un déplacement sensible. Il reste à examiner quel parti on en a tiré.

§ 6. — Suite.

La première idée qui s'est présentée a été de supposer la combustion instantanée et de regarder à chaque instant la densité comme constante dans toute l'étendue de la masse fluide. Soit alors Δ la densité des gaz au moment de leur formation, quand ils n'occupent qu'un espace d'une longueur égale à celle de la gargousse. Lorsque le boulet se trouve à la distance x du fond de l'âme, leur densité est donnée par l'équation

$$\rho = \Delta \frac{\lambda}{x}.$$

Adoptant la loi de Mariotte, ce qui revient à faire $n = 1$ dans l'équation (3), on a

$$y = K\rho = \frac{K\Delta\lambda}{x}.$$

En se servant de l'équation (6), $\dfrac{pv^2}{g} = 2S\displaystyle\int_\lambda^x y_x\,d\lambda$, et remarquant que $y_x = y$, puisque la densité est supposée la même dans toutes les tranches, on obtient

$$\frac{pv^2}{g} = 2 S \lambda \Delta K \int_\lambda^x \frac{dx}{x}.$$

Or, $S \lambda \Delta$ est le produit du volume des gaz par leur densité au moment de leur formation ; ce n'est donc autre chose que le poids ϖ de la charge ; d'ailleurs,

$$\int_\lambda^x \frac{dx}{x} = l\left(\frac{x}{\lambda}\right),$$

la lettre l désignant un logarithme népérien ; donc

$$pv^2 = 2g K \varpi \, l\left(\frac{x}{\lambda}\right).$$

Telle est la formule donnée par les premiers auteurs qui se sont occupés de la question. Mais l'hypothèse d'une densité rigoureusement égale dans toutes les parties de la masse gazeuse est incompatible avec l'équation (1), savoir

$$\frac{dy}{dx} = -\frac{\rho}{g}\left(\frac{du}{dt} + u\frac{du}{dx}\right).$$

En effet, elle s'exprime en posant $\frac{dy}{dx} = 0$, et il est bien clair qu'aucun des deux facteurs du second membre ne peut être nul : l'un, ρ, est la densité des gaz ; l'autre, $\frac{du}{dt} + u\frac{du}{dx}$, est l'accélération du mouvement.

Le général Piobert suppose que les différentes tranches qui composent la masse gazeuse doivent avoir à chaque instant des vitesses proportionnelles aux distances qui les séparent du fond de l'âme; il pose, en conséquence ([1]),

$$\frac{u}{v} = \frac{x}{\mathrm{x}}.$$

De là résulte

$$\frac{dx}{x} = \frac{d\mathrm{x}}{\mathrm{x}}, \quad \text{et par conséquent} \quad l(x) = l(\mathrm{x}) + \text{const.}$$

Soit z la valeur de x, à l'origine du mouvement, lorsque t était nul et x égal à λ; il est clair que $l(z) = l(\lambda) + \text{const.}$ L'élimination de la constante entre ces deux équations conduit à

$$\frac{x}{z} = \frac{\mathrm{x}}{\lambda} \quad \text{ou} \quad \frac{x}{\mathrm{x}} = \frac{z}{\lambda},$$

en sorte que les distances des tranches sont, à un instant quelconque, dans les mêmes rapports qu'à l'origine du mouvement.

Pour développer les conséquences de son hypothèse, le général Piobert s'est borné à faire usage du principe énoncé à la fin du § 5; il n'a pas songé à se servir de l'équation (2), avec laquelle elle s'accorde néanmoins, et qui lui eût évité de bien longs calculs.

En différentiant, en effet, l'équation $\frac{u}{v} = \frac{x}{\mathrm{x}}$ par rapport à x, on a, attendu que v et x ne dépendent que de t,

$$\frac{du}{dx} = \frac{v}{\mathrm{x}} = \frac{1}{\mathrm{x}} \frac{d\mathrm{x}}{dt};$$

portant cette valeur de $\frac{du}{dx}$ dans l'équation (2) et y remplaçant en même temps u par $\frac{dx}{dt}$, on trouve, après avoir divisé

([1]) *Comptes rendus des séances de l'Académie des Sciences*, année 1859.

par ρ,

$$\frac{\frac{d\rho}{dt}dt + \frac{d\rho}{dx}\frac{dx}{dt}dt}{\rho} + \frac{d\mathrm{x}}{\mathrm{x}} = 0.$$

Le premier membre est une différentielle complète dont l'intégrale est $l(\rho\mathrm{x})$. La valeur de ρ est celle qui convient à la tranche qui, au bout du temps t, se trouve à la distance x du fond de l'âme, et qui, à l'origine du mouvement, en était éloignée d'une quantité égale à z. L'intégrale de l'équation est donc

$$\rho\mathrm{x} = \mathrm{F}(z),$$

$\mathrm{F}(z)$ désignant une fonction arbitraire.

Soient r_0, r, r_λ les valeurs respectives de ρ_0, ρ, ρ_x, à l'origine du mouvement, quand $\mathrm{x} = \lambda$; il est clair que

$$r\lambda = \mathrm{F}(z);$$

par conséquent

$$\rho = \frac{\lambda}{\mathrm{x}} r.$$

Ainsi, les densités des diverses tranches sont, à chaque instant, proportionnelles aux valeurs qu'elles avaient à l'origine du mouvement.

Cela posé, la différentiation de l'équation $u\mathrm{x} = vx$ par rapport à t conduit à

$$\mathrm{x}\left(\frac{du}{dt} + \frac{du}{dx}\frac{dx}{dt}\right) + u\frac{d\mathrm{x}}{dt} = x\frac{dv}{dt} + v\frac{dx}{dt},$$

ou, à raison de ce que $u = \frac{dx}{dt}$, $v = \frac{d\mathrm{x}}{dt}$,

$$\mathrm{x}\left(\frac{du}{dt} + u\frac{du}{dx}\right) = x\frac{dv}{dt}.$$

La valeur de $\frac{du}{dt} + u\frac{du}{dx}$, portée dans l'équation (1), la ré-

duit à
$$\frac{dy}{dx} = -\frac{\rho x}{g \mathrm{x}} \frac{dv}{dt}.$$

Mais, d'après l'équation (3),
$$\rho = \frac{y^{\frac{1}{n}}}{\mathrm{K}^{\frac{1}{n}}};$$

donc

(1) $$\frac{1}{y^{\frac{1}{n}}} \frac{dy}{dx} = -\frac{dv}{dt} \frac{x}{g \mathrm{K}^{\frac{1}{n}} \mathrm{x}}.$$

De là on tire, par l'intégration relative à x,
$$y^{\frac{n-1}{n}} = y_0^{\frac{n-1}{n}} - \frac{n-1}{2ng\mathrm{K}^{\frac{1}{n}}} \frac{x^2}{\mathrm{x}} \frac{dv}{dt}.$$

Or
$$y^{\frac{n-1}{n}} = \mathrm{K}^{\frac{n-1}{n}} \rho^{n-1},$$
$$y_0^{\frac{n-1}{n}} = \mathrm{K}^{\frac{n-1}{n}} \rho_0^{n-1};$$

donc
$$\rho^{n-1} = \rho_0^{n-1} - \frac{n-1}{2ng\mathrm{K}} \frac{x^2}{\mathrm{x}} \frac{dv}{dt}.$$

Le cas où l'on supposerait $n = 1$ demande à être traité séparément; alors $y = \mathrm{K}\rho$, et l'équation (1) devient
$$\frac{1}{y} \frac{dy}{dx} = -\frac{x}{g\mathrm{K}\mathrm{x}} \frac{dv}{dt}.$$

L'intégration donne
$$l\left(\frac{y}{x}\right) = -\frac{1}{2g\mathrm{K}\mathrm{x}} \frac{dv}{dt} x^2.$$

D'ailleurs,
$$\frac{y}{y_0} = \frac{\rho}{\rho_0}.$$

Si l'on suppose $n = 2$, on a

$$\rho = \rho_0 - \frac{1}{4g\mathrm{K}} \frac{dv}{dt} \frac{x^2}{\mathrm{x}}.$$

A l'origine du mouvement, x, x, ρ, ρ_0 deviennent respectivement z, λ, r, r_0; en désignant donc par b la valeur initiale de $\frac{dv}{dt}$, on a

$$r = r_0 - \frac{b}{4g\mathrm{K}} \frac{z^2}{\lambda},$$

et, attendu que $\rho = \frac{\lambda}{\mathrm{x}} r$,

$$\rho = \left(r_0 - \frac{b}{4g\mathrm{K}} \frac{z^2}{\lambda} \right) \frac{\lambda}{\mathrm{x}}$$

ou

$$\rho = \left(r_0 - \frac{b\lambda}{4g\mathrm{K}} \frac{x^2}{\mathrm{x}^2} \right) \frac{\lambda}{\mathrm{x}}.$$

Ainsi, quand les pressions sont proportionnelles aux carrés des densités, ces dernières varient comme les ordonnées d'une parabole du second degré. C'est, en effet, le résultat auquel est arrivé le général Piobert, mais par un procédé beaucoup plus compliqué.

D'après le § 5, l'expression du travail total des gaz est

$$\mathrm{S} \int_{\lambda}^{\mathrm{x}} y_0 \, d\mathrm{x}.$$

D'après l'hypothèse admise, les densités des diverses tranches étant à chaque instant proportionnelles aux valeurs qu'elles avaient à l'origine du mouvement, celle de la tranche placée au fond de l'âme est, à un instant quelconque,

$$r_0 \frac{\lambda}{\mathrm{x}},$$

et la pression qu'elle exerce

$$y_0 = K\left(r_0 \frac{\lambda}{x}\right)^n.$$

Le travail total a donc pour valeur

$$SK\, r_0^n \lambda^n \int_\lambda^x \frac{dx}{x^n} = \frac{SK\, r_0^n \lambda^n}{n-1}\left(\frac{1}{\lambda^{n-1}} - \frac{1}{x^{n-1}}\right),$$

et, dans le cas où $n = 1$,

$$SK\, r_0 \lambda \int_\lambda^x \frac{dx}{x} = SK\, r_0 \lambda\, l\left(\frac{x}{\lambda}\right).$$

Le général Piobert a été conduit par des raisonnements assurément fort singuliers à une expression du travail des gaz qui, identique avec la précédente quand on prend $n = 1$, s'en écarte notablement dans le cas où n est différent de l'unité. Ce qui précède suffit pour en démontrer l'inexactitude.

Ces recherches sont certainement fort curieuses; mais les nombreuses hypothèses qui leur servent de base, et dont chacune n'est motivée que par la facilité plus ou moins grande qu'elle offre au calcul, s'écartent trop des circonstances que présente la pratique pour qu'elles puissent conduire à quelques résultats vraiment utiles. Il est cependant nécessaire d'en avoir une idée, afin d'être à même d'apprécier la valeur des formules proposées par divers auteurs.

Par exemple, l'expression $\frac{\varpi\, v^2}{3g}$ est souvent donnée comme celle de la force vive des gaz; mais on n'arrive à ce résultat qu'en supposant que toutes les tranches ont à chaque instant la même densité et possèdent des vitesses proportionnelles aux distances qui les séparent du fond de l'âme. En effet, la quantité ρ est alors indépendante de x, et $u = \frac{vx}{x}$; par conséquent,

$$\frac{S}{g}\int_0^x \rho\, u^2\, dx = \frac{S\rho\, v^2}{g\, x^2}\int_0^x x^2\, dx = \frac{1}{3}\frac{Sx\rho}{g} v^2.$$

$S \times \rho$ est le produit du volume des gaz par leur densité; c'est le poids ϖ de la charge; la valeur du second membre est donc $\dfrac{\varpi v^2}{3g}$.

Dans les mêmes hypothèses, il est facile d'avoir la quantité de mouvement des gaz représentée par

$$\frac{S}{g}\int_0^x \rho\, u\, dx = \frac{S \rho v}{g x}\int_0^x x\, dx = \frac{S x \rho v}{2g}.$$

Cette quantité de mouvement est donc égale à $\dfrac{\varpi v}{2g}$.

L'équation (8) du paragraphe précédent devient, lorsqu'on y remplace la force vive des gaz par $\dfrac{\varpi v^2}{3g}$,

$$\frac{p v^2}{g} + \frac{\varpi v^2}{3g} = 2 S \int_\lambda^x y_0\, dx.$$

Lorsqu'on admet la loi de Mariotte, $y_0 = K \rho_0$; or $\rho_0 = r_0 \dfrac{\lambda}{x}$; donc

$$\int_\lambda^x y_0\, dx = K \lambda r_0 \int_\lambda^x \frac{dx}{x} = K \lambda r_0\, l\!\left(\frac{x}{\lambda}\right);$$

par suite,

$$\frac{p v^2}{g} + \frac{\varpi v^2}{3g} = 2 K S \lambda r_0\, l\!\left(\frac{x}{\lambda}\right).$$

$S\lambda$ est le volume des gaz à l'origine du mouvement; r_0 est la densité de la tranche qui touche le fond de l'âme. Si la densité est constante, le produit $S\lambda r_0$ représente le poids ϖ de la charge, et alors on a

$$\frac{p v^2}{g} + \frac{\varpi v^2}{3g} = 2 K \varpi\, l\!\left(\frac{x}{\lambda}\right),$$

d'où
$$v^2 = 2gK \frac{\varpi}{p + \frac{\varpi}{3}} l\left(\frac{x}{\lambda}\right).$$

Cette formule est présentée par le général Didion, dans son *Traité de Balistique,* comme déduite d'une théorie; toutefois, il ne lui reconnaît qu'un caractère approximatif et fait varier le coefficient du second membre lorsqu'il passe d'une bouche à feu à une autre.

On voit qu'elle résulte du concours de deux hypothèses, dont l'une, celle de la constance de la densité dans toute l'étendue de la masse gazeuse, est incompatible avec les lois du mouvement; l'autre, qui n'est autre chose que la loi de Mariotte, n'est certainement pas applicable aux gaz que produit la combustion de la poudre.

La nature des choses oblige de recourir aux formules empiriques, qui ont au moins l'avantage de grouper les résultats obtenus par la voie de l'expérience.

§ 7. — Bouches à feu semblables.

Lorsque deux bouches à feu sont semblables, les rapports

$$\frac{P}{A^3} \text{ et } \frac{C}{A^3}$$

sont les mêmes pour l'une et pour l'autre, c'est-à-dire que les poids des canons sont, de même que leurs capacités, proportionnels aux cubes des calibres.

Pour que la même similitude existe entre leurs chargements, il faut encore que les rapports

$$\frac{a}{A}, \frac{a}{A}, \frac{\varpi}{A^3}, \frac{p}{A^3}, \quad \text{et par suite} \quad \frac{\varpi}{p}, \frac{\varpi}{C},$$

soient les mêmes dans les deux bouches à feu; ainsi, les diamètres et les poids, tant des charges que des projectiles, doivent être proportionnels, les premiers aux calibres et les seconds à leurs cubes.

La nature de la poudre ne permet pas d'établir entre les charges une complète similitude : il faudrait en effet pour cela que les dimensions des grains et des interstices qui les séparent fussent proportionnelles aux calibres; chaque grain d'une des charges aurait alors son homologue dans l'autre.

Quoi qu'il en soit, on regarde les deux systèmes comme semblables, et l'égalité des vitesses initiales, aussi bien que celle des vitesses des reculs, semble si naturelle, qu'elle est assez généralement admise, du moins tant qu'il n'existe pas une très grande différence entre les calibres.

Ce principe permet d'étendre à toutes les bouches à feu semblables les résultats que l'expérience ne donne que pour celle sur laquelle on opère; il facilite ainsi la formation des formules. Dès lors qu'on l'adopte, les expressions des vitesses ne doivent contenir que les divers rapports énumérés ci-dessus.

D'après le théorème de Newton (Note I, § 2), la similitude des systèmes entraînerait en effet l'égalité des vitesses des mobiles à la suite de temps homologues, c'est-à-dire proportionnels aux calibres et comptés depuis l'origine de l'inflammation, si, après ces temps, les éléments homologues éprouvaient des pressions proportionnelles à leurs surfaces; dans le voisinage de ces éléments, la tension des gaz serait la même de part et d'autre; les projectiles emploieraient, à parcourir les âmes des canons, des temps proportionnels aux calibres et en sortiraient, par conséquent, avec des vitesses égales.

C'est ce qui arriverait si l'inflammation de la poudre était instantanée, hypothèse longtemps admise et aujourd'hui universellement rejetée. Il en serait encore ainsi si les quantités de gaz produites pendant des temps proportionnels aux calibres étaient elles-mêmes proportionnelles aux cubes de ces derniers, ou, en d'autres termes, aux volumes homologues.

Il n'est guère possible de supposer que les choses se passent réellement de cette manière; aussi, tout en se servant du principe des bouches à feu semblables, convient-il de n'admettre

§ 8. — Observations sur les expériences de Lorient.

Les expériences dont on se propose d'exposer d'abord les principales conséquences ont été exécutées pendant les années 1842, 1843, 1844 et 1845, à l'aide des pendules balistiques établis à Lorient ; elles ont été décrites dans un Ouvrage publié en 1847 ([1]).

Deux poudres différentes ont été employées ; la première avait été fabriquée au Pont-de-Buis en 1837 ; la portée du mortier-éprouvette indiquée sur les barils était de 234^m ; dans l'épreuve faite à Lorient, on l'a trouvée égale à 257^m.

La seconde poudre venait du Ripault et portait la date de 1842 ; le timbre des barils indiquait une portée de 231^m ; dans l'épreuve de Lorient, la portée a été de 251^m.

Les expériences ont été faites sur des canons de 30 n° 1.

Le chargement se composait : 1° de la charge de poudre, renfermée dans une gargousse en papier parchemin et poussée jusqu'au fond de l'âme ; 2° d'un boulet roulant ou ensaboté ; 3° d'un léger valet annulaire en filin blanc. La gargousse se trouvait toujours en contact avec le projectile ou le sabot.

Plus tard, à partir de 1858, d'autres expériences ont été exécutées au moyen de l'appareil électro-balistique de M. Navez. On sait que cet appareil donne la mesure du temps que le boulet met à traverser l'intervalle de deux cadres-cibles. La vitesse que l'on obtient en divisant la longueur de l'intervalle par le temps ainsi obtenu correspond à peu près au moment où le boulet se trouve à égale distance des deux cadres. Pour en déduire la vitesse initiale, on a eu recours aux lois de la résistance de l'air déduites des expériences de Metz, les plus

---

([1]) *Expériences d'artillerie exécutées à Lorient à l'aide des pendules balistiques, par ordre du Ministre de la Marine.* Paris, Imprimerie royale, 1847.

importantes que l'on connût à cette époque, et dont il sera question plus tard (Chapitre II).

Généralement le premier cadre-cible était à 18^m environ de la tranche du canon ; l'intervalle des cadres variait de 20^m à 40^m, suivant la grandeur de la vitesse.

Lors même qu'on s'attache à rendre toutes les circonstances du tir aussi identiques que possible, la vitesse du projectile varie d'un coup à l'autre ; ce serait bien gratuitement, en effet, que l'on supposerait que l'inflammation de la charge s'opère constamment de la même manière ; toutefois, il est bien clair qu'une partie des écarts observés doit être attribuée à l'imperfection inévitable des moyens d'observation. Lorsqu'on se sert de l'appareil électro-balistique, on retrouve les vitesses moyennes données par le pendule, mais en général les écarts sont moindres ; cet instrument permet en outre de multiplier beaucoup les épreuves.

§9. — Influence du diamètre de la gargousse sur la vitesse initiale.

Premières expériences (années 1842-1843).

Un certain vide laissé entre la gargousse et les parois de l'âme est favorable à la propagation de l'inflammation ; mais, d'un autre côté, il en résulte un accroissement de l'espace dans lequel se répandent les gaz pendant les premiers instants de l'explosion, et cette circonstance tend à diminuer leur tension.

L'usage est de faire les gargousses cylindriques, mais leur diamètre peut encore varier entre certaines limites, et l'on conçoit que ces variations doivent exercer quelque influence sur la grandeur de la vitesse initiale.

On a fait à cet égard trois séries d'expériences sur un canon de 30 n° 1, dont l'âme avait $1^{dm},648$ de diamètre et $26^{dm},41$ de longueur.

Premières expériences.

VITESSE INITIALE DES PROJECTILES.

DIAMÈTRE DU MANDRIN DE LA GARGOUSSE.

	CHARGE.	118ᵐᵐ		128ᵐᵐ		138ᵐᵐ		148ᵐᵐ		158ᵐᵐ	
		Vitesse initiale moyenne.	Nombre de coups.	Vitesse initiale moyenne.	Nombre de coups.	Vitesse initiale moyenne.	Nombre de coups.	Vitesse initiale moyenne.	Nombre de coups.	Vitesse initiale moyenne.	Nombre de coups.
Poudre du Pont-de-Buis........	kg 1,00	m 245,4	3	m 247,3	3	m 247,1	3	m 249,1	3	m 249,2	3
Boulets massifs ⎰ Diam., 1ᵈᵐ,596	2,50	356,7	3	359,2	3	367,4	6	367,5	6	374,9	6
roulants...... ⎱ Poids, 15ᵏᵍ,100	3,75	404,2	3	405,2	3	411,6	6	426,8	12	420,2	12
	5,00	427,9	3	433,2	6	449,4	6	456,5	6	449,4	6

Les cinq mandrins étaient d'abord essayés comparativement le même jour; plus tard, on ne s'est plus occupé que des mandrins des diamètres supérieurs.

Dans ce Tableau, lorsque la charge est de $3^{kg},75$ ou de 5^{kg}, on voit la vitesse croître d'abord avec le diamètre du mandrin, puis décroître. Quand la charge est de $2^{kg},5$, on n'observe pas ce décroissement; des deux mandrins de 148^{mm} et de 158^{mm} le dernier est celui qui donne la plus grande vitesse; mais il est probable que la vitesse correspondant au mandrin de 148^{mm} est trop faible. Et, en effet, elle diffère à peine de celle qui est donnée par le mandrin de 138^{mm}. Avec la charge de 1^{kg}, les variations sont bien moins sensibles, et les vitesses correspondant aux mandrins de 148^{mm} et de 158^{mm} sont à peu près égales.

Peut-être le mandrin auquel correspond la plus grande vitesse n'est-il pas le même pour toutes les charges; mais, tant qu'on ne s'occupe que des charges usuelles $2^{kg},5$, $3^{kg},75$, 5^{kg}, les légères variations qu'il peut éprouver sont sans doute de nature à être négligées, et, dans cette hypothèse, le Tableau précédent offre une réunion de faits assez nombreux pour qu'on puisse le déterminer avec une approximation suffisante.

Prenant en effet la moyenne des vitesses données avec le même mandrin par les charges de $2^{kg},5$, $3^{kg},75$ et 5^{kg}, on obtient un nouveau Tableau où les irrégularités se trouvent atténuées.

	DIAMÈTRE DU MANDRIN.				
	118^{mm}.	128^{mm}.	138^{mm}.	148^{mm}.	158^{mm}.
Vitesse............	396,3	399,1	409,5	416,9	415,0

Pour apprécier la régularité de ces résultats, on peut construire une courbe ayant pour abscisses les diamètres des mandrins et pour ordonnées les vitesses (*fig.* 2).

Si x désigne le diamètre du mandrin exprimé en millimètres et v la vitesse initiale correspondante exprimée en mètres, on peut poser $v = f(x)$.

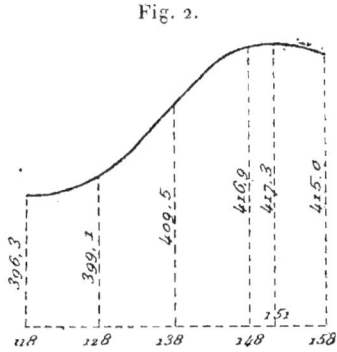

Fig. 2.

Soit a le diamètre du mandrin auquel correspond la plus grande vitesse, représentée par V, en sorte que $V = f(a)$.

Le théorème de Taylor donne

$$v = f(a + x - a) = f(a) + (x-a)f'(a) + \frac{(x-a)^2}{2}f''(a) + \frac{(x-a)^3}{2.3}f'''(a) + \ldots$$

Puisque $V = f(a)$ est la valeur maximum, la valeur de $f'(a)$ doit être nulle, et celle de $f''(a)$ négative. Représentant cette dernière par $-2H$, l'équation devient

$$v = V - H(x-a)^2 + \frac{(x-a)^3}{2.3}f'''(a) + \ldots$$

Lorsque la différence $x - a$ est petite, l'équation peut être réduite à

$$v = V - H(x-a)^2.$$

Cette approximation revient à remplacer la courbe par une parabole dans le voisinage du maximum.

Et alors, si l'on connaît les vitesses v_1, v_2, v_3 correspondantes à trois mandrins x_1, x_2, x_3, il est facile de déterminer la valeur de a. En effet, on a les trois équations

(B)
$$\begin{cases} c_1 = V - H(x_1 - a)^2. \\ c_2 = V - H(x_2 - a)^2. \\ c_3 = V - H(x_3 - a)^2. \end{cases}$$

En éliminant V entre la première et chacune des deux autres, on obtient

$$c_2 - c_1 = -H(x_2 - x_1)(x_1 + x_2 - 2a),$$
$$c_3 - c_1 = -H(x_3 - x_1)(x_1 + x_3 - 2a),$$

et l'élimination de H conduit à

$$\frac{c_3 - c_1}{c_2 - c_1} = \frac{x_3 - x_1}{x_2 - x_1} \cdot \frac{x_1 + x_3 - 2a}{x_1 + x_2 - 2a}.$$

D'après ce qui précède, le mandrin auquel correspond la plus grande vitesse est compris entre 138^{mm} et 158^{mm}. Prenant donc $x_1 = 138$, $x_2 = 148$, $x_3 = 158$, l'équation devient

$$\frac{c_3 - c_1}{c_2 - c_1} = 2 \frac{148 - a}{143 - a}.$$

D'ailleurs, $c_1 = 409,5$, $c_2 = 416,9$, $c_3 = 415,0$. On obtient donc, à très peu près,

$$a = 151^{mm}.$$

Ainsi, le mandrin auquel correspond la plus grande vitesse a un diamètre égal à 151^{mm}.

Dans cette recherche, on n'a pas tenu compte des résultats donnés par la charge de $1^{kg},0$; mais il est à remarquer qu'on eût été conduit à la même conclusion si on les avait fait entrer dans la formation des moyennes.

Il reste à obtenir les valeurs de V et de H relatives à chaque charge. Or, quand on prend $a = 151$, les équations (B) deviennent

(C) $$\begin{cases} v_1 = V - 169\,H, \\ v_2 = V - 9\,H, \\ v_3 = V - 49\,H. \end{cases}$$

Les valeurs de v_1, v_2 et v_3 sont données, pour chaque charge, par le Tableau général des expériences. Les trois équations ne renferment que deux inconnues, V et H, et, pour déterminer ces dernières, on peut employer la méthode des moindres carrés.

Voici les résultats du calcul :

	CHARGE.			
	1^{kg}.	$2^{kg},5$.	$3^{kg},75$.	5^{kg}.
Valeur de V (mètres)........	249,5	371,0	426,3	454,6
Valeur de H.................	0,013	0,015	0,090	0,035

Les valeurs de H sont irrégulières. Cette quantité est nécessairement nulle en même temps que la charge. On peut la supposer développée suivant les puissances ascendantes de cette dernière et poser en conséquence

$$H = m\varpi + n\varpi^2 + \ldots$$

Regardant comme négligeables les termes qui suivent le premier, on a simplement

$$H = m\varpi.$$

Le Tableau précédent fournit quatre couples de valeurs de H et de ϖ, et par conséquent quatre équations pour déterminer le coefficient m. En leur appliquant la méthode des moindres carrés et observant d'ailleurs que le nombre des coups tirés avec chacune des charges de $2^{kg},5$, $3^{kg},75$ et 5^{kg} est au moins double du nombre de ceux pour lesquels on a employé la charge de $1^{kg},0$, on trouve

$$m = 0,01215, \quad \text{et par suite} \quad H = 0,01215\,\varpi.$$

L'adoption de cette expression conduit à modifier légèrement les valeurs des vitesses initiales. En effet, la valeur de H se trouve alors déterminée pour chaque charge et les trois équations (C) ne renferment que la seule inconnue V; en en faisant la somme, on obtient

(D) $$V = \frac{v_1 + v_2 + v_3 + 227\,H}{3},$$

et il ne reste plus qu'à remplacer v_1, v_2 et v_3 par les données de l'observation. On forme ainsi le Tableau ci-après :

	CHARGE.			
	1^{kg}.	$2^{kg},5$.	$3^{kg},75$.	5^{kg}.
Valeur de V ou vitesse correspondante au mandrin de 151^{mm}	$249,4$ m	$372,3$ m	$422,9$ m	$456,5$ m

La vitesse v correspondante à un mandrin d'un diamètre x supérieur à 138^{mm} peut donc être calculée par la formule

(E) $$v = V - 0,01215\,\varpi(151 - x)^2.$$

Mais il peut arriver qu'on veuille employer un mandrin d'un diamètre inférieur à 138^{mm}. La vitesse v sera alors donnée par l'expression

$$v = V - \frac{0,01215\,\varpi(151 - x)^2}{1 + 0,000492(151 - x)^2 + 0,00000074(151 - x)^4},$$

dont il est facile de vérifier l'exactitude au moyen des résultats obtenus avec les mandrins de 128^{mm} et de 118^{mm}.

DIAMÈTRE DU MANDRIN.	CHARGE.	VITESSE		DIFFÉRENCE.
		calculée.	observée.	
118^{mm}	kg 1,0 2,5 3,75 5,0	m 243,9 358,6 402,3 429,0	m 245,4 356,7 404,2 427,9	m — 1,5 + 1,9 — 1,9 + 1,1
128^{mm}	1,0 2,5 3,75 5,0	245,0 361,3 406,4 434,6	247,3 359,2 405,2 433,2	— 2,3 + 2,1 + 1,2 + 1,4

On peut donc employer la formule, du moins tant que le mandrin n'a pas un diamètre inférieur à 118^{mm}.

Il est bien clair que, appliquée à des mandrins d'un diamètre égal ou supérieur à 138^{mm}, elle donne pour $V - v$ une valeur plus petite que celle que fournit l'équation (E); mais la différence est de peu d'importance.

§ 10. — Influence du diamètre de la gargousse sur la vitesse initiale.

Deuxième suite d'expériences (1844).

	CHARGE.	DIAMÈTRE DU MANDRIN DE LA GARGOUSSE.									
		118ᵐᵐ.		128ᵐᵐ.		138ᵐᵐ.		148ᵐᵐ.		158ᵐᵐ.	
		Vitesse initiale.	Nombre de coups.	Vitesse initiale.	Nombre de coups.	Vitesse initiale.	Nombre de coups.	Vitesse initiale.	Nombre de coups.	Vitesse initiale.	Nombre de coups.
Poudre du Ripault 1842.	kg 1,0	m 297,9	3	m 304,0	3	m 303,4	3	m 309,4	3	m 310,4	3
Boulets creux roulants... { Poids. 10ᵏᵍ,610. Diam. 1ᵈᵐ,607.	2,5	442,7	3	447,1	3	462,6	6	476,4	6	473,4	6
	3,75	498,0	3	508,4	3	509,2	6	529,8	6	523,8	6

VITESSE INITIALE DES PROJECTILES.   55

Prenant des moyennes entre les résultats donnés par les charges de $2^{kg},5$ et de $3^{kg},75$, on a le Tableau suivant :

	DIAMÈTRE DU MANDRIN.				
	118mm.	128mm.	138mm.	148mm.	158mm.
Vitesse (mètres)..	470,3	477,8	485,9	503,1	498,6

En construisant la courbe dont les abscisses sont les diamètres des mandrins et dont les ordonnées sont les vitesses correspondantes, on s'aperçoit aisément que ces dernières n'offrent pas toute la régularité désirable. Dans la *fig.* 3, on

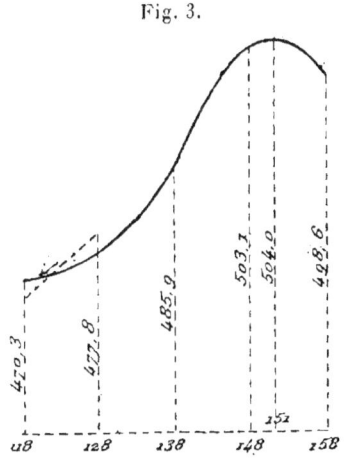

Fig. 3.

n'a évité des sinuosités qui ne sont nullement probables qu'en modifiant les vitesses correspondantes aux mandrins de 118mm et de 128mm; la première se trouve augmentée et la seconde diminuée.

Il est bien clair que le diamètre a du mandrin auquel correspond la plus grande vitesse est compris entre 138mm et 158mm. En se servant, pour le déterminer, de la méthode employée dans le § 9, on trouve

$$a = 151^{mm}.$$

Si, au lieu de ne s'occuper que des charges de $2^{kg},5$ et de $3^{kg},75$, on avait pris des moyennes entre les vitesses données par les trois charges, on aurait trouvé

$$a = 150^{mm},4,$$

nombre bien peu différent du précédent.

Prenant donc $a = 151$, et adoptant par suite la formule

$$v = V - H(151 - x)^2$$

pour les valeurs de x supérieures à 138^{mm}, on peut déterminer V et H en remplaçant, dans les équations (C) du § 9, les quantités v_1, v_2, v_3 par les données de l'observation.

	CHARGE.		
	$1^{kg},0.$	$2^{kg},5.$	$3^{kg},75.$
Valeur de V (mètres).............	310,5	477,4	530,4
Valeur de H.......................	0,0043	0,00868	0,1264

Faisant encore $H = m\varpi$, ce Tableau fournit, pour déterminer le coefficient m, trois équations, dont l'une résulte de neuf coups et les deux autres de dix-huit. Ayant égard à cette circonstance et employant la méthode des moindres carrés, on trouve

$$m = 0,0333, \quad \text{et par suite} \quad H = 0,0333\,\varpi.$$

L'adoption de cette expression n'apporte aux valeurs de V que des modifications insignifiantes. En se servant, en effet, de l'équation (D) du § 9, on trouve les résultats suivants :

VITESSE INITIALE DES PROJECTILES.

	CHARGE.		
	$1^{kg},0.$	$2^{kg},5.$	$3^{kg},75.$
Valeur de V ou vitesse correspondante au mandrin de 151^{mm}.............	$310,3$ m	$477,0$ m	$530,4$ m

Cela posé, la vitesse correspondante à un mandrin d'un diamètre supérieur à 138^{mm} peut être calculée au moyen de la formule

$$v = V - 0,0333\,\varpi\,(151-x)^2.$$

§ 11. — Influence du diamètre de la gargousse sur la vitesse initiale.

Troisième suite d'expériences.

	CHARGE.	DIAMÈTRE DU MANDRIN DE LA GARGOUSSE.									
		118ᵐᵐ.		128ᵐᵐ.		138ᵐᵐ.		148ᵐᵐ.		158ᵐᵐ.	
		Vitesse initiale.	Nombre de coups.	Vitesse initiale.	Nombre de coups.	Vitesse initiale.	Nombre de coups.	Vitesse initiale.	Nombre de coups.	Vitesse initiale.	Nombre de coups.
Poudre du Ripault 18/2. Boulets creux ensabotés. { Diamètre... 1ᵈᵐ,607. Poids, non compris celui du sabot. 10ᵏᵍ,610.	kg 1,0 2,5 3,75	m 310,7 448,4 502,3	3 3 3	m 311,9 453,4 512,0	3 3 6	m 313,0 459,1 506,3	3 6 6	m 311,4 482,6 534,8	3 6 6	m 312,1 479,1 536,0	3 6 6

Les sabots étaient en bois d'orme et de forme tronco-nique.

Diamètre de la grande base du tronc de cône............	148^{mm}
Diamètre de la petite base............................	125
Longueur du sabot...................................	58
Rayon du creux......................................	83
Profondeur du creux.................................	43
Poids moyen des sabots et des bandelettes en fer-blanc.	294^{gr}

Chaque sabot était percé d'un trou central de 67^{mm} de diamètre, afin que les éclats fussent plus nombreux et leur dispersion plus grande.

La charge de 3^{kg},75 présente une anomalie remarquable. Des deux mandrins de 128^{mm} et de 138^{mm}, le premier est celui qui a donné la plus grande vitesse.

En prenant des moyennes entre les vitesses données par les deux charges de 2^{kg},5 et de 3^{kg},75, on a le Tableau suivant :

	DIAMÈTRE DU MANDRIN.				
	118^{mm}.	128^{mm}.	138^{mm}.	148^{mm}.	158^{mm}.
Vitesse (mètres)..	475,2	482,7	482,7	508,7	507,5

On voit tout d'abord une irrégularité choquante : l'égalité des vitesses correspondantes aux mandrins de 128^{mm} et de 138^{mm}. Ce n'est qu'en les altérant l'une et l'autre, en diminuant la première et en augmentant la seconde, que, dans la *fig.* 4, on a évité des sinuosités invraisemblables en traçant la courbe qui a pour abscisses les diamètres des mandrins et pour ordonnées les vitesses.

L'application du procédé suivi précédemment pour déterminer le diamètre a du mandrin auquel correspond la plus grande vitesse conduit à $a = 152^{mm},6$, valeur supérieure à celle qui a été trouvée dans le cas des boulets roulants, massifs ou creux; la différence, égale à 1^{mm},6, est d'ailleurs la conséquence nécessaire de l'anomalie que l'on a signalée ; la vitesse correspondante au mandrin de 138^{mm} est trop petite. De sorte que rien n'autorise réellement à penser que,

Fig. 4.

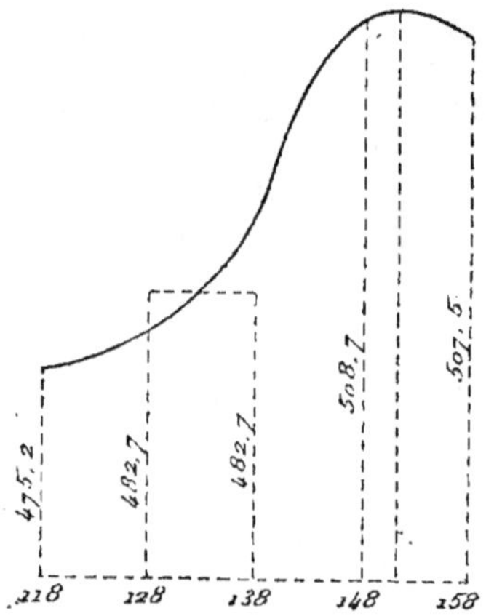

pour les boulets ensabotés, la valeur de a doive surpasser 151^{mm}.

L'expression
$$v = V - H(151 - x)^2$$

est donc encore admissible quand le diamètre du mandrin n'est pas inférieur à 138^{mm}. Cela posé, les procédés de calcul indiqués précédemment conduisent à

$$H = 0,0535 \varpi,$$

et, par suite, on a le Tableau ci-après :

	CHARGE.		
	1^{kg},0.	2^{kg},0.	3^{kg},75.
Valeur de V (mètres).....	317,2	483,9	540,9

VITESSE INITIALE DES PROJECTILES. 61

Mais la valeur de H paraît bien grande lorsqu'on la compare à celle que l'on a trouvée dans le cas des boulets creux roulants, en faisant d'ailleurs usage de la même poudre. La différence doit être attribuée à la faiblesse des vitesses correspondantes au mandrin de 138^{mm}.

En prenant, comme pour les boulets creux roulants, $H = 0,0333\varpi$, et n'employant à la détermination de V, du moins pour les charges de $2^{kg},5$ et de $3^{kg},75$, que les résultats donnés par les mandrins de 148^{mm} et de 158^{mm}, on obtient les valeurs suivantes :

	CHARGE.		
	$1^{kg},0.$	$2^{kg},5.$	$3^{kg},75.$
Valeur de V (mètres).....	315,2	483,2	539,0

Ces nombres ne différant que très peu des précédents, rien n'oblige à admettre que l'ensabotage des boulets exerce une influence sensible sur la valeur de H.

On peut donc employer la même formule que dans le cas des boulets creux roulants.

Cette expression ne convient d'ailleurs qu'autant que le diamètre du mandrin est supérieur à 138^{mm}. Il resterait donc à en former une autre applicable aux mandrins d'un diamètre inférieur, mais les expériences exécutées sur les boulets creux ont présenté de trop grandes irrégularités.

§ 12. — Influence du diamètre de la gargousse sur la vitesse initiale. — Résumé et conclusions.

Il résulte de ce qui précède que, pour un canon de 30 n° 1, du calibre de $1^{dm},648$, le diamètre du mandrin de la gargousse à laquelle correspond la plus grande vitesse est, à très peu près, égal à 151^{mm}, quelle que soit la charge que l'on emploie, que l'on se serve de la poudre du Ripault ou de celle du Pont-de-Buis, que les boulets soient massifs ou creux, roulants ou ensabotés.

Si l'on admet le principe de la similitude (§ 7), il doit exister dans les bouches à feu semblables un rapport constant entre le diamètre a du mandrin qui donne la plus grande vitesse et le calibre A de l'âme. Il n'y a guère lieu de supposer, d'ailleurs, que ce rapport varie avec la longueur de l'âme, puisque c'est surtout dans les commencements de l'explosion que le diamètre de la gargousse exerce une grande influence sur la propagation de l'inflammation. On est donc conduit à admettre que la valeur de $\dfrac{a}{A}$ reste la même pour tous les canons. Cela posé, d'après les résultats obtenus avec le canon de 30, on a

$$\frac{a}{A} = 0{,}916.$$

D'autres expériences exécutées sur un canon de 12, mais moins nombreuses, ont donné $\dfrac{a}{A} = 0{,}911$.

Il y a un avantage réel à adopter, comme on l'a fait dans la marine, pour la pratique du tir, le mandrin auquel correspond le maximum d'effet; une légère variation dans le diamètre de la gargousse n'a pas alors d'influence appréciable sur la grandeur de la vitesse initiale. Or, il peut arriver qu'on apporte quelque négligence dans la confection des gargousses, et, de plus, les transports leur font parfois subir des déformations. Ces circonstances deviennent à peu près indifférentes, et le tir offre plus de régularité.

Dans les paragraphes qui précèdent, on a établi, pour le canon de 30 n° 1, la relation suivante entre les deux vitesses V et v imprimées par la même charge ϖ à un même projectile, la première lorsque le mandrin de la gargousse est celui qui produit le maximum d'effet, la seconde lorsque ce mandrin a un diamètre égal à x et supérieur d'ailleurs

à 138^{mm} :
$$v = V - m\varpi(151 - x)^2.$$

Seulement le coefficient m a varié dans les diverses séries d'expériences.

Comme alors le diamètre A de l'âme était égal à $164^{mm},8$, on peut écrire ainsi cette équation,

$$v = V - (164,8)^2 m\varpi \left(0,916 - \frac{x}{A}\right)^2,$$

et, sous cette nouvelle forme, elle doit être considérée comme exacte tant que le rapport $\frac{x}{A}$ n'est pas inférieur à $\frac{138}{164,8}$, c'est-à-dire à $0,837$.

Il est possible d'en déduire une expression applicable, entre les mêmes limites, aux autres bouches à feu, en s'appuyant sur des considérations sinon rigoureuses, du moins plausibles.

La manière dont s'opère l'inflammation de la poudre perd de son importance à mesure que la combustion devient plus complète, et c'est ce qui arrive lorsque, toutes choses égales d'ailleurs, le poids p des projectiles et la capacité C de l'âme croissent simultanément.

En général, la combustion, sans être jamais parfaite, s'effectue d'autant mieux que les rapports $\frac{p}{A^3}$ et $\frac{C}{\varpi}$ sont plus considérables; l'influence qu'exercent alors sur la vitesse initiale les variations du diamètre de la gargousse s'affaiblit donc et doit finir par devenir insensible.

Ainsi, la différence $V - v$ est une fonction décroissante de ces deux rapports. Si l'on croit pouvoir admettre d'après cela qu'elle est en raison inverse de leurs valeurs, on aura, pour toutes les bouches à feu, la formule

$$v = V - n\frac{A^3}{p}\frac{\varpi}{C}\left(0,916 - \frac{x}{A}\right)^2.$$

Il reste à trouver la valeur du coefficient n.

Ainsi qu'on l'a dit au § 2, les poids sont évalués en kilogrammes, les diamètres x et A en décimètres, et la capacité C en décimètres cubes.

Quand il s'agit du canon de 30 n° 1, $A = 1^{dm},648$ et $C = 56^{dc},3$; la fraction $\dfrac{nA^3}{pC}$ doit alors se réduire à $(164,8)^2 m$.

Dans les expériences exécutées avec la poudre de Pont-de-Buis (§ 9), le poids p était de $15^{kg},1$, et l'on a trouvé

$$m = 0,01215; \quad \text{il en résulte} \quad n = 62680.$$

Lorsqu'on a employé la poudre du Ripault (§ 10), les boulets pesaient $10^{kg},61$, et l'on a obtenu

$$m = 0,0333; \quad \text{de là,} \quad n = 120700.$$

Ces deux valeurs de n sont assurément fort différentes; la seconde est presque double de la première. Mais les inégalités que l'on aura occasion de remarquer plus tard entre les effets des deux poudres ne permettent guère de supposer que le coefficient n doive rester le même pour l'une et pour l'autre.

Du reste, la détermination du nombre m dépend, comme on a pu le voir dans les paragraphes précédents, de l'appréciation de petites différences sur lesquelles les expériences les mieux faites laissent toujours planer quelques doutes.

L'équation précédente ne doit être employée qu'autant que le rapport $\dfrac{x}{A}$ est supérieur à $0,837$.

On peut, pour la poudre du Pont-de-Buis, obtenir une formule d'un usage plus étendu, en généralisant celle qui a été donnée à la fin du § 9. Il suffit pour cela de substituer au numérateur $0,01215\,\varpi(151-x)^2$ l'expression à laquelle on vient de parvenir, savoir

$$62680\,\frac{A^3}{p}\,\frac{\varpi}{C}\left(0,916 - \frac{x}{A}\right)^2,$$

et de remplacer, dans le dénominateur, les facteurs $(151-x)^2$ et

$(151-x)^4$ par $(164,8)^2\left(0,916-\dfrac{x}{A}\right)^2$ et $(164,8)^4\left(0,916-\dfrac{x}{A}\right)^4$.

On obtient par là

$$v = V - 62680 \dfrac{A^3 \varpi}{p\ C} \dfrac{\left(0,916-\dfrac{x}{A}\right)^2}{1+13,26\left(0,916-\dfrac{x}{A}\right)^2 + 546\left(0,916-\dfrac{x}{A}\right)^4}.$$

Les diamètres x et A sont exprimés en décimètres, la capacité C en décimètres cubes, le poids p en kilogrammes.

On peut se servir de cette expression tant que le rapport $\dfrac{x}{A}$ n'est pas inférieur à 0,7.

Pour la poudre du Ripault, il faudrait à peu près doubler les valeurs de V — v données par cette formule.

§ 13. — Influence du diamètre du projectile sur la vitesse initiale et sur le recul.

La différence que l'on est forcé d'établir entre le diamètre du boulet et celui de l'âme fait nécessairement perdre une partie des effets de l'explosion; le fluide qui s'échappe par l'intervalle cesse d'agir sur la partie postérieure du projectile; il exerce même sur la partie antérieure et dans le sens opposé au mouvement une certaine pression.

Des expériences nombreuses ont été exécutées à Lorient à l'aide des pendules balistiques, en vue de reconnaître l'influence que le diamètre plus ou moins grand du projectile exerce sur sa vitesse initiale aussi bien que sur le recul de la bouche à feu.

Les premières recherches ont eu lieu à la fin de 1842 et au commencement de 1843.

La bouche à feu était un canon de 30 n° 1. Diamètre de l'âme, $1^{dm},648$; longueur, $26^{dm},41$.

La poudre provenait du Pont-de-Buis.

Le diamètre du mandrin des gargousses était égal à 158^{mm}; c'était alors la dimension adoptée.

I.

Des boulets sensiblement égaux en poids, mais de diamètres différents, avaient été fabriqués à la fonderie de Ruelle. Ils étaient divisés en quatre séries.

NUMÉRO de la série.	DIAMÈTRE du projectile.	VENT du projectile.	POIDS DU BOULET		POIDS moyen.
			le plus lourd.	le plus léger.	
	dm	mm	kg	kg	kg
1.......	1,636	1,2	15,415	15,386	15,398
2.......	1,613	3,5	15,419	15,392	15,402
3.......	1,590	5,8	15,415	15,400	15,410
4....:...	1,568	8,0	15,415	15,385	15,405

Ainsi, les diamètres des boulets de deux séries consécutives présentaient une différence égale à $2^{mm},3$. Ces boulets étaient tournés.

Pour vérifier le calibre de chaque série, on se servait de deux lunettes dont les diamètres différaient de $0^{mm},36$.

On avait pratiqué dans chaque boulet un trou cylindrique dont l'axe passait par le centre de la sphère et dont le diamètre était égal à 45^{mm}; autour de chaque orifice régnait une entaille circulaire. Un boulon en fer forgé traversait ce trou.

Dans la troisième série, ce boulon était un cylindre légèrement aminci à son milieu, quand le projectile avait un poids un peu fort.

Dans les trois autres séries, le boulon était évidé vers son milieu et se réduisait dans cette partie à une simple tige de 12^{mm} de diamètre; la longueur de cette tige était à peu près de 115^{mm} dans la première et la quatrième série, et de 56^{mm} dans la deuxième. Le vide, dans la quatrième série, était rempli de plomb.

C'est au moyen de quelques variations dans les dimensions précédentes qu'on avait ramené les boulets à avoir sensiblement le même poids.

Les extrémités du boulon étaient rivées dans les entailles circulaires, et leur surface extérieure était le prolongement de celle du boulet.

Chaque séance de tir était précédée d'un coup d'avertissement à la charge de 1^{kg}. On tirait ensuite quatre coups avec des charges égales, et en employant un boulet de chaque série. La même charge était employée pendant cinq ou six séances : dans les trois premières, en prenant les boulets suivant l'ordre de leurs séries; dans les autres, en suivant l'ordre inverse. Le chargement se composait de la gargousse, du projectile et d'un léger valet annulaire en filin blanc.

Résultats moyens des expériences.

CHARGE (ϖ).	DIAMÈTRE du projectile (a).	RECUL exprimé en vitesse du boulet (U).	VITESSE du boulet (V).	ÉCART moyen des vitesses.	NOMBRE de coups.
$1,0$ kg	1,636 dm	332,0 m	288,3 m	4,1 m	5
	1,613	315,0	268,3	2,1	5
	1,590	297,4	247,2	2,4	5
	1,568	276,3	222,7	2,4	5
$2,5$	1,636	531,2	415,6	4,1	7
	1,613	519,6	396,5	6,7	6
	1,590	503,6	373,6	3,2	6
	1,568	488,1	352,7	2,9	6
$5,0$	1,636	704,8	482,1	6,4	6
	1,613	696,4	465,8	9,9	6
	1,590	691,5	447,0	13,5	6
	1,568	689,3	429,7	12,0	6

Il est assez naturel de supposer que les pertes de vitesse et de recul, dues au vent du projectile, sont sensiblement proportionnelles à l'étendue de la lunule comprise entre la section transversale de l'âme et le grand cercle du boulet.

Soit ω le rapport de la lunule à la section transversale de l'âme.

Si l'hypothèse est exacte, on doit avoir, d'après les notations du § 2,
$$V = V_{\prime} - K\omega,$$
$$U = U_{\prime} - H\omega,$$

K et H désignant deux constantes qui peuvent dépendre de la charge. D'ailleurs, il est clair que
$$\omega = \frac{A^2 - a^2}{A^2}.$$

Soient ω_1, ω_2, ω_3, ω_4 les valeurs de ω relatives aux quatre séries de projectiles, V_1, V_2, V_3, V_4 les vitesses initiales correspondantes et dues d'ailleurs à la même charge, U_1, U_2, U_3, U_4 les reculs correspondants. On a les deux groupes d'équations

$$(a) \begin{cases} V_1 = V_{\prime} - K\omega_1, & U_1 = U_{\prime} - H\omega_1, \\ V_2 = V_{\prime} - K\omega_2, & U_2 = U_{\prime} - H\omega_2, \\ V_3 = V_{\prime} - K\omega_3, & U_3 = U_{\prime} - H\omega_3, \\ V_4 = V_{\prime} - K\omega_4, & U_4 = U_{\prime} - H\omega_4. \end{cases}$$

Les valeurs de V_1, V_2, V_3, V_4, U_1, U_2, U_3, U_4 sont données par le Tableau des expériences, et il est facile de calculer ω_1, ω_2, ω_3, ω_4.

Dès lors, pour obtenir les valeurs de $V_{\prime}$, $U_{\prime}$, K et H, il suffit d'appliquer à chaque groupe d'équations la méthode des moindres carrés.

Voici les résultats de ce calcul :

VITESSE INITIALE DES PROJECTILES.

CHARGE.	VALEUR DE V, ou vitesse du boulet sans vent.	VALEUR DE K.	VALEUR DE U, ou recul quand le vent est nul.	VALEUR DE H.
kg	m		m	
1,0	301,4	813,4	343,1	689,4
2,5	428,1	789,7	540,5	541,8
5,0	492,3	655,3	706,1	192,9

Cela posé, si l'hypothèse que l'on a faite est réellement admissible, en introduisant ces valeurs de $V_{,}$, K, $U_{,}$ et H dans les équations (a), on doit retrouver, pour V_1, V_2, V_3, V_4, U_1, U_2, U_3, U_4, des nombres peu différents de ceux qui sont fournis par l'expérience.

On en jugera par le Tableau suivant :

CHARGE.	DIAMÈTRE du projectile.	VITESSE calculée.	EXCÈS sur la vitesse donnée par l'expérience.	RECUL calculé.	EXCÈS sur le recul donné par l'expérience.
	dm	m	m	m	m
kg 1,0	1,636	289,6	+ 1,3	333,1	+ 1,1
	1,613	267,0	− 1,3	314,1	− 0,9
	1,590	245,2	− 2,0	295,4	− 2,0
	1,568	224,3	+ 1,6	277,8	+ 1,5
2,5	1,636	416,6	+ 1,0	532,7	+ 1,5
	1,613	394,9	− 1,6	517,9	− 1,7
	1,590	373,5	− 0,1	503,3	− 0,3
	1,568	353,3	+ 0,6	489,5	+ 1,4
5,0	1,636	482,8	+ 0,7	703,3	− 1,5
	1,613	464,8	− 1,0	698,0	+ 1,6
	1,590	447,0	− 0,0	692,8	+ 1,3
	1,568	430,2	+ 0,5	687,8	− 1

Les différences sont certainement au-dessous des erreurs de l'observation.

§ 14. — Influence du diamètre du projectile sur la vitesse initiale et sur le recul.

Deuxième suite d'expériences (1845).

Poudre du Ripault 1842.

Canon de 30 n° 1. $\begin{cases} \text{Longueur de l'âme} \dots \dots & 26^{dm},410 \\ \text{Diamètre} \dots \dots \dots \dots & 1^{dm},648 \end{cases}$

Diamètre du mandrin des gargousses........ 151^{mm}

Les expériences décrites dans le § 13 avaient laissé intacts un certain nombre de boulets tournés ; dans d'autres, le boulon était dérangé ou enlevé, par suite de la courbure ou de la rupture de la tige ; mais il était facile de le remplacer. Ces réparations ont apporté quelques variations dans les poids ; on les trouvera plus loin.

Chaque séance de tir se composait de deux parties. Dans chaque partie on tirait quatre coups en employant des charges égales et prenant tour à tour les boulets des diverses séries, suivant l'ordre de ces dernières. Le chargement du canon était le même que dans le § 13.

VITESSE INITIALE DES PROJECTILES.

Résultats moyens des expériences.

CHARGE (ϖ).	DIAMÈTRE du projectile (a).	POIDS moyen du projectile (p).	RECUL exprimé en vitesse de boulet (U).	VITESSE du boulet (V).	ÉCART moyen des vitesses.	NOMBRE de coups.
kg 1,0	dm 1,636	kg 15,421	m 324,5	m 289,1	m 8,1	5
	1,613	15,366	310,7	268,0	2,0	5
	1,590	15,397	290,6	243,9	3,6	5
	1,568	15,405	272,2	219,6	2,4	5
2,5	1,636	15,421	549,1	433,3	1,9	5
	1,613	15,385	534,1	412,0	2,5	5
	1,590	15,396	517,1	386,3	1,5	5
	1,568	15,393	503,1	363,2	1,0	5
5,0	1,636	15,419	727,9	513,6	9,8	5
	1,613	15,416	729,9	494,8	6,3	5
	1,590	15,403	720,8	477,4	4,9	5
	1,568	15,394	714,1	458,0	2,4	5

En faisant la même hypothèse que dans le § 13, et exécutant la même série de calculs, on obtient les résultats suivants :

CHARGE.	VALEUR DE V, ou vitesse du boulet sans vent.	VALEUR DE K.	VALEUR de U, ou recul quand le vent du boulet est nul.	VALEUR DE H.
kg 1,0	m 303,0	864,9	m 336,4	661,6
2,5	447,3	880,2	557,8	577,8
5,0	523,9	687,3	732,5	172,0

La vérification de l'hypothèse se réduit à examiner si, en substituant ces valeurs dans les équations (a) du § 13, on retrouve pour $V_1, V_2, V_3, V_4, U_1, U_2, U_3, U_4$ des nombres

72 PREMIÈRE PARTIE. — CHAPITRE I.

peu différents de ceux qui sont donnés par les expériences.

CHARGE.	DIAMÈTRE du projectile.	VITESSE calculée.	EXCÈS sur la vitesse donnée par l'expérience.	RECUL calculé.	EXCÈS sur le recul donné par l'expérience.
kg 1,0	dm 1,636 1,613 1,590 1,568	m 290,5 266,7 243,2 221,0	m + 0,4 − 1,3 − 0,7 + 1,4	m 326,8 308,6 290,7 273,7	m + 2,3 − 2,1 + 0,1 + 1,5
2,5	1,636 1,613 1,590 1,568	434,5 410,3 386,4 263,9	+ 1,2 − 1,7 + 0,1 + 0,7	549,5 533,5 517,9 503,1	+ 0,4 − 0,6 + 0,6 0,0
5,0	1,636 1,613 1,590 1,568	513,9 495,0 476,4 458,0	+ 0,3 + 0,2 − 1,0 + 0,8	730,0 725,3 720,6 716,2	+ 2,1 − 4,6 + 0,2 + 2,1

Les différences sont encore négligeables.

§ 15. — Influence du diamètre du projectile sur la vitesse initiale et sur le recul.

Troisième suite d'expériences (1846).

Poudre du Ripault 1842.

Canon de 30 n° 1. { Longueur de l'âme...... $26^{dm},410$
{ Diamètre............... $1^{dm},648$
Diamètre du mandrin des gargousses........ 151^{mm}

Cent projectiles creux fabriqués à Lorient formaient cinq séries distinctes; tous étaient en fonte douce, et leur surface extérieure était tournée.

		NUMÉRO DE LA SÉRIE.				
		1.	2.	3.	4.	5.
Diamètre	du boulet	1,636 dm	1,607 dm	1,580 dm	1,550 dm	1,500 dm
	de la chambre	1,152	1,090	1,030	0,956	0,806

La régularité de la surface des boulets de chaque série avait été vérifiée à l'aide de deux lunettes dont les diamètres différaient de $0^{mm},3$.

Ces projectiles étaient percés d'un trou taraudé et fermé par un bouchon en fer et à vis. La tête de ce bouchon se raccordait avec la surface extérieure du corps.

En introduisant de la tournure de fer, du sable ou de la sciure de bois dans la chambre, on avait amené tous les boulets à avoir à peu près le même poids; les variations ne s'élevaient qu'à quelques grammes.

Le poids moyen était de $10^{kg},827$.

Les boulets des quatre premières séries ont été brisés en traversant les tampons du récepteur, même lorsque la charge était réduite à $1^{kg},0$; les autres ont généralement éprouvé une légère déformation, de sorte que chaque projectile n'a été employé qu'une fois.

Dans la même séance on tirait cinq coups avec la même charge, et en prenant tour à tour un boulet de chacune des séries; on suivait l'ordre de ces dernières.

Le chargement du canon se composait de la gargousse, du boulet et d'un léger valet annulaire en filin blanc.

Résultats moyens des expériences.

CHARGE (ϖ).	DIAMÈTRE du projectile.	POIDS du projectile.	RECUL exprimé en vitesse du boulet (U).	VITESSE initiale (V).	ÉCART moyen des vitesses.	NOMBRE de coups.
	dm	kg	m	m	m	
	1,636	10,829	403,9	342,7	1,0	5
kg	1,607	10,829	380,1	314,5	2,6	5
1,0	1,580	10,829	357,1	284,3	2,0	5
	1,550	10,826	332,6	255,2	2,4	5
	1,500	10,828	291,1	203,0	2,0	5
	1,636	10,828	666,0	498,8	4,4	5
	1,607	10,825	651,1	470,7	9,6	5
2,5	1,580	10,826	634,1	442,2	4,0	5
	1,550	10,825	614,7	413,1	3,5	5
	1,500	10,829	577,5	360,3	5,0	5
	1,636	10,830	809,3	553,6	6,0	5
	1,607	10,827	784,2	518,6	13,5	5
3,75	1,580	10,826	776,9	494,7	12,5	5
	1,550	10,825	761,4	466,5	2,1	5
	1,500	10,826	726,9	416,3	4,2	5
	1,636	10,827	891,3	569,8	12,4	5
	1,607	10,829	872,3	536,3	13,9	5
5,0	1,580	10,825	861,2	514,1	11,7	5
	1,550	10,825	863,1	491,5	6,6	5
	1,500	10,827	862,0	456,2	8,4	5

Admettant toujours les expressions

$$V = V_{,} - K\omega, \quad U = U_{,} - H\omega,$$

on peut former deux groupes d'équations analogues aux équations (a) du § 13 et déterminer $V_{,}$, K, $U_{,}$ et H par la méthode des moindres carrés.

VITESSE INITIALE DES PROJECTILES.

CHARGE.	VALEUR DE V, ou vitesse du boulet sans vent.	VALEUR DE K.	VALEUR DE U, ou recul quand le vent est nul.	VALEUR DE H.
kg	m		m	
1,0	356,9	891,5	414,9	718,5
2,5	513,1	881,9	677,4	565,9
3,75	564,0	859,2	814,6	497,7
5,0	574,8	710,6	884,2	166,9

Pour vérifier l'hypothèse exprimée par les deux formules précédentes, il faut, comme on l'a fait dans le § 13, calculer les vitesses des boulets des cinq séries, ainsi que les reculs correspondants, et comparer ensuite les nombres ainsi obtenus aux données de l'expérience.

CHARGE.	DIAMÈTRE du projectile.	VITESSE initiale calculée.	EXCÈS sur la vitesse donnée par l'expérience.	RECUL calculé.	EXCÈS sur le recul donné par l'expérience.
kg 1,0	dm 1,636	m 364,0	m + 1,3	m 404,6	m + 0,6
	1,607	313,1	− 1,4	379,6	− 0,5
	1,580	284,8	+ 0,5	356,8	− 0,2
	1,550	253,9	− 1,3	331,8	− 0,8
	1,500	204,0	+ 1,0	291,6	+ 0,5
2,5	1,636	500,0	+ 1,5	669,2	+ 3,2
	1,607	469,8	− 0,1	649,6	− 1,5
	1,580	441,8	− 0,4	631,7	− 2,4
	1,550	411,5	− 1,6	612,0	− 2,7
	1,500	362,1	+ 0,8	580,3	+ 2,8
3,75	1,636	551,5	− 2,1	807,4	− 1,9
	1,607	521,8	+ 3,2	790,4	+ 6,2
	1,580	494,6	+ 0,1	774,4	− 2,5
	1,550	464,7	− 1,8	757,4	− 4,3
	1,500	416,6	+ 0,3	728,2	+ 1,3
5,0	1,636	564,5	− 5,3	881,9	− 9,4
	1,607	539,9	+ 3,6	873,3	+ 1,0
	1,580	517,4	+ 4,3	870,6	+ 9,6
	1,550	492,7	+ 1,2	865,0	+ 1,8
	1,500	452,9	− 1,3	855,7	− 7,3

Bien qu'à la charge de 5^{kg},0 on rencontre quelques différences un peu fortes, cependant, eu égard aux faits rapportés précédemment, elles ne sont pas de nature à faire rejeter les formules, et il est probable qu'elles se seraient beaucoup réduites si l'on avait pu prendre les moyennes sur un plus grand nombre de coups.

§ 16. — Recherche d'une formule propre à faire connaître la perte de vitesse due au vent du projectile.

Des expériences précédentes il résulte que la perte de vitesse due au vent du projectile est sensiblement proportionnelle à l'étendue de la lunule comprise entre la section transversale de l'âme et le grand cercle du boulet, en sorte que la formule

$$V - V_t = K\omega$$

peut être admise, au moins tant que le vent du projectile n'est pas supérieur au onzième du calibre de l'âme.

Mais il reste à déterminer la valeur du coefficient K. En rassemblant les résultats obtenus avec la poudre du Ripault, on a le Tableau suivant :

...dre du Ripault, canon de 30 n° 1. — Diamètre du mandrin de la gargousse : 151^{mm}.

	CHARGE.							
	1^{kg},0.		2^{kg},5.		3^{kg},75.		5^{kg},0.	
...ids du projectile.	15,40 kg	10,827 kg	15,40 kg	10,827 kg	15,40 kg	10,827 kg	15,40 kg	10,827 kg
...leur de K	864,9	891,5	880,2	881,9	//	859,2	687,3	710,6
...leur moyenne de (............	878,2		881,5		859,2		699	

À la charge de 2^{kg},5, les deux valeurs de K correspondantes, l'une aux boulets massifs, l'autre aux boulets creux, sont presque égales; il n'en est pas tout à fait de même pour les charges de 1^{kg},0 et de 5^{kg},0; mais alors elles ne s'écartent pas de leur valeur moyenne de plus de $\frac{1}{60}$, et une telle différence n'est pas au-dessus des erreurs dont les observations peuvent être affectées.

On est donc conduit à admettre que *la perte de vitesse*

due au vent du projectile est sensiblement indépendante du poids de ce dernier, ou, en d'autres termes, que *la quantité de mouvement que le vent fait perdre est sensiblement proportionnelle au poids du mobile.*

Mais le coefficient K dépend de la charge; ainsi $K = f(\varpi)$. Cette fonction est nécessairement nulle en même temps que la charge et croît d'abord avec cette dernière; le Tableau précédent montre qu'elle devient ensuite décroissante; sa forme est d'ailleurs tout à fait inconnue, et il faut choisir une expression qui, tout en satisfaisant aux conditions qu'on vient d'énoncer, se prête facilement au calcul.

On peut prendre, par exemple,

$$K = M \frac{\varpi^{\alpha}}{B^{\varpi}},$$

α, M et B désignant trois constantes positives dont la dernière doit être supérieure à l'unité. En prenant les logarithmes, on a

$$\log K = \log M + \alpha \log \varpi - \varpi \log B.$$

En substituant à K et à ϖ les diverses données de l'expérience fournies par le Tableau précédent, on obtient sept équations entre $\log M$, α et $\log B$. En les traitant par la méthode des moindres carrés, on trouve à très peu près

$$\alpha = \tfrac{1}{3}, \quad M = 1057, \quad B = 1,205.$$

De là résulte la formule

$$K = 1057 \frac{\varpi^{\frac{1}{3}}}{(1,205)^{\varpi}}$$

ou

(1) $$K = 1057 \frac{\varpi^{\frac{1}{3}}}{10^{0,08099\varpi}}.$$

Mais il est nécessaire de la vérifier en comparant les ré-

VITESSE INITIALE DES PROJECTILES.   79

sultats qu'elle fournit à ceux que l'expérience a donnés, et qui sont rapportés dans le Tableau précédent.

	CHARGE.			
	$1^{kg},0$.	$2^{kg},5$.	$3^{kg},75$.	$5^{kg},0$.
Valeur de K donnée par la formule (1)..............	877,1	900,0	816,1	711,4
Rapport de cette valeur à celle de l'expérience......	0,999	1,026	0,950	1,018

A la charge de $3^{kg},75$, qui est celle sur laquelle on a fait le moins d'expériences, le rapport s'éloigne sensiblement de l'unité. Il n'est donc pas inutile d'examiner si l'adoption de la formule ne conduirait pas à altérer trop fortement les données de l'observation.

Il faut, pour cela, reprendre les équations

(a) $V_1 = V_I - K\omega_1, \quad V_2 = V_I - K\omega_2, \quad V_3 = V_I - K\omega_3$

et y remplacer le coefficient K par la valeur que fournit la formule (1); soit n leur nombre. En faisant leur somme et dégageant V_I, on a

$$V_I = \frac{V_1 + V_2 + V_3 + \ldots}{n} + K \frac{\omega_1 + \omega_2 + \omega_3 + \ldots}{n};$$

n est égal à 4 ou à 5, suivant qu'il s'agit des expériences du § 13 et du § 14, ou de celles du § 15.

En remplaçant $V_1, V_2, V_3, \ldots$ par les vitesses observées, on aura la valeur de V_I; on la portera dans les équations (a) et on se servira de ces dernières pour calculer $V_1, V_2, V_3, \ldots$. Chaque vitesse calculée sera ensuite comparée à la vitesse observée.

En appliquant ce procédé aux diverses expériences rapportées dans les §§ 13, 14 et 15, on forme le Tableau suivant :

80 — PREMIÈRE PARTIE. — CHAPITRE I.

POIDS des projectiles.	DIAMÈTRE des projectiles.	CHARGE.										
		1ᵏ,0.		2ᵏ,50.		3ᵏ,75.			5ᵏ,0.		
		Vitesse calculée.	Excès sur la vitesse observée.	Vitesse calculée.	Excès sur la vitesse observée.	Vitesse calculée.	Excès sur la vitesse observée.	Vitesse V, du boulet sans vent.	Vitesse calculée.	Excès sur la vitesse observée.	Vitesse V, du boulet sans vent.
15ᵏᵍ,400	dm 1,648	m 303,5	m + 5,7	m 448,3	m "	m "	m "		m 525,1	m + 1,2	
	1,636	299,8	− 1,4	435,2	+ 1,9	"	"		514,8	+ 0,5	
	1,613	266,6	+ 4,4	410,5	− 1,5	"	"		495,3	− 1,4	
	1,590	242,8	+ 4,1	386,1	− 0,2	"	"		476,0	− 1,4	
	1,568	220,4	− 0,8	363,0	− 0,2	"	"		457,8	− 0,2	
10ᵏᵍ,827	1,648	355,6	+ 0,2	514,7	"	560,4	"		573,0	− 5,1	
	1,636	342,9	− 2,0	501,6	+ 2,8	548,6	− 5,0		564,7	+ 3,7	
	1,607	314,5	+ 0,4	470,8	+ 0,2	520,3	+ 1,7		510,1	+ 3,2	
	1,580	284,7	+ 0,9	442,0	− 0,2	494,4	− 0,3		517,5	+ 1,3	
	1,550	254,3	+ 2,1	410,7	− 2,4	466,1	− 0,4		492,8	− 2,8	
	1,500	205,1		363,0	0,0	420,4	+ 4,1		453,0		

Les différences entre les vitesses calculées et les vitesses observées sont très petites pour les boulets massifs; il en est de même pour les boulets creux aux charges de $1^{kg},0$ et de $2^{kg},50$; elles sont plus fortes aux deux charges de $3^{kg},75$ et de $5^{kg},0$; mais alors même aucune ne s'élève à $\frac{1}{100}$ de la vitesse; les moyennes n'étaient d'ailleurs prises que sur cinq coups.

La formule (1) offre donc une approximation suffisante.

Au reste, une foule d'expressions peuvent atteindre le même but, et par exemple la suivante :

$$(2) \qquad K = 1145 \frac{\varpi^{\frac{1}{2}}}{(1 + 0,0345\,\varpi)^8}.$$

	CHARGE.			
	$1^{kg},0.$	$2^{kg},5.$	$3^{kg},75.$	$5^{kg},0.$
Valeur de K donnée par la formule (2)...............	872,9	871,6	837,7	716,8
Rapport de cette valeur à celle de l'expérience.....	0,995	0,998	0,975	1,026

Il est bon d'avoir plusieurs formules, afin de ne pas attacher une confiance trop exclusive à l'une d'elles, avec laquelle les faits ultérieurs pourraient bien être en désaccord.

Mais ces expressions ne conviennent qu'au canon de 30 n° 1, et il faut tâcher d'en former de plus générales où, d'après le principe de la similitude, la charge ϖ ne figurerait qu'au moyen de rapports.

La quantité K, étant considérée comme indépendante du poids du projectile, doit être déterminée par les trois rapports

$$\frac{a}{A}, \quad \frac{\varpi}{A^3}, \quad \frac{C}{A^3}.$$

Le premier, $\frac{a}{A}$, est supposé égal à 0,916; il n'y a donc à s'occuper que des deux autres; mais le troisième, $\frac{C}{A^3}$, n'ayant pas varié dans le cours des expériences, il n'a pas été possible de reconnaître immédiatement son influence.

Cependant, comme $\frac{C}{A^3} = \frac{C}{\varpi}\frac{\varpi}{A^3}$, on voit qu'on éludera la difficulté en regardant K comme une fonction des deux rapports $\frac{\varpi}{A^3}$ et $\frac{\varpi}{C}$.

Si, pour généraliser la formule (1), on prenait

$$K = M \frac{\left(\frac{\varpi}{C}\right)^{\frac{1}{3}}}{10^{N\frac{\varpi}{A^3}}},$$

la perte de vitesse serait une fonction décroissante de la longueur de l'âme; elle ne tarderait pas à l'être si l'on adoptait $K = M \dfrac{\left(\frac{\varpi}{C}\right)^{\frac{1}{3}}}{10^{N\frac{\varpi}{C}}}$; enfin, elle serait tout à fait indépendante de cette longueur si l'on donnait la préférence à $K = M \dfrac{\left(\frac{\varpi}{A^3}\right)^{\frac{1}{3}}}{10^{N\frac{\varpi}{A^3}}}$; ces conséquences sont également inadmissibles.

On est ainsi conduit à adopter l'expression

$$K = M \frac{\left(\frac{\varpi}{A^3}\right)^{\frac{1}{3}}}{10^{N\frac{\varpi}{C}}}.$$

La détermination des coefficients M et N n'offre aucune

difficulté. En effet, dans le cas du canon de 30 n° **1** soumis aux expériences, $A = 1,648$, $C = 56,3$, et alors, d'après la formule (1),
$$\frac{M}{A} = 1057, \quad \frac{N}{C} = 0,08099;$$
donc
$$M = 1742 \quad \text{et} \quad N = 4,562.$$

On a donc l'expression

$$(r) \qquad K = 1742 \frac{\left(\frac{\varpi}{A^3}\right)^{\frac{1}{3}}}{10^{4,562\frac{\varpi}{C}}}.$$

En égalant à zéro la dérivée de K par rapport à ϖ, on obtient la charge à laquelle, dans un canon donné, correspond la plus grande perte de vitesse. Cette charge se trouve donnée par l'équation

$$\varpi = \frac{C}{31,48}.$$

Dans le canon de 30 n° **1**, elle serait égale à $1^{kg},792$.

En cherchant à généraliser la formule (2), on est conduit, par des raisonnements identiques avec ceux que l'on vient de faire, à l'expression

$$(r_t) \qquad K = 2422 \frac{\left(\frac{\varpi}{A^3}\right)^{\frac{1}{2}}}{\left(1 + 1,943 \frac{\varpi}{C}\right)^8}.$$

La charge à laquelle correspond la plus grande perte est alors donnée par l'équation

$$\varpi = \frac{C}{29,16},$$

et, dans le cas du canon de 30 n° **1**, elle serait de $1^{kg},934$.

Il reste à examiner les résultats obtenus avec la poudre du

Pont-de-Buis; ils sont rassemblés dans le Tableau suivant :

	CHARGE.		
	$1^{kg},0$.	$2^{kg},5$.	$5^{kg},0$.
Valeur de K donnée par l'expérience.	813,4	789,7	655,3
Rapport de cette valeur à celle qui est donnée par la formule (1).........	0,9274	0,8774	0,9212

La valeur moyenne du rapport est 0,91, et il est bien clair que les formules donneront une approximation suffisante si l'on multiplie leurs coefficients par ce nombre.

On a donc, pour la poudre du Pont-de-Buis,

$$(p) \qquad K = 1585 \frac{\left(\dfrac{\varpi}{A^3}\right)^{\frac{1}{3}}}{10^{4,562\frac{\varpi}{\text{}}}}$$

ou

$$(p_{\prime}) \qquad K = 2204 \frac{\left(\dfrac{\varpi}{A^3}\right)^{\frac{1}{2}}}{\left(1 + 1,943\dfrac{\varpi}{C}\right)^8},$$

§ 17. — Influence de la grandeur de la lumière sur la vitesse initiale.

Aussitôt que l'inflammation commence, une partie des gaz s'échappe par la lumière; de là une diminution dans leur tension, et par suite dans la vitesse du projectile.

D'après ce qui précède, la perte de vitesse due à cette cause doit être proportionnelle à la grandeur de la lumière; soit donc ε le diamètre de cette dernière; la perte de vitesse est représentée par

$$K \frac{\varepsilon^2}{A^2},$$

VITESSE INITIALE DES PROJECTILES.

K désignant une fonction de la charge. Le calcul n'offrirait aucune difficulté s'il était permis d'adopter pour K l'expression qui donne la perte due au vent du boulet.

Ainsi, s'il s'agissait d'un canon de 30 n° 1 neuf, pour lequel $\varepsilon = 5^{mm}$, on aurait les résultats ci-après :

	CHARGE.			
	$1^{kg},0$.	$2^{kg},5$.	$3^{kg},75$.	$5^{kg},0$.
Perte de vitesse due à la lumière.	$0^m,81$	$0^m,83$	$0^m,79$	$0^m,60$

Ces pertes croîtraient d'ailleurs proportionnellement au carré du diamètre de la lumière, en sorte qu'il faudrait, par exemple, les quadrupler si le diamètre devenait égal à 10^{mm}.

Ces résultats sont, il est vrai, fondés sur une hypothèse qui peut être contestée ; mais il est permis du moins d'en conclure que la perte de vitesse due à la lumière est très petite lorsque la bouche à feu est d'un fort calibre et qu'on emploie des charges d'un certain poids.

§ 18. — Recherche d'une formule propre à représenter l'influence que le diamètre du projectile exerce sur le recul.

Les expériences décrites dans les §§ 13, 14 et 15 ont conduit à la formule
$$U_t - U = H\omega.$$

Mais le coefficient H varie avec la charge.

PREMIÈRE PARTIE. — CHAPITRE I.

Tableau des valeurs de H.

DIAMÈTRE du mandrin des gargousses.	SIGNALEMENT de la poudre.	POIDS du boulet.	CHARGE.				
			$1^{kg},0$.	$2^{kg},5$.	$3^{kg},75$.	$5^{kg},0$.	
			Valeur de H.	Valeur de H.	Valeur de H.	Valeur de H.	
mm 158	Pont-de-Buis 1837.	kg 15,400	689,4	541,8	″	192,9	§ 13.
151	Ripault 1842.....	15,400	661,6	577,8	″	172,2	§ 14.
151	Idem	10,827	718,7	565,9	498,0	166,9	§ 15.
	Valeurs moyennes...........		690,0	562,0	498,0	178,0	

Dans les différences que présentent les valeurs de H correspondantes à une même charge, il n'est pas possible de reconnaître l'influence que l'on pourrait être tenté d'attribuer au poids du boulet, à la nature de la poudre ou au diamètre de la gargousse.

La valeur de H paraît donc sensiblement indépendante du

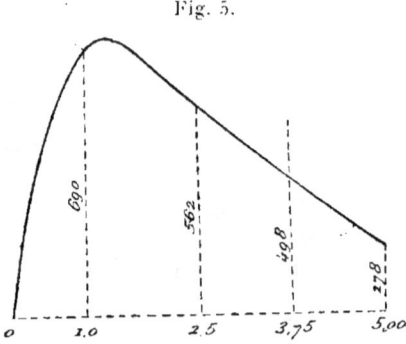

Fig. 5.

poids du mobile, ou, en d'autres termes, *la quantité de mouvement* $p\left(\dfrac{U_{,} - U}{g}\right)$ *que le vent du boulet fait perdre au canon est sensiblement proportionnelle au poids du projectile.*

VITESSE INITIALE DES PROJECTILES.

Le coefficient H doit être nul en même temps que la charge.

En construisant la courbe qui a pour abscisses les charges et pour ordonnées les valeurs moyennes de H, on s'aperçoit immédiatement que ces dernières présentent une irrégularité choquante (*fig.* 5).

A moins qu'on ne veuille admettre des sinuosités invraisemblables, le résultat donné par la charge de $3^{kg},75$ est trop grand relativement à ceux qui correspondent aux charges de $2^{kg},5$ et de $5^{kg},0$.

Il n'a été fait qu'une seule série d'expériences sur la charge de $3^{kg},75$; il en a été exécuté trois sur les autres.

La formule
$$H = 1430 \frac{\varpi}{10^{0,32\varpi}}$$

reproduit à peu près les résultats moyens donnés par $1^{kg},0$, $2^{kg},5$ et $5^{kg},0$.

	CHARGES.			
	$1^{kg},0.$	$2^{kg},5.$	$3^{kg},75.$	$5^{kg},0.$
Valeur de H donnée par la formule.	684	567	338	180

Mais on ne rencontre plus le même accord pour la charge de $3^{kg},75$.

Le recul est bien moins modifié par le vent du projectile que ne l'est la vitesse de ce dernier, et cette circonstance rend fort difficile la recherche des pertes de recul dues au vent du boulet; leur détermination dépend de l'évaluation de petites différences et, par suite, offre toujours quelque incertitude. Mais il est à observer que, eu égard à la grandeur du recul, surtout dans les cas des fortes charges, ces pertes sont toujours assez légères.

La question n'a donc qu'une importance secondaire. La

valeur de H étant indépendante du poids du boulet, les seuls rapports par lesquels on puisse remplacer ϖ lorsqu'on veut généraliser la formule sont $\dfrac{\varpi}{A^3}$ et $\dfrac{\varpi}{C}$; comme, d'ailleurs, la perte de recul doit croître avec la capacité de l'âme, la seule forme admissible est

$$H = M \dfrac{\dfrac{\varpi}{A^3}}{10^{N\frac{\varpi}{C}}}.$$

Pour le canon de 30 employé dans les expériences, $A = 1,648$ et $C = 56,3$, et alors on doit avoir

$$\dfrac{M}{A^3} = 1430 \quad \text{et} \quad \dfrac{N}{C} = 0,32.$$

L'expression générale est donc

$$H = 6400 \dfrac{\dfrac{\varpi}{A^3}}{10^{18\frac{\varpi}{C}}}.$$

§ 19. — Formules relatives aux vitesses initiales des projectiles.

(Poudre du Ripault 1842.)

Sachant évaluer la perte de vitesse due au vent, on peut supposer le diamètre du projectile égal au calibre de l'âme.

Le rendement, représenté alors par $\dfrac{p V^2}{\varpi}$, doit être déterminé par les trois rapports

$$\dfrac{\varpi}{C}, \quad \dfrac{\varpi}{p}, \quad \dfrac{A^3}{C}.$$

Mais les deux premiers sont les seuls qui aient varié dans les expériences précédentes.

Lorsque la capacité de l'âme augmente, le rendement croît en convergeant vers une certaine limite (§ 3), et il est clair qu'il diffère d'autant moins de cette dernière que le rapport $\dfrac{C}{\varpi}$ est plus grand. On doit donc le considérer comme une fonction croissante de $\dfrac{C}{\varpi}$ ou décroissante de $\dfrac{\varpi}{C}$.

L'inertie du projectile favorise la combustion des grains de poudre et augmente les pressions; son influence est d'autant plus efficace que le rapport $\dfrac{p}{\varpi}$ est plus grand. Ainsi, le rendement doit être une fonction croissante de $\dfrac{p}{\varpi}$ ou décroissante de $\dfrac{\varpi}{p}$.

Ces considérations générales permettent de faire

$$V_{\prime}\sqrt{\dfrac{p}{\varpi}} = \dfrac{10^{y}}{10^{z}},$$

y désignant une fonction décroissante de $\dfrac{\varpi}{C}$ et z une fonction croissante de $\dfrac{\varpi}{p}$.

Dans les expériences exécutées avec la poudre du Ripault (§§ 14 et 15), des boulets tournés et de poids différents ont été soumis à l'action des mêmes charges. Il est assez indifférent de prendre pour les valeurs de $V_{\prime}$ celles qui sont données dans le § 14 et dans le § 15, ou bien celles qui se trouvent dans le dernier Tableau du § 16; les différences qu'elles présentent sont sans importance. En se décidant pour les dernières, on a le Tableau suivant :

PREMIÈRE PARTIE. — CHAPITRE I.

OBSERVATIONS.	POIDS du projectile	VITESSE D'UN BOULET d'un diamètre égal au calibre de l'âme.		
		CHARGE.		
		$1^{kg},0.$	$2^{kg},5.$	$5^{kg},0.$
		Vitesse.	Vitesse.	Vitesse.
Canon de 30 n° 1. Diamètre de l'âme........ $1^{dm},648$ Longueur de l'âme........ $26^{dm},41$ Poudre du Ripault 1842. Diam. du mandrin des gargousses,151^{mm}	kg 15,400 10,827	m 303,5 355,3	m 448,3 514,7	m 525,1 575,1

Soit $z = M \dfrac{\varpi}{p}$, la lettre M désignant une constante.

Le Tableau précédent fournit, pour chacune des charges de $1^{kg},0$, $2^{kg},5$ et $5^{kg},0$, deux couples de valeurs de V, et de p, et par conséquent deux équations au moyen desquelles, après l'élimination de y, on peut déterminer la valeur de M.

Voici les résultats de ces calculs :

	CHARGE.		
	$1^{kg},0.$	$2^{kg},5.$	$5^{kg},0.$
Valeur de M........	0,29422	0,24094	0,26819

En prenant une moyenne, on a

$$M = 0,2678,$$

et par suite la formule

$$z = 0,2678 \dfrac{\varpi}{p},$$

dont il reste à apprécier l'exactitude. Or, il est facile de calculer les légères variations qu'il faudra faire subir aux valeurs des vitesses pour qu'elles satisfassent à cette équation. Soient en effet V_1 et V_2 les deux valeurs de V, correspondantes, la première aux boulets massifs, la seconde aux boulets creux. Pour la charge de $1^{kg},0$, l'expérience a donné $V_1 = 303,5$, $V_2 = 355,3$; par suite,

$$V_1 + V_2 = 658,8.$$

D'un autre côté, si la formule est exacte, on doit avoir

$$\frac{V_1}{V_2} = 0,8526,$$

comme il est facile de s'en assurer. Les valeurs modifiées de V_1 et de V_2 se déduisent de ces deux équations. Faisant pour chaque charge un calcul analogue, on obtient les résultats ci-après :

POIDS du projectile.	CHARGE.		
	$1^{kg},0.$	$2^{kg},5.$	$5^{kg},0.$
	Vitesse modifiée.	Vitesse modifiée.	Vitesse modifiée.
kg 15,400	m 303,2	m 449,4	m 525,1
10,827	355,6	513,6	575,4

Pour la charge de $5^{kg},0$, les modifications sont nulles. Pour la charge de $2^{kg},5$, elles s'élèvent à peine à $1^m,1$; elles sont moindres encore pour celle de $1^{kg},0$. L'expression de z est donc admissible.

Il reste à trouver la fonction y. Or, en adoptant cette valeur de z, on a

$$V\sqrt{\frac{p}{\omega}} = \frac{10^y}{10^{0,2678\frac{\omega}{p}}},$$

d'où
$$\log V_i = \tfrac{1}{2}\log \varpi - \tfrac{1}{2}\log p - 0{,}2678\frac{\varpi}{p} + y.$$

Les données numériques contenues dans le Tableau précédent fournissent immédiatement trois valeurs de y, respectivement correspondantes aux charges de $1^{kg},0$, $2^{kg},5$ et $5^{kg},0$, c'est-à-dire à $\frac{\varpi}{C}=0{,}01776$, $\frac{\varpi}{C}=0{,}0444$ et $\frac{\varpi}{C}=0{,}0888$, attendu que, pour le canon de 30 n° 1, $C = 56{,}3$.

Dans le § 15, avec la charge de $3^{kg},75$ et des boulets pesant $10^{kg},827$, on a trouvé $V_i = 564$; de là une quatrième valeur de y correspondant à $\frac{\varpi}{C} = 0{,}0666$.

Valeur de $\frac{\varpi}{C}$.	Valeur de y.
0,01776	3,0929410
0,0444	3,0907535
0,0666	3,0742739
0,0888	3,0514382

On peut considérer y comme l'ordonnée d'une courbe dont les abscisses sont les valeurs de $\frac{\varpi}{C}$.

La fonction étant continuellement décroissante, la plus grande ordonnée correspond à $\frac{\varpi}{C} = 0$.

Le Tableau précédent montre qu'en passant de $\frac{\varpi}{C} = 0{,}01776$ à $\frac{\varpi}{C} = 0{,}0444$ la fonction n'éprouve qu'une très légère variation; de là il est naturel de conclure que la valeur qui répond à $\frac{\varpi}{C} = 0{,}01776$ diffère très peu de la valeur maximum et que la partie correspondante de la courbe tourne sa concavité vers l'axe des abscisses.

A cette partie de la courbe on peut substituer une parabole assujettie à passer par les deux points dont les abscisses

VITESSE INITIALE DES PROJECTILES. 93

sont $\frac{\varpi}{C} = 0,01776$ et $\frac{\varpi}{C} = 0,0444$ et ayant pour axe l'axe des ordonnées. L'équation de cette parabole est

$$y = 3,0933578 - 1,32232 \left(\frac{\varpi}{C}\right)^2.$$

L'ordonnée du sommet ou la plus grande valeur de y se trouve, par suite, égale à $3,0933578$.

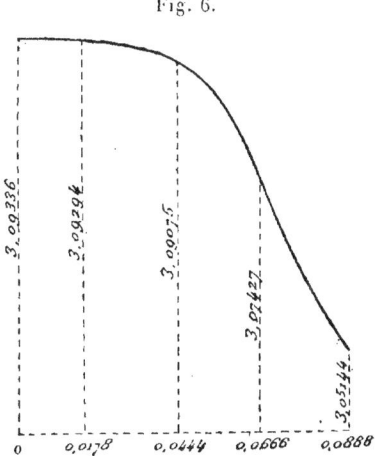

Fig. 6.

On peut se servir de cette expression tant que $\frac{\varpi}{C}$ ne surpasse pas $0,0444$.

Mais il n'en est plus ainsi quand on attribue à ce rapport une valeur plus grande. Qu'on suppose en effet $\frac{\varpi}{C} = 0,0666$; on trouve $y = 3,0874980$, nombre qui surpasse celui qui est donné par l'expérience. La formule ne fait donc pas décroître assez rapidement la valeur de y.

Rien n'empêche de faire passer par les deux points dont les abscisses sont $\frac{\varpi}{C} = 0,0444$ et $\frac{\varpi}{C} = 0,0666$ une seconde parabole ayant le même axe que la première.

L'équation de cette ligne est

$$y = 3,1039372 - 6,69425 \left(\frac{\varpi}{C}\right)^2.$$

On se servira de cette formule tant que le rapport $\frac{\varpi}{C}$ sera compris entre $0,0444$ et $0,0666$.

Si l'on y faisait $\frac{\varpi}{C} = 0,0888$, on trouverait $y = 3,0497022$, nombre inférieur à celui donné par les expériences : ce qui semble indiquer un changement dans le sens de la courbure et une inflexion près du point dont l'abscisse est $\frac{\varpi}{C} = 0,0888$.

On peut alors substituer à l'arc de la courbe une hyperbole équilatère ayant pour asymptote l'axe des abscisses et assujettie à passer par les deux points dont les abscisses sont $\frac{\varpi}{C} = 0,0666$ et $\frac{\varpi}{C} = 0,0888$.

L'équation de cette courbe est

$$y = \frac{9,09392}{2,89149 + \frac{\varpi}{C}}.$$

On se servira de cette expression quand le rapport $\frac{\varpi}{C}$ sera compris entre $0,0666$ et $0,0888$.

La décomposition de l'expression générale de y en plusieurs formules particulières facilite les applications numériques et aussi les modifications que l'on peut être disposé à introduire plus tard.

Les expressions précédentes ne font dépendre le rendement que des deux rapports $\frac{\varpi}{C}$ et $\frac{\varpi}{p}$; c'est, il est vrai, le résultat auquel conduisent les recherches dites *théoriques*, où l'on suppose la combustion complète avant tout déplacement du projectile; l'inertie de ce dernier n'a alors d'autre effet que de contrarier l'expansion des gaz; mais, dans l'état réel des choses, le retard qu'elle apporte à la dispersion des grains favorise leur combustion. Lorsque le poids de la charge, celui du projectile et la capacité de l'âme restent les mêmes, ce retard est d'autant plus considérable que le calibre est plus petit, les gaz agissant sur le mobile par une moindre surface. Sans doute, l'allongement de la charge finit par exercer une influence de sens opposé; mais, au moins jusqu'à une certaine limite, on doit regarder le rendement comme une fonction croissante de $\dfrac{C}{A^3}$.

On satisfait à cette condition en prenant

$$= n \frac{A^3}{C} \frac{\varpi}{p},$$

n désignant une constante dont il est facile de trouver la valeur. En effet, le produit $n\dfrac{A^3}{C}$ doit se réduire à $0,2678$ lorsque $A = 1,648$ et $C = 56,3$; on a donc, à très peu près,

$$n = 3,37, \quad \text{et par suite} \quad z = 3,37 \frac{A^3}{C} \frac{\varpi}{p}.$$

Lorsque la capacité de l'âme croît indéfiniment, cette quantité converge vers zéro et la fonction y se rapproche sans cesse de sa valeur maximum $3,0933578$, de sorte que la limite vers laquelle tend la vitesse V_{I}, et qui a été désignée par V_{II} dans le § 2, se trouve donnée par l'équation

$$V_{II} \sqrt{\frac{p}{\varpi}} = \frac{10^{3,0933578}}{10^0}$$

ou

$$V_{II} = 1240 \sqrt{\frac{\varpi}{p}}.$$

Une pareille équation suppose qu'à cette limite la force vive conservée par les gaz peut être considérée comme négligeable (§ 3).

Mais il est à propos de rapporter quelque épreuve à l'appui de l'expression de z.

De toutes les bouches à feu qu'emploie la marine, les plus courtes sont les caronades; elles diffèrent de celles dont il a été question jusqu'à présent en ce qu'elles ont des chambres.

Des expériences ont été exécutées en 1858 sur la caronade de 30; les vitesses ont été mesurées à l'aide de l'appareil électro-balistique.

La poudre provenait du Ripault et portait la date de 1856.

On s'était assuré par des essais préliminaires qu'elle donnait dans le canon de 30 les mêmes résultats que celle de 1842.

La chambre de la caronade de 30 est cylindrique et terminée par une demi-sphère; le raccordement est engendré par un arc de cercle tangent à la génératrice de l'âme et d'un rayon égal au calibre. Les bords de la chambre sont arrondis.

Diamètre de la chambre .... $1^{dm},513$
Diamètre de l'âme .... $1^{dm},63$
Longueur de la chambre .... $1^{dm},86$
Longueur du raccordement .... $0^{dm},433$
Longueur totale comprise entre le fond de la chambre et la tranche .... $13^{dm},40$
Capacité totale de l'âme .... $26^{de},9$
Poids de la charge .... $1^{kg},6$

Vu le peu de différence qui existe entre le diamètre de la chambre et celui de l'âme, les choses se passent à peu près comme si la pièce était cylindrique dans toute sa longueur. Le boulet roulant, pénétrant en partie dans la chambre, sans cependant s'appuyer sur le bord supérieur, se trouve en contact avec la gargousse, dont la longueur est d'environ $1^{dm},2$.

Expériences du 3 décembre 1858.

(Moyennes prises pour 10 coups.)

Espèce.	BOULETS.			VITESSE INITIALE		DIF-FÉRENCE.
	Diamètre.	Vent.	Poids.	concluc des expériences.	déduite des formules.	
	dm	mm	kg	m	m	m
Massifs roulants.	1,596	3,4	15,0	311,0	316,3	$+$ 5,3
Creux roulants..	1,602	2,8	11,5	355,7	355,1	$-$ 0,6

Pour calculer la perte de vitesse due au vent, on s'est servi de la formule (r) du § 16; cette perte est de $27^m,6$ pour les boulets massifs et de 22^m pour les boulets creux. La formule $(r_{\prime})$ aurait donné $25^m,4$ et $20^m,2$.

Pour les boulets creux, la vitesse calculée est à peu près égale à celle qui est donnée par l'expérience; il n'en est pas tout à fait de même pour les boulets massifs, mais la différence que présentent dans ce cas les deux vitesses est de l'ordre de celles que, dans les recherches de ce genre, il faut s'attendre à rencontrer parfois; elles résultent en général du concours de plusieurs causes : légères variations des effets de la poudre, imperfections des moyens d'observation, insuffisance du nombre des coups. Il est d'ailleurs à remarquer que les boulets employés dans la caronade n'avaient pas la même régularité de formes que les projectiles tournés avec lesquels ont été faites les expériences qui ont servi de base à l'établissement des formules. Très souvent, à Gâvre, après avoir calibré des boulets de 30, en se servant de lunettes dont les diamètres différaient de $0^{mm},6$, on a déterminé leur densité et leur diamètre moyen en les pesant dans l'air et dans l'eau distillée; le plus ordinairement, le diamètre moyen s'est trouvé inférieur à celui de la petite lunette.

Si l'on avait supposé, comme pour le canon n° 1,

1.

$z = 0,2678 . \dfrac{\varpi}{p}$, les vitesses calculées auraient été de 340^m et de 389^m, fort supérieures par conséquent aux données de l'expérience.

L'expression $z = n \dfrac{A^3}{C} \dfrac{\varpi}{p}$ ne peut, du reste, être considérée que comme approximative et doit cesser de convenir au delà d'une certaine valeur de $\dfrac{A^3}{C} \dfrac{\varpi}{p}$. En effet, en l'adoptant, on a

$$V_?^2 = \dfrac{\varpi . 10^{2y}}{p . 10^{2n\frac{A^3}{C}\frac{\varpi}{p}}}.$$

Quand p est infini, le dénominateur l'est aussi, et la vitesse $V_?$ est nulle.

Supposant que, le canon et la charge restant les mêmes, le poids du boulet varie seul, et que, d'abord très considérable, il vienne graduellement à décroître, le numérateur $\varpi . 10^{2y}$ conserve alors une valeur constante.

La dérivée du dénominateur, par rapport à p, est

$$10^{2n\frac{A^3}{C}\frac{\varpi}{p}} \left[1 \quad 2n\frac{A^3}{C}\frac{\varpi}{p} l(10) \right].$$

Elle reste positive tant que $2n \dfrac{A^3}{C} \dfrac{\varpi}{p} l(10) < 1$ ou que $\dfrac{p}{\varpi} > 2n \dfrac{A^3}{C} l(10)$; le dénominateur décroît donc alors en même temps que p, et la vitesse initiale se montre croissante, comme cela doit être. Mais, p diminuant toujours, le rapport $\dfrac{p}{\varpi}$ finit par devenir inférieur à $2n \dfrac{A^3}{C} l(10)$, de sorte que, si la formule subsistait encore, la vitesse serait d'autant moindre que le poids du projectile serait plus faible.

Par exemple, dans le canon de 30 n° 1, pour lequel $n \dfrac{A^3}{C} = 0,2678$, la diminution du poids du projectile n'entraînerait l'accroissement de la vitesse qu'autant que le rapport $\frac{p}{\varpi}$ resterait supérieur à $1,232$; s'il devenait moindre, la vitesse décroîtrait.

De telles conséquences ne sont pas admissibles.

Il est clair, d'après cela, que l'expression à laquelle on est parvenu pour z ne peut être admise qu'autant que le produit $\frac{A^3}{C}\frac{\varpi}{p}$ ne dépasse pas une certaine limite. Dans les diverses expériences que l'on a discutées, la plus grande valeur de ce produit a été $0,03672$; elle correspond au cas où, avec le canon de 30 n° 1, on a employé la charge de $5^{kg},0$, et des boulets creux pesant $10^{kg},827$. On n'est donc pas autorisé à se servir de la formule si $\frac{A^3}{C}\frac{\varpi}{p}$ surpasse $0,037$; mais cette circonstance ne se présente jamais dans le tir ordinaire des canons.

Pour aller au delà, il faudrait remplacer le coefficient n, jusqu'alors regardé comme constant, par une fonction décroissante de $\frac{A^3}{C}\frac{\varpi}{p}$; l'expérience n'a d'ailleurs fourni jusqu'à présent aucune donnée dont on puisse se servir pour établir la loi du décroissement.

La troisième expression de la fonction y, savoir

$$y = \frac{9,09392}{2,89149 + \frac{\varpi}{C}},$$

a été établie pour les cas où $\frac{\varpi}{C}$ varie entre $0,0666$ et $0,0888$.

Une expérience faite au mois d'octobre 1859 montre qu'on peut en étendre l'usage un peu au delà de la seconde limite.

La bouche à feu était un canon de 30 n° 1; diamètre de l'âme, $1^{dm},648$; longueur, $26^{dm},41$. Les boulets étaient ogivo-cylindriques et pesaient $30^{kg},0$; leur diamètre était égal à $1^{dm},623$; ils devaient être employés dans les canons rayés et portaient des tenons qu'on avait enlevés. La poudre venait du Ripault et portait la date de 1856; diamètre du mandrin des gargousses, 150^{mm}.

Dans le chargement, un valet cylindrique en algue marine, ayant 0^m,10 de longueur et pesant environ 400^{gr}, était placé entre la gargousse et le boulet; mais, à raison de la grandeur des charges employées, cette circonstance ne pouvait avoir sur les vitesses qu'une influence extrêmement faible, ainsi qu'on le verra plus tard (§ **29**).

Les trois charges de 5^{kg},5, 6^{kg},0 et 6^{kg},5 ont été essayées les mêmes jours, 18 et 19 octobre. Dans les expériences antérieures, on n'avait jamais dépassé la charge de 5^{kg},0.

Les vitesses, mesurées à l'aide de l'appareil électro-balistique, étaient prises à 38^m de la bouche à feu, et les moyennes déduites de quinze coups. On ne pourrait en conclure les valeurs des vitesses initiales qu'autant que l'on connaîtrait la résistance que l'air opposait aux projectiles employés; mais ces derniers, n'ayant point la rotation régulière que leur impriment les canons rayés, tournaient dans tous les sens et le plus souvent fendaient l'air par le travers. Ce sont donc les vitesses prises à la distance de 38^m qui, dans le Tableau suivant, sont comparées aux vitesses déduites des formules.

Pour calculer les pertes de vitesse dues au vent de 2^{mm},5, on s'est servi de l'équation (r) du § **16**.

	CHARGE.		
	5^{kg},5.	6^{kg},0.	6^{kg},5.
Vitesse donnée par l'expérience à 38^m..	378,5 ^{m}	384,3 ^{m}	390,0 ^{m}
Vitesse déduite des formules............	401,5	407,9	413,1
Différence	23,0	23,6	23,1

La constance de la différence prouve que les variations des vitesses calculées sont exactement les mêmes que celles des vitesses indiquées par l'expérience. C'est, d'ailleurs, la seule

VITESSE INITIALE DES PROJECTILES.

vérification que puisse offrir la comparaison précédente. Il est permis d'en conclure que la troisième expression de la fonction y peut être employée lors même que $\dfrac{\varpi}{C} = \dfrac{1}{10}$.

§ 20. — Formules relatives aux reculs.

(Poudre du Ripault 1842.)

Le diamètre du boulet est supposé égal au calibre de l'âme.
En prenant dans le § 14 et le § 15 les valeurs de U_l et de V_l, on a le Tableau suivant :

OBSERVATIONS.	Poids du projectile.	CHARGE.			
		$1^{kg},0.$	$2^{kg},5.$	$3^{kg},75.$	$5^{kg},0.$
		Valeur de $U_l - V_l$.	Valeur de $U_l - V_l$.	Valeur de $U_l - V_l$.	Valeur de $U_l - V_l$.
Canon de 30 n° 1. Diamètre de l'âme $1^{dm},648$ Capacité........ $56^{dmc},3$ Diamètre du mandrin des gargousses...... 151^{mm}	^{kg} 15,400 10,827	^{m} 33,4 58,3	^{m} 110,5 164,3	^{m} ″ 250,6	^{m} 208,6 309,4

Soit Q l'excès de la quantité de mouvement du canon sur celle du boulet

$$Q = \dfrac{p}{g}(U_l - V_l).$$

Cet excès croît avec la charge, mais est d'autant moindre que l'inertie du projectile oppose plus de résistance à l'expansion des gaz. Cette remarque, facile à vérifier sur les données précédentes, conduit à essayer l'expression

$$gQ = \dfrac{f(\varpi)}{10^{M\frac{p}{\varpi}}}.$$

102   PREMIÈRE PARTIE. — CHAPITRE I.

Le Tableau fournit, pour chacune des charges de $1^{kg},0$, $2^{kg},5$ et $5^{kg},0$, deux couples de valeurs de $g\,Q$ et de $\dfrac{p}{\varpi}$, et par conséquent deux équations au moyen desquelles, après l'élimination de $f(\varpi)$, on peut déterminer la valeur du coefficient M.

Charge.	Valeur de M.
kg	
1,0	0,01944
2,5	0,01053
5,0	0,01990

Bien que la seconde valeur de M s'écarte beaucoup des deux autres, cependant l'adoption de la formule

$$g\,Q = \frac{f(\varpi)}{10^{0,0165\frac{p}{\varpi}}}$$

n'entraîne que des modifications assez légères dans les données de l'expérience. Soient, en effet, Q_1 et Q_2 les deux valeurs de Q correspondant, pour la même charge, la première aux boulets massifs, la seconde aux boulets creux. L'application de la formule donne

$$g\,Q_1 = \frac{f(\varpi)}{10^{0,0165\frac{15,4}{\varpi}}}, \quad g\,Q_2 = \frac{f(\varpi)}{10^{0,0165\frac{10,827}{\varpi}}},$$

par suite

$$\frac{g\,Q_2}{g\,Q_1} = 10^{\frac{0,07545}{\varpi}}.$$

Qu'il s'agisse, par exemple, de la charge de $1^{kg},0$; alors

$$\frac{g\,Q_2}{g\,Q_1} = 1,19.$$

Mais, d'après les données fournies par le Tableau,

$$g\,Q_1 + g\,Q_2 = (33,4)(15,4) + (58,3)(10,827) = 1142,3.$$

Ces deux équations permettent de calculer les valeurs modifiées de gQ_1 et de gQ_2, et par suite celles de $U_i - V_i$.

Faisant pour chaque charge un calcul analogue, on obtient les résultats ci-après :

CHARGE.	POIDS du boulet.	VALEUR modifiée de $U_i - V_i$.	EXCÈS sur la valeur donnée par l'expérience.
kg 1,0	kg 15,4	m 33,9	m + 0,5
	10,827	55,3	− 2,7
2,5	15,4	109,1	− 1,4
	10,827	166,5	+ 2,7
5,0	15,4	209,4	+ 0,8
	10,827	308,3	− 1,1

La formule est donc admissible, mais il est clair que la valeur trouvée pour le coefficient M ne convient qu'aux bouches à feu semblables au canon de 30 n° 1. Dans le § 19, en déterminant la fonction z, on a été amené à faire dépendre du produit des deux rapports $\dfrac{C}{A^3}$ et $\dfrac{p}{\varpi}$ les effets de l'inertie du projectile ; d'après cela on doit avoir en général $M = n\dfrac{C}{A^3}$, et, comme $M = 0,0165$ quand $A = 1,647$ et $C = 56,3$, on obtient immédiatement

$$n = 0,001312; \quad \text{donc} \quad M = 0,001312\frac{C}{A^3}.$$

Il reste à trouver la fonction $f(\varpi)$. Or

$$f(\varpi) = gQ \cdot 10^{0,0165\frac{p}{\varpi}}$$

ou

$$\log f(\varpi) = \log(p) + \log(U_i - V_i) + 0,0165\frac{p}{\varpi},$$

et, pour avoir la valeur de $f(\varpi)$ relative à chaque charge, il suffit de remplacer dans cette équation p et $U_I - V_I$ par les données de l'expérience.

Ces données fournissent pour chacune des charges de $1^{kg},0$, $2^{kg},5$ et $5^{kg},0$ deux valeurs dont il faut prendre la moyenne.

La fonction $f(\varpi)$ croît moins rapidement que la charge; c'est ce que le Tableau suivant met en évidence :

Charge.	Valeur de $\log \frac{f(\varpi)}{\varpi}$.
kg	
1,0	2,97098
2,5	2,92802
3,75	2,90709
5,0	2,86023

Faisant en conséquence

$$\log \frac{f(\varpi)}{\varpi} = S - N\varpi \quad \text{ou} \quad f(\varpi) = \varpi \cdot 10^{S-N\varpi},$$

on a quatre équations pour déterminer S et N; en les traitant par la méthode des moindres carrés, on obtient

$$S = 2,99848, \quad N = 0,02674,$$

par suite

$$\log \frac{f(\varpi)}{\varpi} = 2,99848 - 0,02674\varpi.$$

Pour vérifier cette formule, il faut comparer les valeurs qu'elle fournit aux données contenues dans le Tableau précédent.

CHARGE.	VALEUR de $\log \frac{f(\varpi)}{\varpi}$ calculée.	EXCÈS sur la valeur donnée par l'expérience.
kg		
1,0	2,97174	– 0,00076
2,5	2,93163	– 0,00361
3,75	2,89821	– 0,00874
5,0	2,86430	0,00455

La plus forte différence correspond à la charge de $3^{kg},75$, qui est celle sur laquelle on a fait le moins d'expériences, et l'altération qui en résulte dans la valeur de $\frac{f(\varpi)}{\varpi}$ s'élève à peu près à $\frac{1}{50}$.

La formule précédente revient à

$$\frac{f(\varpi)}{\varpi} = \frac{996}{10^{0,02674\varpi}},$$

en sorte que 996 est la limite vers laquelle converge le rapport $\frac{f(\varpi)}{\varpi}$ quand la charge devient de plus en plus petite.

Mais l'équation ne convient qu'au canon de 30 n° 1, et il serait à désirer que, par quelques considérations plausibles, on pût en déduire une formule susceptible d'être appliquée aux autres bouches à feu en usage.

Il est assez visible que la valeur de $\frac{f(\varpi)}{\varpi}$ doit s'approcher d'autant plus de sa limite que le rapport $\frac{\varpi}{C}$ est moindre.

On peut encore remarquer que, quand p devient nul, on a $gQ = f(\varpi)$, en sorte que $\frac{f(\varpi)}{g}$ représente la quantité de mouvement acquise par les gaz et les grains imparfaitement comburés dans le tir sans projectile. Cette quantité de mouvement croît nécessairement avec la capacité de l'âme.

Regardant, d'après cela, le rapport $\frac{f(\varpi)}{\varpi}$ comme une fonction décroissante de $\frac{\varpi}{C}$, on est conduit à écrire

$$\frac{f(\varpi)}{\varpi} = \frac{996}{10^{n\frac{\varpi}{C}}}.$$

La valeur du coefficient n s'obtient immédiatement en

remarquant que, quand $C = 56,3$, on a

$$\frac{n}{C} = 0,02674, \quad \text{par suite} \quad \frac{f(\varpi)}{\varpi} = \frac{996}{10^{1,505\frac{\varpi}{C}}},$$

et il en résulte

$$g Q = \frac{996\varpi}{10^{0,001312\frac{C}{A^3}\frac{p}{\varpi} + 1,505\frac{\varpi}{C}}},$$

d'où

$$p(U_{\prime} - V_{\prime}) = \frac{996\varpi}{10^{0,001312\frac{C}{A^3}\frac{p}{\varpi} + 1,505\frac{\varpi}{C}}}.$$

C'est parce que les gaz se meuvent dans le même sens que le boulet que $U_{\prime}$ surpasse $V_{\prime}$ (§ 4); le contraire aurait évidemment lieu si, avant leur sortie de la bouche à feu, on parvenait, par un artifice quelconque, à les diriger en sens opposé; la quantité de mouvement du canon deviendrait alors inférieure à celle du boulet et les reculs seraient fortement réduits.

Le colonel Treuille de Beaulieu avait atteint ce but en faisant dans la volée des trous cylindriques inclinés sur l'axe, de manière qu'après les avoir traversés les gaz étaient dirigés vers l'arrière. L'essai en a été fait à Gâvre en 1862; la batterie qu'on avait eu la précaution d'évacuer a été envahie par les gaz enflammés; la diminution du recul a été très grande.

Il est clair d'ailleurs que cette disposition entraîne un affaiblissement de la vitesse initiale du projectile.

§ 21. — Récapitulation des formules relatives aux vitesses initiales et aux reculs.

(Poudre du Ripault 1842.)

On sait (§ 12) que le diamètre a qu'il faut donner au mandrin des gargousses pour obtenir le maximum de vitesse est déterminé par l'équation

$$\frac{a}{A} = 0,916,$$

A désignant le calibre de l'âme. Les formules suivantes supposent l'emploi d'un pareil mandrin ; elles supposent encore que le chargement se compose uniquement de la gargousse et du boulet maintenu par un léger valet erseau.

Les diamètres A et a de l'âme et du boulet sont évalués en décimètres, la capacité C de l'âme en décimètres cubes, les poids ϖ et p de la charge et du boulet en kilogrammes, les vitesses en mètres.

Admettant d'abord que le diamètre du boulet soit égal au calibre de l'âme, on a, pour calculer la vitesse $V_{\prime}$ du mobile, la formule

$$V_{\prime} = \sqrt{\frac{\varpi}{p} \frac{10^{y}}{10^{z}}}$$

ou

$$\log V_{\prime} = \tfrac{1}{2}\log \varpi - \tfrac{1}{2}\log p + y - z.$$

On trouve z par l'équation

$$z = 3,37 \frac{\varpi}{p} \frac{A^{3}}{C},$$

pourvu que $\frac{\varpi}{p} \frac{A^{3}}{C}$ ne surpasse pas $0,037$.

On obtient y par l'expression

$$y = 3,0933578 - 1,32232 \left(\frac{\varpi}{C}\right)^{2}$$

si $\frac{\varpi}{C}$ ne surpasse pas $0,0444$.

On a recours à la formule

$$y = 3,1039372 - 6,69425 \left(\frac{\varpi}{C}\right)^{2}$$

si $\frac{\varpi}{C}$ varie entre $0,0444$ et $0,0666$.

Enfin, on emploie l'équation

$$y = \frac{9,09392}{2,89149 + \frac{\varpi}{C}}$$

lorsque la valeur de $\frac{\varpi}{C}$ est comprise entre $0,0666$ et $0,1$.

Pour avoir la vitesse V du boulet dont le diamètre est a, il faut de la vitesse $V_{,}$ retrancher la perte due au vent $A - a$. On obtient cette perte par la formule

$$V_{,} - V = 1742\,\omega\,\frac{\left(\dfrac{\varpi}{A^3}\right)^{\frac{1}{3}}}{10^{4,562\frac{\varpi}{C}}},$$

dans laquelle $\omega = \dfrac{A^2 - a^2}{A^2}$.

Lorsqu'on suppose le boulet d'un diamètre égal au calibre de l'âme, le recul $U_{,}$ exprimé en vitesse du projectile est donné par l'équation

$$p\,U_{,} = p\,V_{,} + \frac{996\,\varpi}{10^{0,001312\frac{P}{\varpi}\frac{C}{A^3} + 1,505\frac{\varpi}{C}}}.$$

Quant à la perte de recul $U_{,} - U$ due au vent $A - a$, on a la formule

$$U_{,} - U = 6400\,\omega\,\frac{\dfrac{\varpi}{A^3}}{10^{18\frac{\varpi}{C}}}.$$

La vitesse maximum W du recul se déduit de l'équation

$$W = \frac{p\,U}{P},$$

dans laquelle P désigne le poids du canon et de l'affût.

Les formules précédentes sont fondées sur le principe de la similitude; appliquées à des calibres très différents de celui des canons de 30, sur lesquels ont été faites les expériences, elles pourraient donner des résultats inexacts. C'est une question qui sera examinée plus tard (§ 26).

VITESSE INITIALE DES PROJECTILES.

§ 22. — **Usage des formules.** — **Applications numériques.**

Premier exemple. — *Calcul d'une vitesse initiale.*

Données : 1° Canon de 36.

   Longueur de l'âme, $28^{dm},52$.
   Calibre, $1^{dm},74$.
   Capacité, $C = \pi \dfrac{A^2}{4} L$.
   $\log C = 1,8313278$.

2° Boulets massifs : diamètre, $a = 1^{dm},692$; poids, $p = 17^{kg},9$.
3° Charge : poids, $\varpi = 3^{kg}$.

On calcule d'abord la vitesse $V_{\prime}$ d'un boulet du même poids p et dont le diamètre serait égal au calibre de l'âme.

$$\log V_{\prime} = \tfrac{1}{2}(\log \varpi - \log p) + y - z.$$

Comme $\varpi = 3^{kg},0, \quad \log \varpi = 0,4771212$
    $p = 17,9 ; \quad \text{donc} \quad \log p = 1,2528530$
      $\log \varpi - \log p = 0,2242682 - 1$
      $\tfrac{1}{2}(\log \varpi - \log p) = 0,6121341 - 1$

Pour obtenir y, on remarque que

$$\log \varpi = 0,4771212$$
$$\log C = 1,8313278$$
$$\log \tfrac{\varpi}{C} = 0,6457934 - 2$$
$$\tfrac{\varpi}{C} = 0,044238$$

$\dfrac{\varpi}{C}$ étant inférieur à $0,0444$, il faut prendre la formule

$$y = 3,0933578 - 1,32232 \left(\dfrac{\varpi}{C}\right)^2.$$
$$\log \left(\dfrac{\varpi}{C}\right)^2 = 0,2915868 - 3$$
$$\log 1,32232 = 0,1223366$$

somme $0,4129234 - 3$
donc $1,32232 \left(\dfrac{\varpi}{C}\right)^2 = 0,0025878$

Retranchant ce nombre de $3,0933578$, il vient

$$y = 3,0907700.$$

Quant à z, on a

$$z = 3,37 \frac{\varpi}{p} \frac{A^3}{C}.$$

$A = 1,74$; ainsi $\log A = 0,2405492$
$\log A^3 = 0,7216476$
d'ailleurs $\log C = 1,8313278$
$\log \dfrac{A^3}{C} = 0,8903198 - 2$

on a trouvé $\log \dfrac{\varpi}{p} = 0,2242682 - 1$

et $\log 3,37 = 0,5276299$

donc $\log z = 0,6422179 - 2$

et $z = 0,0438751$

par conséquent $y - z = 3,0468949$

ajoutant $\tfrac{1}{2}(\log \varpi - \log p) = 0,6121342 - 1$

il vient $\log V_{\prime} = 2,6590291$

et $V_{\prime} = 456,06$

Telle serait donc la vitesse dont le boulet serait animé si le vent était nul.

Il reste à calculer la perte de vitesse due au vent $A - a$. On a

$$V_{\prime} - V = 1742 \omega \frac{\left(\dfrac{\varpi}{A^3}\right)^{\frac{1}{3}}}{10^{4,562 \frac{\varpi}{C}}},$$

$$\omega = \frac{A^2 - a^2}{A^2} = \frac{(A+a)(A-a)}{A^2}.$$

Soit

$$M = \frac{1742 \omega}{A} = \frac{1742(A+a)(A-a)}{A^3}.$$

Alors

$$V_{\prime} - V = M \frac{\varpi^{\frac{1}{3}}}{10^{4,562 \frac{\varpi}{C}}},$$

$$\log(V_{I} - V) = \log M + \tfrac{1}{3}\log\varpi - 4,562\,\tfrac{\varpi}{C}.$$

$$A + a = 3,432 \quad \log(A + a) = 0,53555$$
$$A - a = 0,048 \quad \log(A - a) = 0,68124 - 2$$
$$\log 1742 = 3,24105$$

somme $\qquad\qquad\qquad\qquad\overline{2,45784}$
Retranchant $\qquad\qquad\log A^{3} = 0,72165$
il vient $\qquad\qquad\qquad\log M = \overline{1,73619}$
Comme $\qquad\qquad\qquad\log\varpi = 0,47712$
$\qquad\qquad\qquad\qquad\tfrac{1}{3}\log\varpi = 0,15904$

Il reste à trouver $4,562\,\tfrac{\varpi}{C}$.

Or
$$\log 4,562 = 0,6591553$$
$$\log\tfrac{\varpi}{C} = 0,6457934 - 2$$
$$\log\left(4,562\,\tfrac{\varpi}{C}\right) = \overline{0,3049487} - 1$$

et $\qquad\left(4,562\,\tfrac{\varpi}{C}\right) = 0,20181$

Ajoutant $\log M$ et $\tfrac{1}{3}\log\varpi$, puis retranchant $4,562\,\tfrac{\varpi}{C}$ de la somme, on obtient

$$\log(V_{I} - V) = 1,69332, \quad \text{d'où} \quad V_{I} - V = 49,37.$$

Or
$$V_{I} = 456,06; \quad \text{donc} \quad V = 406,59.$$

C'est la vitesse demandée.

DEUXIÈME EXEMPLE. — *Calcul d'une vitesse initiale.*

Données : même canon, mêmes boulets ; charge, $6^{kg},0$.

Le calcul diffère du précédent en ce que, pour obtenir y, il faut recourir à la formule

$$y = \frac{9,09392}{2,89149 + \tfrac{\varpi}{C}}.$$

PREMIÈRE PARTIE. — CHAPITRE I

En effet,
$$\log \varpi = 0{,}7781513$$
$$\log C = 1{,}8313278$$
$$\log \frac{\varpi}{C} = 0{,}9468235 - 2$$

et $\frac{\varpi}{C} = 0{,}0884756$, nombre supérieur à $0{,}0666$

En y ajoutant $2{,}89149$, on obtient

$2{,}97997$, et par conséquent $y = \dfrac{9{,}09392}{2{,}97997} = 3{,}05158$.

Cela posé, en opérant comme dans le premier exemple, on trouve
$$V_{\prime} = 532{,}67,$$
$$V_{\prime} - V = 39{,}08,$$
$$V = 493{,}54.$$

Troisième exemple. — *Calcul d'un recul.*

Données : même canon ; poids, 3545^{kg} ; poids de l'affût, 466^{kg} ; mêmes boulets ; charge, $6^{kg},0$.

Supposant d'abord le diamètre du boulet égal au calibre de l'âme, on a

$$p\,U_{\prime} = p\,V_{\prime} + \frac{996\,\varpi}{10^{0{,}001312\frac{p}{\varpi}\frac{C}{A^3}+1{,}505\frac{\varpi}{C}}}.$$

En effectuant les calculs de l'exemple précédent, on a dû trouver
$$\log\left(\frac{\varpi}{p}\frac{A^3}{C}\right) = 0{,}4156181 - 2.$$

Donc
$$\log\left(\frac{p}{\varpi}\frac{A^3}{C}\right) = 1{,}5843819$$

d'ailleurs $\quad \log(0{,}001312) = 0{,}1179318 - 3$

somme $\hspace{4em} 0{,}7023197 - 2$

Par suite,
$$0,001312 \frac{\varpi}{p} \frac{C}{A^3} = 0,0503867.$$

On a également trouvé dans le second exemple

$$\log \frac{\varpi}{C} = 0,9468235 - 2$$

ajoutant $\quad \log 1,505 = 0,1775365$

on a $\quad \log\left(1,505 \frac{\varpi}{C}\right) = 0,1243600 - 1$

par conséquent $\quad 1,505 \frac{\varpi}{C} = 0,1331550$

L'exposant de 10 dans le dénominateur est donc égal à $0,1835417$, en sorte que
$$p U_{\prime} = p V_{\prime} + \frac{996 \varpi}{10^{0,1835417}}.$$

Or
$$L \varpi = 0,7781513$$
$$L 996 = 2,9982593$$
$$\log(996 \varpi) = 3,7764106$$

retranchant $\quad\quad\quad\quad\quad 0,1835417$

il vient $\quad\quad\quad\quad\quad\quad 3,5928689$

C'est le logarithme de $p U_{\prime} - p V_{\prime}$; ainsi
$$p U_{\prime} - p V_{\prime} = 3916.$$

Or, dans le second exemple, on a trouvé

$$V_{\prime} = 532,67; \quad \text{d'ailleurs,} \quad p = 17,9;$$

donc
$$p V_{\prime} = 9535, \quad \text{et par suite} \quad p U_{\prime} = 13451.$$

Il reste à trouver la perte de recul due au vent $A - a$.
On a la formule
$$U_{\prime} - U = 6400 \omega \frac{\frac{\varpi}{A^3}}{10^{18 \frac{\varpi}{C}}}$$

I. $\quad\quad\quad\quad\quad\quad\quad\quad\quad\quad\quad\quad\quad\quad\quad\quad$ 8

ou
$$U_{,} - U = 6400 \frac{(A+a)(A-a)}{A^5} \frac{\varpi}{10^{1\frac{\varpi}{C}}}.$$

Or
$$\log(A+a) = 0,53555$$
$$\log(A-a) = 0,68124 - 2$$
$$\log 6400 = 3,80618$$

somme $\qquad\qquad\qquad\qquad\overline{3,02297}$
retranchant $\qquad\log A^5 = 1,20275$
il vient $\qquad\qquad\qquad\qquad\overline{1,82022}$
ajoutant $\qquad\log \varpi = 0,77815$
on a $\qquad\qquad\qquad\qquad\overline{2,59837}$

dont il faut retrancher $18\frac{\varpi}{C}$; or

$$\log 18 = 1,2552725$$
et $\qquad\log\frac{\varpi}{C} = 0,9468235 - 2$

donc $\qquad\log 18\frac{\varpi}{C} = 0,2020960$

et $\qquad 18\frac{\varpi}{C} = 1,59266$

Ainsi $\log(U_{,} - U) = 2,59837 - 1,59266 = 1,00572$;

$$\log p = 1,15285.$$
Donc
$$\log p(U_{,} - U) = 2,25857;$$
par suite,
$$p(U_{,} - U) = 181.$$

On a trouvé précédemment

$$pU_{,} = 13451; \quad \text{donc} \quad pU = 13270.$$

Le poids total du canon et de l'affût étant de 4011^{kg}, la vitesse maximum W du recul est donnée par l'équation

$$W = \frac{13270}{4011}.$$

Par conséquent, $W = 3^m,31$.

Le recul était réputé modéré quand la vitesse maximum W était à peu près égale à $3^m,30$, et c'est ce qui avait lieu pour les anciens canons de la marine.

Lorsque la vitesse W se rapprochait de 4^m, le recul devenait d'une violence gênante à bord des bâtiments.

§ 23. — Vitesses initiales données par la poudre du Pont-de-Buis (1827). — Formules.

Quand il s'agit de la poudre du Pont-de-Buis, la perte de vitesse $V_l - V$ due au vent du boulet peut être calculée au moyen de l'équation

$$V_l - V = 1585 \omega \frac{\left(\frac{\varpi}{A^3}\right)^{\frac{1}{3}}}{10^{4,562\frac{\varpi}{C}}},$$

donnée dans le § 16. On a toujours la formule

$$\log V_l = \tfrac{1}{2}\log \varpi - \tfrac{1}{2}\log p + y - z.$$

Dans les expériences exécutées avec la poudre du Pont-de-Buis, on n'a employé que des boulets massifs; elles ne fournissent donc aucun moyen de déterminer l'influence que le poids du boulet exerce sur la vitesse initiale.

Admettant que cette influence reste la même que pour la poudre du Ripault,

$$z = 3,37 \frac{\varpi}{p} \frac{A^3}{C}.$$

Reste à trouver la fonction y.

Les expériences mentionnées dans le § 13, avant été faites

avec des boulets tournés, offrent plus de précision que les autres ; le mandrin des gargousses avait, à la vérité, un diamètre égal à 158^{mm} ; mais la formule donnée dans le § 9 permet de calculer la petite diminution de vitesse due à cette circonstance.

Ces expériences ne fournissent que trois valeurs de y, correspondant aux charges de 1^{kg},0, 2^{kg},5 et 5^{kg},0. Pour en obtenir une quatrième, correspondant à la charge de 3^{kg},75, il faut recourir aux épreuves décrites dans le § 9.

OBSERVATIONS.	POIDS du boulet.	CHARGE du canon.	VALEUR de V_f.	VALEUR de $\frac{\varpi}{C}$.	VALEUR de y.
Canon de 30 n° 1.	15,4 ^{kg}	1,0 ^{kg}	302,0	0,01776	3,0911569
Poudre du Pont-de-Buis.	15,4	2,5	429,6	0,0444	3,0713287
Diamètre du mandrin des gargousses............ 151^{mm}	15,4	3,75	470,4	0,0666	3,0414468
	15,4	5,0	495,3	0,0888	3,0260917

Par suite

$$y = 3,0949335 - 11,9735 \left(\frac{\varpi}{C}\right)^2,$$

si $\frac{\varpi}{C}$ ne surpasse pas 0,0444.

Il faut prendre

$$y = 3,0952425 - 12,129 \left(\frac{\varpi}{C}\right)^2,$$

quand $\frac{\varpi}{C}$ varie entre 0,0444 et 0,0666.

Enfin la formule

$$y = \frac{13,30572}{4,3082 + \frac{\varpi}{C}}$$

convient lorsque $\frac{\varpi}{C}$ surpasse 0,0666, et, d'après ce qui a été dit à la fin du § 19, il est probable qu'on peut encore en faire usage quand $\frac{\varpi}{C} = 0,1$.

VITESSE INITIALE DES PROJECTILES.

Quand les charges sont fortes, la poudre du Pont-de-Buis est fort inférieure à celle du Ripault. Dans le canon de 30 n° 1, 5^{kg} de la première ne produisent pas plus d'effet que 3^{kg},75 de la seconde.

§ 24. — **Expériences exécutées à Metz pour déterminer les vitesses initiales des projectiles. — Formules qui en représentent les résultats.**

La Commission des principes du tir a exécuté à Metz, pendant les années 1836, 1837, 1839 et 1842, une suite d'expériences sur les diverses bouches à feu de l'artillerie française.

Il en a été rendu compte dans le n° 7 du *Mémorial de l'Artillerie*.

Les vitesses initiales des projectiles étaient déterminées au moyen du pendule balistique.

La poudre avait été fabriquée à la poudrerie de Metz.

Dans les canons de siège et de place, un bouchon de foin était placé sur la gargousse, un autre sur le boulet.

	BOUCHES A FEU.			
	CANON de 24 de siège.	CANON de 16 de siège.	CANON de 12 de place.	CANON de 8 de place.
Calibre de l'âme A (décim.)......	1,526	1,337	1,213	1,060
Longueur de l'âme L (décim.) ...	30,86	29,78	28,15	25,45
Rapport $\frac{L}{A}$	20,22	22,275	23,207	24,01
Diamètre de la gargousse a (décim.)	1,40	1,22	1,10	0,98
Rapport $\frac{a}{A}$	0,917	0,913	0,907	0,924
Diamètre du boulet (décim.)	1,483	1,293	1,182	1,029
Poids moyen des boulets (kilog.).	12,030	8,070	6,070	4,056
Poids du bouchon de foin (kilog.)	0,130	0,100	0,100	0,050

On voit que le diamètre des gargousses différait très peu de celui qui donne le maximum de vitesse (§ 12).

Les vitesses moyennes, prises sur un trop petit nombre de coups, ont présenté de grandes irrégularités, que la Commission a fait disparaître au moyen de tracés graphiques.

Il est naturel de chercher à comprendre ces vitesses dans des formules analogues à celles auxquelles on est parvenu pour la poudre du Ripault; mais, les boulets employés dans chaque bouche à feu ayant toujours conservé le même poids et le même diamètre, les expériences n'offrent aucun moyen de déterminer la différence $V_{\prime} - V$ et la fonction z.

On serait donc immédiatement arrêté si l'on ne voulait pas faire usage des expressions qui ont été la conséquence des résultats donnés par la poudre du Ripault, c'est-à-dire si l'on n'admettait pas que la perte de vitesse due au vent du projectile peut être calculée, sinon exactement, du moins à très peu près, au moyen de la formule

$$V_{\prime} - V = 1742\, \omega \frac{\left(\frac{\varpi}{A^3}\right)^{\frac{1}{3}}}{10^{5,462\frac{\varpi}{C}}},$$

et la fonction z à l'aide de l'équation

$$z = 3,37\, \frac{\varpi}{p}\, \frac{A^3}{C}.$$

Mais, en regardant ces expressions comme suffisamment approximatives, il ne reste à déterminer que la fonction y.

Dans chaque cas particulier la valeur de V est donnée par l'expérience, et alors, en se servant des formules précédentes et de l'équation

$$\log V_{\prime} = \tfrac{1}{2}\log \varpi - \tfrac{1}{2}\log p + y - z,$$

il est aisé d'obtenir la valeur correspondante de y.

C'est au moyen de ces valeurs isolées qu'il faut former

l'expression de la fonction. Les détails des calculs numériques n'offriraient aucun intérêt; il suffira d'en faire connaître les résultats.

Si le rapport $\frac{\varpi}{C}$ ne surpasse pas $0,0444$,

$$y = 3,09336 - 2,47 \left(\frac{\varpi}{C}\right)^2.$$

Lorsque $\frac{\varpi}{C}$ varie entre $0,0444$ et $0,0666$,

$$y = 3,12456 - 18,3 \left(\frac{\varpi}{C}\right)^2.$$

Enfin, si la valeur de $\frac{\varpi}{C}$ est comprise entre $0,0666$ et $0,1$,

$$y = \frac{16,2}{5,2566 + \frac{\varpi}{C}}.$$

La vérification de ces formules se trouve dans le Tableau suivant :

PREMIÈRE PARTIE. — CHAPITRE I.

BOUCHE à feu.	CHARGE.	NOMBRE de coups.	VITESSE donnée par l'expérience.	VITESSE déduite des formules.	DIF-FÉRENCE.	VITESSE donnée par les tracés graphiques de Metz.	DIF-FÉRENCE.
	kg		m	m	m	m	m
Canon de 24.	1,0	3	281	290	- 9	287	+ 6
	1,5	3	359	355	4	354	— 5
	2,0	3	395	408	- 13	406	+ 11
	2,5	3	423	450	- 27	440	+ 17
	3,0	7	467	470	3	463	— 4
	4,0	4	489	493	- 4	501	+ 12
	6,0	2	552	543	9	549	— 3
Canon de 16.	0,5	6	243	241	4	244	— 1
	1,00	6	359	346	13	354	5
	1,333	6	404	399	5	406	2
	1,5	6	423	422	1	425	2
	2,0	6	463	475	- 13	463	0
	2,667	6	495	497	2	501	+ 6
	3,0	6	513	519	- 6	516	3
	3,500	6	533	533	0	535	2
	4,0	6	552	551	— 1	549	— 3
Canon de 12 de place.	0,375	3	249	256	- 7	243	— 6
	0,500	4	294	294	0	292	— 2
	0,750	3	356	361	- 5	364	+ 8
	1,00	3	422	414	8	419	— 3
	1,25	3	462	461	1	461	— 1
	1,5	4	491	494	- 3	488	— 3
	2,0	3	539	518	- 21	523	— 16
	2,5	3	556	542	- 14	548	— 8
	3,0	3	561	569	- 8	565	+ 4
Canon de 8 de place.	0,250	6	241	246	5	243	2
	0,50	6	370	352	- 18	364	— 6
	0,75	6	448	428	20	443	— 5
	1,0	6	489	486	- 3	488	— 1
	1,25	6	507	501	- 6	516	+ 9
	1,50	6	528	515	- 13	537	+ 9
	1,75	6	549	538	- 11	553	+ 4
	2,0	6	560	555	— 5	565	+ 5

Parmi les différences correspondantes aux vitesses calculées, il s'en trouve qui doivent paraître bien grandes, surtout si on les rapproche de celles que l'on a rencontrées dans la discussion des expériences de Lorient; mais les vitesses déduites des tracés graphiques en présentent qui ne sont guère moins fortes, et cependant la faculté de construire une courbe particulière pour chaque bouche à feu rendait leur amoindrissement bien plus facile. Il est donc permis de les attribuer aux irrégularités qu'offrent toujours les épreuves peu multipliées et exécutées à de longs intervalles.

L'interposition du bouchon de foin entre la gargousse et le projectile a dû exercer quelque influence sur la vitesse initiale, mais les expériences n'offrent aucun moyen de la déterminer.

Quelques essais ont encore été faits sur le canon de 12 de place, en vue de connaître les plus grandes vitesses que l'on peut imprimer aux projectiles. En voici les résultats :

CHARGE du canon.	BOULETS ROULANTS pesant $6^{kg},1$.		OBUS ROULANTS pesant $4^{kg},151$.	
	Vitesse.	Nombre de coups.	Vitesse.	Nombre de coups.
$^{kg}_{4,0}$	$^{m}_{605,9}$	2	$^{m}_{715,2}$	1
5,0	627,5	3	740,6	1
6,0	634,5	3	748,0	1
7,0	639,8	1	708,5	1
8,0	651,1	2		
10,0	648,0	1		

Ces vitesses sont toutes supérieures à celles que l'on déduirait des formules précédentes.

CHARGE.	BOULETS MASSIFS.		OBUS.	
	Vitesse calculée.	Différence.	Vitesse calculée.	Différence.
kg	m	m	m	m
4	597,4	— 8,5	637,2	— 78,2
5	606,6	— 20,9	623,9	— 116,7
6	601,1	— 33,4	597,4	— 150,6
7	585,0	— 54,8	563,9	— 144,6
8	564,5	— 96,5		
10	515,0	— 153,6		

La première différence, celle qui est relative à la charge de 4^{kg} et aux boulets massifs, n'a qu'une faible valeur numérique, qui ne surpasse certainement pas les erreurs dont les résultats des expériences peuvent être affectés. Le rapport $\frac{\varpi}{C}$ n'est encore égal qu'à 0,12296 et le produit $\frac{A^3}{C}\frac{\varpi}{p}$ à 0,03596.

La grandeur des autres différences s'explique d'ailleurs fort naturellement : elles correspondent toutes à des vitesses obtenues dans des circonstances où les limites assignées à l'emploi des formules se trouvent largement dépassées. De nouvelles expressions deviennent alors nécessaires; mais les épreuves précédentes sont trop peu multipliées pour qu'elles puissent servir de base à des calculs; il n'est pas d'ailleurs à présumer qu'on songe jamais à les répéter : on sera toujours disposé à n'y voir qu'un simple intérêt de curiosité. Elles montrent du moins les erreurs auxquelles pourrait entraîner un emploi inconsidéré des formules.

D'après les explications qui ont été données dans le § 19, les modifications devraient principalement porter sur l'expression de z; il faudrait remplacer la constante n par une fonction décroissante de $\frac{\varpi}{C}\frac{A^3}{p}$.

§ 25. — Expériences faites à Liége par M. Navez, pour déterminer l'influence que le poids du projectile exerce sur la vitesse initiale.

En 1852, M. Navez s'est servi de son appareil électro-balistique pour chercher l'influence que le poids du projectile exerce sur la vitesse initiale, et il est à propos d'examiner si les résultats de ses expériences ne pourraient pas être représentés par des formules analogues à celles qui ont été établies précédemment.

Ces résultats sont résumés dans le Tableau suivant. Les vitesses moyennes sont déduites de huit coups.

OBSERVATIONS.	POIDS de la charge.	POIDS du boulet.	VITESSE initiale.
Calibre du canon............ A = 0,955 dm		1,5 kg	641 m
Diamètre moyen des boulets... $a = 0,928$		2,0	567
Longueur de l'âme............ $L = 15,28$	1,0 kg	2,5	517
Poudre fabriquée à Wetteren en 1848.		3,0	477
Un sabot en papier pesant 0^{kg},07 était fixé au boulet par des bandelettes en coton.		3,5	443

Les formules en question sont

$$\log V_{\prime} = \tfrac{1}{2}\log \varpi - \tfrac{1}{2}\log p + y - z, \quad z = n \frac{A^3}{C} \frac{\varpi}{p};$$

mais $V_{\prime}$ représente la vitesse qu'aurait le projectile si son diamètre était égal au calibre de l'âme, et les expériences n'offrent aucun moyen de déterminer la perte $V_{\prime} - V$ due au vent. Admettant qu'on puisse, pour la calculer, se servir de l'équation relative à la poudre du Ripault, on trouve $V_{\prime} - V = 38,9$.

La charge étant constante, la quantité y l'est aussi. Les données du Tableau fournissent cinq équations entre y et n.

On y satisfait aussi bien que possible en prenant

$$y = 2,98262 \quad \text{et} \quad n = 1,1964.$$

En effet, en se servant de ces valeurs pour calculer les vitesses initiales, on obtient les résultats suivants :

	POIDS DU BOULET.				
	$1^{kg},5$.	$2^{kg},0$.	$2^{kg},5$.	$3^{kg},0$.	$3^{kg},5$.
Vitesse calculée V (mètres)..	639	570	518	478	443
Excès sur l'expérience.......	− 1	+ 3	+ 1	+ 1	0

La petitesse des différences justifie les formules; il est vrai que la manière dont la perte $V_{1} - V$ a été évaluée n'est pas à l'abri de toute objection; mais l'erreur dont cette évaluation pourrait être affectée n'aurait d'autre conséquence qu'un changement dans les valeurs de y et de n. Par exemple, si l'on regardait la perte $V_{1} - V$ comme négligeable, et si l'on prenait $y = 2,94011$ et $n = 0,8797$, le calcul donnerait les valeurs ci-après :

	POIDS DU BOULET.				
	$1^{kg},5$.	$2^{kg},0$.	$2^{kg},5$.	$3^{kg},0$.	$3^{kg},5$.
Vitesse calculée (mètres)....	639	568	517	477	445
Excès sur l'expérience.......	− 1	− 1	0	0	+ 2

La forme des expressions algébriques dont on a fait choix paraît donc s'étendre à toutes les poudres, mais les coefficients varient de l'une à l'autre; la valeur de n, par exemple, est bien moindre pour la poudre de Wetteren que pour celle du Ripault.

C'est par suite de cette circonstance que la formule ne

cesse pas de subsister, bien que le rapport $\dfrac{\varpi}{p}\dfrac{A^3}{C}$ atteigne la valeur de 0,0533 (§ 19).

§ 26. — Variation du calibre. — Application des formules au canon de 50.

Les expériences exécutées sur le canon de 30 n° 1 sont les seules qui aient servi de base à l'établissement des formules du § 21, et le principe de la similitude auquel on a eu constamment recours n'est pas d'une exactitude rigoureuse ; il ne faudra donc pas s'étonner si, en appliquant les expressions des vitesses à des bouches à feu d'un calibre très différent de celui du canon de 30, on se trouve en désaccord avec les résultats d'une épreuve directe.

Il paraît cependant que le principe de la similitude peut être employé entre des limites fort étendues, et ce qui le prouve, c'est la possibilité démontrée dans le § 24 de comprendre dans les mêmes formules les résultats des expériences exécutées à Metz sur les canons de 24, de 16, de 12 et de 8.

Une épreuve faite à Lorient, en 1845, sur un canon de 12 et à l'aide du pendule balistique, a fourni une occasion de vérifier les expressions du § 21.

Calibre de l'âme........................	$1^{dm},207$
Longueur.............................	$21^{dm},11$
Diamètre du boulet....................	$1^{dm},173$
Diamètre du mandrin des gargousses...	$1^{dm},10$
Poids du boulet.......................	$6^{kg},093$
Poids de la charge....................	$2^{kg},00$

La poudre provenait du Ripault. Une moyenne prise sur dix coups a donné $504^m,9$ pour la valeur de la vitesse. D'après les formules, cette dernière serait égale à $499^m,7$; la différence est de $5^m,2$ et peut être attribuée aux variations inséparables de ce genre de recherches ; elle ne dépasse pas $\frac{1}{100}$ de la valeur.

En 1858 et 1859, on a fait quelques expériences sur le canon de 50, en se servant de l'appareil électro-balistique.

Poudre du Ripault.

Calibre de l'âme...............................	$1^{dm},94$
Longueur......................................	$30^{dm},94$
Diamètre du boulet............................	$1^{dm},89$
Diamètre du mandrin des gargousses.........	$1^{dm},76$
Poids du boulet................................	$25^{kg},00$
Poids de la charge.............................	$8^{kg},33$

La vitesse calculée serait égale à $488^m,7$; mais depuis longtemps les expériences sur les portées avaient conduit à regarder cette valeur comme trop grande, et, dans la construction des Tables de tir, on l'avait réduite à 470^m.

Onze coups ont été tirés le 4 novembre 1858 et quinze le 19 juillet 1859; les premiers ont donné 471^m pour la vitesse moyenne, et les seconds 474^m.

Le 17 mars 1860, on a procédé à une nouvelle épreuve, en opérant comparativement sur un canon de 30, tirant à boulets massifs du poids de $15^{kg},10$ et à la charge de $5^{kg},0$. Les moyennes ont été prises sur seize coups. Les charges destinées aux deux bouches à feu étaient extraites des mêmes barils.

Cette fois la vitesse moyenne des boulets de 50 a été égale à $488^m,5$ et a atteint par conséquent la valeur indiquée par les formules; mais on ne peut attribuer cet accord qu'à la qualité supérieure et sans doute accidentelle de la poudre dont on a fait usage; car la vitesse des boulets de 30, qui, d'après tous les faits antérieurs, aurait dû être de 485^m, s'est trouvée égale à 495^m.

Ainsi, les formules du § 21 ne s'appliquent pas au canon de 50, du moins pour les fortes charges; elles assignent aux vitesses des valeurs trop grandes. Il est à regretter que les circonstances n'aient pas permis de procéder aux études dont cette bouche à feu devait être l'objet.

Une expérience a été faite au mois d'août 1863 sur un canon pesant $11^{kg},540$ et dont le calibre était de $3^{dm},205$; l'âme avait une longueur égale à $30^{dm},0$, et par conséquent à dix calibres environ; le diamètre des boulets était de $3^{dm},145$ et leur poids de $122^{kg},5$. La charge pesait 15^{kg}; le diamètre du mandrin des gargousses était égal à 293^{mm}. La poudre provenait du Ripault, et une épreuve comparative faite sur un canon de 30 a montré qu'elle avait sa force ordinaire. Un valet en algue d'une longueur de 230^{mm} et du poids de $3^{kg},700$ était placé entre la gargousse et le projectile.

D'après les formules, la vitesse initiale aurait dû être égale à 342^m; mais la présence du valet la diminuait d'environ 4^m à 5^m (§ 29), soit donc 337^m.

L'expérience n'a donné que $306^m,2$, moyenne prise sur dix coups. La différence est de 31^m.

Ainsi, les effets de la poudre sont moindres dans les canons de 32^{cm} que dans ceux de 16^{cm}; leur affaiblissement est probablement dû à l'obstacle que l'épaisseur de la gargousse oppose à la propagation de l'inflammation, et dès lors il doit être d'autant plus sensible que les rapports $\frac{C}{\varpi}$ et $\frac{P}{A^3}$ sont moindres.

§ 27. — Variations du chargement. — Influence des sabots sur la vitesse initiale.

Jusqu'à présent, on ne s'est occupé que du chargement le plus simple, uniquement composé de la gargousse et du boulet, et c'est à ce seul cas que s'appliquent les formules du § 21; mais d'autres modes de chargement sont encore en usage.

Souvent les boulets sont ensabotés, et cette circonstance modifie leur vitesse initiale.

Le sabot est ordinairement en bois et tronconique; du côté de la grande base, une cavité, dont la forme est celle d'une calotte sphérique, reçoit le projectile; des bandelettes en fer-blanc unissent les deux corps.

Si le sabot se conservait intact dans le tir et si les deux mobiles dénués d'élasticité sortaient du canon avec la même vitesse, le calcul de cette dernière n'offrirait aucune difficulté.

Soit, en effet, s le poids du sabot; il suffirait de remplacer dans les formules p par $p + s$. Par suite, l'emploi du sabot entraînerait toujours une diminution de vitesse.

Mais les choses ne se passent pas ainsi : les effets de l'élasticité ne sont pas négligeables; de plus, le sabot, qu'on a bien soin de faire aussi léger que possible, se brise, et ses débris, s'introduisant entre les parois de l'âme et le projectile, contrarient la fuite du gaz.

Il a été exécuté à Metz deux séries d'expériences sur le canon de 12 de place, l'une avec des boulets roulants, l'autre avec des boulets ensabotés; les résultats de la première sont rapportés dans le § 24. Il est naturel de comparer les vitesses dues à la même charge dans les deux circonstances. On peut pour cela prendre soit les données immédiates des expériences, soit les vitesses régularisées au moyen des tracés graphiques employés par la Commission.

Soit, pour abréger, V_s la vitesse du boulet ensaboté, V désignant toujours la vitesse du boulet roulant.

OBSERVATIONS.	CHARGE.	RAPPORT de la vitesse du boulet ensaboté à celle du boulet roulant	
		d'après les données de l'expérience.	d'après les tracés graphiques.
Canon de 12 de place.	kg		
Longueur du sabot en bois .... 52^{mm}	0,50	1,030	1,031
Diamètre antérieur................ 116	0,75	1,047	1,017
Diamètre postérieur............... 108	1,00	1,007	1,012
Profondeur de la cavité 40	1,50	1,017	1,012
Poids du sabot et des bandelettes. $s = 0^{kg},128$	2,00	0,986	1,025
Poids du boulet............. $p = 6^{kg},070$	2,50	1,021	1,025
$\dfrac{s}{p} = 0,021.$	3,00	1,012	1,019

Les variations du rapport sont certainement au-dessous des erreurs dont peuvent être entachées les observations.

En prenant des moyennes, on a, suivant qu'on s'en rapporte aux données immédiates de l'observation ou aux tracés graphiques,

$$\frac{V_s}{V} = 1,017 \quad \text{ou} \quad \frac{V_s}{V} = 1,020.$$

On a rapporté dans le § 10 et dans le § 11 les résultats de deux séries d'expériences exécutées avec le canon de 30 n° 1, les unes avec des boulets creux roulants, les autres avec des boulets creux ensabotés; en les rapprochant, on obtient le Tableau suivant :

OBSERVATIONS.	CHARGE.	VITESSE DU BOULET		RAPPORT de la vitesse du boulet ensaboté à celle du boulet roulant.
		roulant.	ensaboté.	
Canon de 30 n° 1.	kg	m	m	
Sabots : leur description se trouve dans le § 11.	1,0	310,3	315,2	1,016
Poids d'un sabot.. $s = 0^{kg},294$	2,5	477,0	483,2	1,013
Poids d'un boulet. $p = 10^{kg},610$				
$\frac{s}{p} = 0,028.$	3,75	530,4	539,0	1,015

Valeur moyenne $\frac{V_s}{V} = 1,015.$

Dans les deux circonstances que l'on vient de citer, l'interposition du sabot a augmenté la vitesse initiale; mais il n'en serait plus de même si son poids venait à dépasser une certaine limite.

Voici en effet les résultats d'une expérience exécutée à Gâvre le 27 et le 28 novembre 1858; les vitesses étaient mesurées à l'aide de l'appareil électro-balistique.

OBSERVATIONS.	CHARGE.	VITESSE DU BOULET		RAPPORT de la vitesse du boulet ensaboté à celle du boulet roulant.
		roulant.	ensaboté.	
Canon de 36 modèle 1856.	kg	m	m	
Poids d'un sabot.. $s = 1^{kg},0$	2,0	407,9	405,4	0,994
Poids d'un boulet creux .... $p = 12^{kg},66$	3,0	474,2	468,1	0,987
$\dfrac{s}{p}$ 0,079.	4,5	535,1	526,3	0,984

Valeur moyenne $\dfrac{V_s}{V} = 0,988$.

D'après ces résultats, on peut, pour calculer la vitesse V_s des boulets ensabotés, se servir de la formule

$$\frac{V_s}{V} = \frac{1,836}{1,78 + \dfrac{s}{p}}.$$

En effet, quand on y fait successivement $\dfrac{s}{p} = 0,021$, $\dfrac{s}{p} = 0,028$, $\dfrac{s}{p} = 0,079$, elle donne pour $\dfrac{V_s}{V}$ les valeurs suivantes : 1,019, 1,015, 0,988.

Quand $\dfrac{s}{p} = 0,056$, on a $\dfrac{V_s}{V} = 1$, c'est-à-dire que la vitesse du boulet ensaboté est égale à celle du boulet roulant.

D'autres expériences, dont une partie a été déjà mentionnée dans le § 19, ont été faites le 3 décembre 1858.

VITESSE INITIALE DES PROJECTILES.

OBSERVATIONS.	CHARGE.	VITESSE DU BOULET		$\dfrac{V_s}{V}$.
		roulant V.	ensaboté V_s.	
Caronade de 30. Poids du sabot..... $s = 0^{kg},6$ Poids du boulet.... $p = 11^{kg},5$ $\dfrac{s}{p} = 0,052.$	^{kg} 1,60	^{m} 355,7	^{m} 353,0	0,992

D'après la formule précédente, la valeur de $\dfrac{V_s}{V}$ serait 1,002 et la vitesse V_s devait être supérieure à l'autre : c'est le contraire qui a eu lieu. Mais les valeurs des vitesses ne sont point à l'abri de quelque erreur, et il suffirait de leur faire subir une très légère altération pour les mettre d'accord avec la formule.

Si, sans altérer les propriétés du sabot, on pouvait le modifier de telle sorte que son poids devînt négligeable, on aurait

$$\frac{V_s}{V} = \frac{1,836}{1,78} = 1,031.$$

C'est la limite de l'augmentation de vitesse que peut procurer l'emploi du sabot.

§ 28. — Suite. — Interposition d'un valet mou en étoupe entre la gargousse et le projectile.

L'interposition d'un valet compressible entre la gargousse et le boulet est favorable à la combustion de la poudre. Sous l'impulsion des premiers gaz développés, les grains s'écartent les uns des autres en se répandant dans l'espace que leur cède le valet et sont plus facilement atteints par la flamme. D'un autre côté, cette augmentation d'espace entraîne une diminution de la tension des gaz, et le poids du valet s'ajoute à celui du projectile. On conçoit dès lors qu'il doit y avoir un valet dont la longueur donne un maximum de vitesse.

Quelques expériences ont été faites à Lorient le 12 et le 13 janvier 1848, à l'aide du pendule balistique.

Canon de 30 n° 1 : diamètre, $1^{dm},648$; capacité, $56^{dc},3$.

Boulets massifs : diamètre, $1^{dm},596$; poids, $15^{kg},04$.

Poudre du Ripault : charge du canon, $5^{kg},0$.

Valets compressibles en filin blanc : diamètre, $1^{dm},6$; longueur, $1^{dm},07$; poids, $0^{kg},400$.

Les deux chargements, l'un sans valet, l'autre avec valet, étaient essayés alternativement le même jour; les moyennes prises sur huit coups.

Vitesse donnée par le chargement sans valet.. $476^{m},4$
» avec valet.. $480^{m},5$

La différence est de $4^{m},1$ à l'avantage du valet.

On remarquera sans doute que les deux vitesses sont inférieures à celles que donne habituellement la charge de $5^{kg},0$, savoir 485^{m}. Les variations de ce genre ne sont que trop fréquentes.

D'autres expériences ont été faites en 1858 avec l'appareil électro-balistique, et, bien qu'on se soit servi d'un canon rayé et de boulets ogivaux, on croit devoir les rapporter ici.

Canon de 30 rayé.

Diamètre de l'âme.............................	$1^{dm},644$
Longueur.....................................	$27^{dm},7$
Distance du fond de l'âme à l'origine des rayures.....................................	$2^{dm},5$
Diamètre du cercle équivalent à la section transversale de l'âme et des rayures.......	$1^{dm},679$
Capacité de l'âme, y compris celle des rayures.	$60^{dc},7$

Boulets ogivaux : diamètre, $1^{dm},623$; poids, 30^{kg}.

Poudre de Vonges 1858 : diamètre du mandrin des gargousses, $1^{dm},5$. Valets en filin blanc et du diamètre de $1^{dm},55$, consolidés au milieu de leur longueur par une forte ligature; les uns avaient $0^{dm},5$ de longueur; les autres, $1^{dm},0$; les premiers pesaient $0^{kg},20$; les seconds, $0^{kg},35$; le poids de la ligature était par suite de $0^{kg},05$. Dans le chargement de la pièce, l'action du refouloir faisait perdre aux valets les $\frac{2}{5}$ de leur longueur.

Résultats des expériences.

	JOUR DU TIR.							
	4 SEPTEMBRE.			5 SEPTEMBRE.			14 SEPTEMBRE.		
	Charge : 2^{kg}.			Charge : 3^{kg}.			Charge : $3^{kg},5$.		
	Sans valet.	Valet de $0^{dm},5$.	Valet de $1^{dm},0$.	Sans valet.	Valet de $0^{dm},5$.	Valet de $1^{dm},0$.	Sans valet.	Valet de $0^{dm},5$.	Valet de $1^{dm},0$.
Vitesse moyenne des boulets..........	280,6 m	283,4 m	278,3 m	313,9 m	316,9 m	308,2 m	323,2 m	328,9 m	323,8 m
Écart moyen.......	1,7	2,8	1,3	5,8	4,9	4,8	4,1	4,9	3,1
Nombre de coups...	10	10	7	7	10	10	12	15	13

Dans ces trois expériences, on voit la vitesse croître d'abord avec la longueur du valet, puis décroître; il y a donc réellement pour chaque charge un valet qui donne le maximum de vitesse.

Mais la détermination de la longueur de ce valet dépend de l'évaluation des légères différences que présentent les vitesses; elle demanderait des épreuves plus multipliées, et le peu d'intérêt qu'offre la question empêchera toujours de les entreprendre.

§ 29. — Suite. — Interposition d'un valet en algue marine entre la gargousse et le boulet.

Les valets en algue marine ont été fort employés. Ils sont formés de torons très serrés et n'ont pas la souplesse des valets en étoupe. Dans le chargement de la pièce, l'action du refouloir n'altère pas sensiblement leurs dimensions.

Ils ont été, à Gâvre, en 1858, l'objet de quelques expériences où les vitesses étaient mesurées à l'aide de l'appareil électro-balistique.

Canon de 30 n° 1 : diamètre de l'âme, $1^{dm},648$; capacité, $56^{dc},3$.

Boulets massifs : diamètre, $1^{dm},596$; poids, $15^{kg},1$.

Poudre du Ripault 1856.

Parmi les valets, les uns avaient $0^{dm},55$ de longueur, les autres $1^{dm},10$; les premiers pesaient $0^{kg},2$, et les seconds $0^{kg},4$; leur diamètre commun était égal à $1^{dm},6$.

Dans la même séance, cinq chargements différents étaient essayés comparativement; on les faisait varier d'un coup à l'autre et suivant le même ordre.

Résultats des expériences.

(Moyennes prises sur 15 coups.)

CHARGE.	CHARGEMENT.				
	Sans valet.	Un valet de $0^{dm},55$.	Un valet de $1^{dm},10$.	Un valet de $1^{dm},10$, un valet de $0^{dm},55$.	Deux valets de $1^{dm},10$.
	LONGUEUR DES VALETS.				
	0.	$0^{dm},55$.	$1^{dm},10$.	$1^{dm},65$.	$2^{dm},20$.
	Vitesse.	Vitesse.	Vitesse.	Vitesse.	Vitesse.
kg 3,500	m 458,5	m 454,6	m 448,8	m 445,3	m 436,9
5,000	486,5	487,5	489,4	477,7	474,4

Les résultats obtenus avec la charge de $3^{kg},5$ semblent donner la supériorité au chargement sans valet; d'après les autres, il y aurait un valet donnant le maximum de vitesse. Cette contradiction indique que les nombres donnés par l'observation sont entachés d'assez fortes irrégularités. Il n'est pas probable d'ailleurs que l'âme soit entièrement privée

VITESSE INITIALE DES PROJECTILES.   135

des propriétés de l'étoupe; seulement le valet auquel correspond le maximum d'effet n'a qu'une faible longueur.

§ 30. — **Suite.** — **Espace vide ménagé entre la gargousse et le fond de l'âme.** — **Le feu mis par l'avant de la charge.**

En 1846, M. Delvigne a proposé un nouveau mode de chargement. Un espace vide est ménagé entre la gargousse et le fond de l'âme; le projectile est en contact immédiat avec la gargousse; l'inflammation commence par la partie antérieure de la charge.

Un premier essai a été fait en 1846. Des expériences plus nombreuses ont été exécutées à Gâvre en 1859, à l'aide de l'appareil électro-balistique; on a fait varier la position et la grandeur du vide, ainsi que le point d'inflammation.

On obtenait le vide au moyen de deux petites planchettes en bois mince, assemblées à angle droit.

Pour porter le feu à l'avant de la charge, on faisait passer sur la partie supérieure de la gargousse un brin de mèche bien isolé aboutissant à la lumière.

Canon de 30 n° 1 : diamètre de l'âme, $1^{dm},648$.

Boulets massifs : diamètre, $1^{dm},596$; poids, $15^{kg},05$.

Poudre du Ripault 1856 : diamètre du mandrin des gargousses, $1^{dm},5$; charge du canon, $5^{kg},0$.

JOUR DU TIR.	CHARGEMENT.	VITESSE.	NOMBRE de coups.
9 novembre.	La gargousse en contact avec le fond de l'âme et le boulet (chargement ordinaire), feu par l'arrière..............	495,7	16
	Idem, feu par l'avant................	487,1	14
14 novembre.	*Idem,* feu par l'arrière...............	494,8	17
	Vide de $0^m,08$ à l'arrière, feu par l'arrière...	497,3	16
1er décembre.	*Idem,* feu par l'arrière...............	497,1	19
	Idem, feu par l'avant................	509,3	16
2 janvier....	*Idem,* feu par l'avant................	507,5	12
	Vide de $0^m,04$ à l'arrière, feu par l'avant..	510,8	12

Exécutées à des jours différents, ces expériences sont très comparables entre elles. En effet, le 9 et le 14 novembre, le chargement ordinaire (sans vide en avant ou en arrière, feu par l'arrière) a donné des vitesses à très peu près égales, savoir $495^m,7$ et $494^m,8$; le 14 novembre et le 1er décembre, on a obtenu, avec un vide de 8^{cm} à l'arrière et le feu mis par l'arrière, des vitesses de $497^m,3$ et de $497^m,1$; enfin, le 1er décembre et le 2 janvier, on a eu, avec le même vide à l'arrière et le feu mis par l'avant, des vitesses égales à $509^m,3$ et $507^m,5$, vitesse moyenne $508^m,4$.

La vitesse correspondant au chargement ordinaire, $495^m,7$, surpasse celle que l'on rencontre habituellement, savoir 485^m; c'est un exemple des variations accidentelles qu'éprouve la poudre et qui rendent si difficile la comparaison des expériences faites à diverses époques.

L'expérience du 9 novembre montre qu'avec le chargement ordinaire il y aurait du désavantage à mettre le feu par l'avant; mais, d'après celle du 1er décembre, il en est autrement quand il existe un certain vide en arrière de la gargousse.

Il est à remarquer que, quand ce vide était de 8^{cm} et que le feu était mis par l'arrière, on a obtenu à peu près la même vitesse qu'avec le chargement ordinaire.

La supériorité évidente du chargement proposé par M. Delvigne s'explique facilement. Les premiers gaz développés repoussent en arrière la masse entière de la charge; les grains, séparés les uns des autres, sont plus aisément atteints par la flamme, et la combustion devient plus complète; mais un vide trop grand apporterait une forte diminution dans leur tension. Il serait donc utile de déterminer le vide qui produit le maximum d'effet.

Des résultats qui précèdent on déduit le Tableau suivant :

CHARGEMENT DE M. DELVIGNE.	LONGUEUR du vide.	VITESSE initiale.
	dm	m
Vide en arrière de la gargousse.	0,0	487,1
Feu mis par l'avant.	0,4	510,8
Charge : 5^{kg},0.	0,8	508,4

Soient v la vitesse correspondant à un vide d'une longueur x, l la longueur qui donne la plus grande vitesse V.

Dans le voisinage du maximum d'effet, on peut poser

$$v = V - H\left(1 - \frac{x}{l}\right)^2,$$

H désignant une quantité positive. En faisant successivement $x = 0$, $x = 0,4$, $x = 0,8$ et mettant pour v les vitesses correspondantes indiquées par le Tableau, on a trois équations dont la résolution conduit à

$$l = 0,56, \quad H = 25,865, \quad V = 513,$$

et il est facile de vérifier que, en évaluant en décimètres cubes le volume du vide qui donnerait le maximum de vitesse, il se trouve à très peu près égal au quart du poids de la charge.

Mais la petitesse des différences que présentent les vitesses sur lesquelles est fondé le calcul ne permet pas d'attacher à cette détermination l'idée d'une grande exactitude; il faudrait des expériences plus nombreuses et plus variées.

Pour faciliter l'application de son mode de chargement, M. Delvigne proposait de terminer l'âme de la bouche à feu par une chambre d'un diamètre un peu inférieur à celui de la gargousse; cette chambre resterait vide; la lumière serait placée à l'avant de la charge.

§ 31. — Bouches à feu à chambres.

Quelquefois la bouche à feu a une chambre qui reçoit la charge. Cette chambre est ordinairement cylindrique et raccordée par une surface tronconique avec le cylindre de l'âme.

L'influence du diamètre a du mandrin de la gargousse se fait surtout sentir avant que le projectile ait éprouvé un déplacement sensible. Si donc $A_{,}$ désigne le diamètre de la chambre, c'est par l'équation

$$a = 0,916 A,$$

qu'il faut déterminer a lorsqu'on veut obtenir le maximum de vitesse.

Il est naturel de chercher si les formules auxquelles on est parvenu précédemment ne seraient pas applicables à une pareille bouche à feu; il faut alors, pour évaluer la capacité C, calculer les volumes de la chambre, du raccordement et du cylindre de l'âme, puis en faire la somme.

Les formules du § 21 supposent qu'aucun vide n'existe entre la gargousse et le projectile. Ordinairement ce dernier est muni d'un sabot qui remplit le raccordement, et l'on donne à la gargousse une longueur égale à celle de la chambre, en y adaptant au besoin un petit tampon cylindrique en bois léger. L'expression du rapport $\frac{V_s}{V}$, trouvée dans le § 27, conduit alors à la valeur de la vitesse.

Une expérience a été faite à Gâvre, le 6 novembre 1856, sur un obusier de 22 n° **1**, modèle 1842.

Diamètre de l'âme....................		$2^{dm},24$
» de la chambre..............		$1^{dm},65$
Longueur de la chambre................		$2^{dm},15$
» du raccordement.............		$1^{dm},25$
» du cylindre de l'âme..........		$23^{dm},12$
Projectiles.	Diamètre.................	$2^{dm},202$
	Poids....................	$26^{kg},00$
Sabots.....	Diamètre antérieur........	$1^{dm},98$
	» postérieur.......	$1^{dm},46$
	Longueur................	$0^{dm},80$
	Profondeur de la cavité...	$0^{dm},58$
	Poids....................	$0^{kg},61$

Poudre du Ripault. Diamètre du mandrin des gargousses,

$1^{dm},5$. La vitesse initiale, mesurée à l'aide de l'appareil électro-balistique et déduite de douze coups, a été trouvée égale à 382^m.

La capacité totale de l'âme $C = 99^{dc},25$.

Les formules donnent, pour la vitesse du boulet supposé roulant et d'un diamètre égal au calibre de l'âme, $V_t = 401^m,7$.

La perte de vitesse due au vent, $V_t - V = 27^m,4$; ainsi $V = 373^m,3$.

Le rapport du poids du sabot au poids du projectile $\dfrac{s}{p} = 0,023$; ainsi, d'après la formule du § 27,

$$\frac{V_s}{V} = 1,018, \quad \text{et par suite} \quad V_s = 380^m.$$

nombre bien peu différent de celui qui est indiqué par les épreuves.

Des expériences ont été exécutées à Metz sur un obusier de 15 en bronze (*Mémorial de l'Artillerie*, n° 7).

Diamètre de l'âme....................	$1^{dm},511$ [1]
» de la chambre...............	$1^{dm},061$
Longueur de la chambre...............	$1^{dm},30$
» du raccordement............	$1^{dm},00$
» du cylindre de l'âme..........	$13^{dm},85$
Projectiles. { Diamètre.................	$1^{dm},489$
{ Poids.....................	$7^{kg},7$
Sabots..... { Diamètre antérieur........	$1^{dm},38$
{ » postérieur.......	$1^{dm},18$
{ Longueur..................	$0^{dm},51$
{ Profondeur de la cavité...	$0^{dm},39$
{ Poids.....................	$0^{kg},290$
Gargousses en serge. Diamètre extérieur.	$0^{dm},97$

La forme du raccordement ne permettait pas au sabot de pénétrer jusqu'à l'entrée de la chambre; mais la gargousse était fixée à un tampon de $0^{dm},90$ de diamètre et assez long pour atteindre l'arrière du sabot.

---

[1] *Balistique* du général Didion, p. 487.

CHARGE.		TAMPON.		VITESSE du projectile.	NOMBRE de coups.
Poids.	Longueur.	Longueur.	Poids.		
kg	dm	dm	kg	m	
0,50	0,80	0,80	0,198	271,4	6
0,75	1,13	0,48	0,159	330,3	3
1,00	1,49	0,20	0,043	368,4	6

Le Tableau suivant offre les résultats de l'application des formules. Pour le calcul du rapport $\frac{V_s}{V}$, on a ajouté au poids du sabot celui du tampon employé. La capacité totale de l'âme $C = 27^{dc},295$.

CHARGE.	VITESSE du boulet roulant et d'un diamètre égal au calibre de l'âme V_l.	PERTE de vitesse due au vent de $2^{mm},2$ $V_l - V$.	VITESSE du boulet employé et roulant V.	VALEUR du rapport $\frac{V_s}{V}$.	VITESSE du boulet ensaboté V_s.	EXCÈS sur la vitesse donnée par l'expérience.
kg	m	m	m		m	m
0,50...	296,1	21,8	274,3	0,996	273,2	−1,8
0,75...	350,9	22,7	328,2	0,999	327,9	−2,4
1,00...	391,8	22,9	368,9	1,007	371,5	−3,1

Les différences ne surpassent certainement pas les erreurs dont les observations peuvent être affectées.

Il est vrai que, pour calculer les valeurs de la fonction y, on s'est servi des formules du § 21, au lieu d'employer celles du § 24, qui résument spécialement les effets de la poudre de Metz; mais par là on serait arrivé à peu près aux mêmes résultats; on aurait en effet trouvé pour les trois vitesses des boulets ensabotés : $273^m,0$, $327^m,2$, $370^m,1$, et par suite les trois différences $+1,6$, $-3,1$, $+1,7$. L'accord aurait été encore plus satisfaisant.

On peut légitimement conclure des faits qui précèdent que les formules construites d'après les expériences exécutées sur les canons cylindriques dans toute leur longueur peuvent être appliquées aux bouches à feu pourvues de chambres, du moins, tant que les formes et les dimensions de ces dernières ne s'écartent pas de celles qui sont en usage.

Il résulte de là que, pourvu que le canon conserve la même capacité, il importe peu que l'âme soit ou non terminée par une chambre; la vitesse initiale du projectile demeure toujours la même. Toutefois, cette conséquence ne doit pas être adoptée en toute rigueur et appliquée indifféremment à toutes les bouches à feu. Si, par exemple, conformément aux faits rapportés dans le § 26, la grandeur du calibre est telle qu'elle entraîne un affaiblissement des effets de la poudre, l'introduction d'une chambre peut être avantageuse; en effet, l'inflammation se produit alors dans une capacité d'un moindre diamètre.

§ 32. — Effets des petites charges.

Lorsque la charge est très faible, les formules assignent à la vitesse initiale une valeur trop grande.

BOUCHES à feu.	CALIBRE de l'âme.	LONGUEUR de l'âme.	SABOTS. Poids.	BOULETS. Poids.	BOULETS. Diamètre.	CHARGE.	VITESSE déduite des formules.	VITESSE trouvée à Metz.	NOMBRE de coups.
	dm	dm	kg	kg	dm	kg	m	m	
12 de place.	1,213	28,15	0,128	6,08	1,182	0,062	98	91	3
						0,125	144	133	3
						0,250	210	205	3
8 de campagne.	1,06	16,47	0,120	4,05	1,029	0,062	128	102	4
						0,125	173	161	4
						0,250	254	248	4

Les vitesses calculées sont toutes supérieures à celles qui ont été obtenues dans les expériences.

PREMIÈRE PARTIE. — CHAPITRE I.

A Metz, on a encore fait usage de la charge de $0^{kg},25$ dans l'obusier de 15 décrit § 31; l'obus était ensaboté; le tampon additionnel avait $1^{dm},1$ de longueur et pesait $0^{kg},278$. La vitesse obtenue a été de 183^m; la vitesse calculée serait de 195^m.

Autre exemple. Obusier de montagne essayé à Metz.

Diamètre de l'âme	$1^{dm},206$
» de la chambre	$0^{dm},83$
Longueur comprise entre le raccordement et la chambre	$6^{dm},70$
Longueur du raccordement	$0^{dm},70$
» de la chambre	$0^{dm},70$
Diamètre de l'obus	$1^{dm},178$
Poids de l'obus	$4^{kg},28$
» du sabot	$0^{kg},240$
Charge	$0^{kg},270$

Trois coups ont donné une vitesse moyenne égale à $245^m,1$. La vitesse calculée est de $256^m,8$.

Les pertes de chaleur sont plus sensibles lorsque les charges sont petites, et c'est probablement à cette circonstance qu'il faut surtout attribuer l'affaiblissement des vitesses.

Par suite, dans les petits calibres, les effets de la poudre doivent être moindres.

§ 33. — **Pression moyenne des gaz sur le projectile.**

En supposant le boulet d'un diamètre égal au calibre de l'âme, il est facile d'obtenir la valeur moyenne des pressions auxquelles il est soumis pendant qu'il se meut dans le canon.

Les pressions que supportent à un même instant les divers éléments de la surface du projectile sont probablement inégales; mais leurs effets peuvent toujours être remplacés par ceux d'une certaine pression moyenne. Soit Π_x la valeur de cette dernière, rapportée au décimètre carré, lorsque le mobile se trouve à une distance x du fond de l'âme.

Si alors S désigne la section transversale de l'âme, exprimée en décimètres carrés, il est clair que la force qui pousse le projectile en avant est égale à $S\Pi_x$.

Soient encore L la longueur totale de l'âme, L_0 la distance que le chargement laisse entre le fond de l'âme et le boulet. La somme des quantités de travail dues aux actions successives des gaz sur le projectile est représentée par

$$S \int_{L_0}^{L} \Pi_x dx,$$

et le double de cette intégrale doit être égal à la force vive acquise par le mobile. Dans l'expression de cette dernière, savoir $\dfrac{p V_i^2}{g}$, le mètre est l'unité de longueur, tandis que, pour l'intégrale, c'est le décimètre. On obvie à cet inconvénient en multipliant par 100 la valeur de V_i^2 et par 10 celle de g. On obtient par suite l'équation

$$\frac{p V_i^2}{g} = \frac{S}{5} \int_{L_0}^{L} \Pi_x dx.$$

Il existe toujours une quantité Π comprise entre la plus grande et la plus petite des valeurs de Π_x et telle que

$$\Pi(L - L_0) = \int_{L_0}^{L} \Pi_x dx.$$

C'est à cette quantité Π ainsi définie par l'équation

$$\Pi = \frac{\int_{L_0}^{L} \Pi_x dx}{L - L_0}$$

qu'on donne le nom de *pression moyenne des gaz sur le projectile;* c'est la pression constante, dont les effets remplaceraient ceux des actions variables des gaz. L'équation des forces vives devient alors

$$\frac{p V_i^2}{g} = \frac{(L - L_0)S}{5} \Pi,$$

d'où
$$\Pi = \frac{5pV_r^2}{g(L-L_0)S}.$$

C'est l'expression de la pression moyenne, estimée en kilogrammes et par décimètre carré.

Lorsque le canon n'a pas de chambre, $C = LS$. Si l'on n'emploie ni valets ni sabots, et si l'on ne laisse aucun vide soit à l'avant, soit à l'arrière de la charge, il est clair que la distance L_0 est égale à la longueur λ de la gargousse. D'après le § 2, $\lambda = 1,4 \frac{\varpi}{a^2}$, et d'ailleurs, lorsqu'on veut obtenir le maximum d'effet, $a = 0,916 A$, d'où

$$\lambda = 1,668 \frac{\varpi}{A^2},$$

équation qu'on peut remplacer par la suivante :

$$\lambda = 1,31 \frac{\varpi}{S}.$$

Par suite,
$$(L-L_0)S = (L-\lambda)S = C - 1,31\varpi$$
et
$$\Pi = \frac{5pV_r^2}{g(C-1,31\varpi)}.$$

La pression atmosphérique est évaluée moyennement à $103^{kg},3$ par décimètre carré. Si donc, conformément à l'usage, on veut exprimer la pression moyenne des gaz en atmosphères, il faut diviser le second membre de l'équation par $103,3$. En prenant alors $g = 9,81$ (§ 2), on obtient la formule

$$\Pi = \frac{pV_r^2}{203(C-1,31\varpi)}.$$

On peut en faire l'application au canon de 30 n° 1, en adoptant pour les vitesses initiales les valeurs données dans le § 19. On forme ainsi le Tableau suivant :

CANON DE 30, n° 1. C = 56,3.	CHARGES.					
	$1^{kg},0$.		$2^{kg},5$.		$5^{kg},0$.	
Poids du boulet.	Vitesse V_f.	Pression moyenne.	Vitesse V_f.	Pression moyenne.	Vitesse V_f.	Pression moyenne.
kg 15,400 10,827	m 303,2 355,6	atm 127 122	m 449,4 512,6	atm 289 265	m 525,1 575,4	atm 421 355

Lorsque, pour revenir à la réalité, on suppose le diamètre du boulet inférieur au calibre de l'âme, on est naturellement conduit à remplacer V_f par V et la section transversale de l'âme par le grand cercle du projectile; soit s l'aire de ce grand cercle.

On obtient ainsi

$$\Pi = \frac{5p V^2}{g(L - L_0)s}.$$

Mais cette formule doit donner une valeur un peu trop faible ; en effet, les gaz qui s'échappent par le vent du boulet exercent nécessairement une certaine pression sur la partie antérieure de ce dernier, en sorte que le mobile n'est poussé en avant que par la différence des pressions que supportent ses deux hémisphères, et c'est la valeur moyenne de cette différence qui est réellement donnée par l'expression précédente.

§ 34. — L'inclinaison de la bouche à feu a-t-elle quelque influence sur la vitesse initiale du projectile.

Lorsque le canon est incliné au-dessus de l'horizon, le poids du projectile donne une composante opposée à l'action de la poudre, et, si elle était assez forte pour occasionner un retard sensible dans le déplacement du mobile, la combustion de la charge serait certainement plus complète. De là l'opinion souvent émise que la vitesse initiale du boulet croît avec l'inclinaison de la bouche à feu, et ce qui semblait lui donner quelque fondement, c'est que l'équation généralement adoptée pour la trajectoire ne s'accordait avec l'expérience qu'en admettant un accroissement assez rapide, même sous de faibles inclinaisons, en sorte que, réel ou fictif, il était nécessaire d'en tenir compte lorsqu'on voulait faire usage de cette équation.

Mais la pesanteur, comparée à l'immensité des pressions produites par les gaz, est une force trop faible pour que de pareils effets puissent lui être attribués.

Voici d'ailleurs les résultats des expériences faites à ce sujet par M. Navez :

OBSERVATIONS.	INCLINAISON du canon.	VITESSE initiale moyenne.	NOMBRE de coups.
Calibre du canon.................... 0^m,955	0°	486^m,2	20
Longueur de l'âme 15,28			
Boulets. { Diamètre moyen 0,928	2	485,4	20
{ Poids moyen............ 2^{kg},86			
Un sabot en papier pesant 0^{kg},07 était fixé au boulet par des bandelettes en coton.	4	485,9	20
Poudre de Wetteren.	10	486,5	15
Charge : 1^{kg},0.			

La faiblesse et l'irrégularité des différences montrent que la vitesse conserve la même valeur dans l'intervalle de 0° à 10°.

D'autres expériences ont été faites à Metz en 1861 sur un canon de siège de 12 rayé. Les boulets étaient ogivaux et du poids de 12^{kg} environ. On mesurait les vitesses à l'aide de l'appareil électro-balistique.

VITESSE INITIALE DES PROJECTILES.

		CHARGE DU CANON.			
		$0^{kg},100.$	$0^{kg},200.$	$0^{kg},250.$	$0^{kg},300.$
Vitesse initiale	l'axe du canon horizontal.	71,5	116,0	133,7	153,17
	le canon incliné à 45°....	71,75	114,2	134,4	154,10

Ainsi, l'inclinaison du canon n'a aucune influence appréciable sur la vitesse initiale du projectile.

§ 35. — Tir des boulets sphériques dans les canons rayés. Application des formules.

Il peut se présenter des circonstances qui obligent à employer des boulets sphériques dans des canons rayés; les formules données précédemment suffisent pour calculer leurs vitesses initiales; il y a seulement quelques observations à faire à ce sujet.

Soient S l'aire de la section transversale de l'âme et des rayures, $A_{\prime}$ le diamètre d'un cercle équivalent à cette section. Il est clair que

$$A_{\prime}^2 = \frac{S}{\frac{\pi}{4}}$$

et que la bouche à feu peut être considérée comme un canon du calibre $A_{\prime}$.

Si les rayures existent dans toute la longueur de l'âme, on obtient la capacité C par l'équation $C = LS$, et, dans ce cas, le diamètre qu'il convient de donner au mandrin de la gargousse pour avoir le maximum d'effet doit être déterminé par l'équation $a = 0,916\,A_{\prime}$.

Mais, ordinairement, les rayures ne commencent qu'à partir de l'emplacement du projectile dans le chargement; alors il faut se servir de l'équation $a = 0,916\,A$, A désignant le diamètre du cylindre de l'âme, et, pour obtenir C, calculer séparément le volume de la partie rayée et celui de la partie non rayée.

Suivant la valeur du rapport $\frac{\varpi}{C}$, on calculera, comme à l'ordinaire, la fonction y par l'une ou l'autre des trois formules établies à cet effet, et, quant à la fonction z, il n'y aura qu'à y remplacer A par $A_{\prime}$, c'est-à-dire qu'on prendra l'expression

$$z = 3,37 \frac{\varpi}{C} \frac{A_{\prime}^3}{p}.$$

On agira de la même manière pour la perte de vitesse due au vent du projectile; ainsi, on prendra, si la poudre est celle du Ripault,

$$\omega = \frac{A_{\prime}^2 - a^2}{A_{\prime}^2}, \qquad V_{\prime} - V = 1742\,\omega\, \frac{\frac{\varpi}{A_{\prime}^3}}{10^{4,562\frac{\varpi}{C}}}.$$

En 1859, des boulets sphériques de 30, les uns massifs, les autres creux, ont été employés dans un canon rayé, et leurs vitesses ont été déterminées à l'aide de l'appareil électro-balistique.

Longueur de l'âme du canon.......... $L = 26^{dm},41$
Diamètre...................... $A = 1^{dm},648$

Les rayures étaient au nombre de trois et leur origine se trouvait à $0^{dm},45$ du fond de l'âme. Un plan perpendiculaire à l'axe déterminait dans chacune d'elles une section d'une étendue égale à $0^{dq},0353$; ainsi la section transversale S de l'âme et des rayures était égale à

$$\frac{\pi(1,648)^2}{4} + 3(0,0353).$$

On avait donc

$S = 2^{dq},2390$, et par suite $A_{\prime} = 1^{dm},6883$.

Évaluant séparément les volumes de la partie rayée et de

la partie non rayée, et faisant leur somme, il vient

$$C = 58^{dc},663.$$

La poudre provenait du Ripault et portait la date de 1856. La gargousse se trouvait dans la partie non rayée, et le mandrin avait un diamètre égal à 150^{mm}.

Le poids de la charge était de 3^{kg},5 ; par conséquent, $\frac{\varpi}{C} = 0,05967$, et la seconde formule du § 21 donne

$$y = 3,08011.$$

Le poids moyen des boulets massifs était de 15^{kg}, celui des boulets creux de 11^{kg},44. Cela posé, en se servant de l'expression de z donnée plus haut et de la formule

$$\log V_{,} = \tfrac{1}{2}\log \varpi - \tfrac{1}{2}\log p + y - z,$$

on trouve :
1° Pour les boulets massifs,

$$z = 0,06452, \quad V_{,} = 500,7 ;$$

2° Pour les boulets creux,

$$z = 0,08460, \quad V_{,} = 547,4.$$

Le diamètre des premiers était égal à 1^{dm},596, celui des seconds à 1^{dm},602. L'expression de $V_{,} - V$ donne, en conséquence :
1° Pour les boulets massifs,

$$V_{,} - V = 88^m,7, \quad \text{d'où} \quad V = 412^m,0;$$

2° Pour les boulets creux,

$$V_{,} - V = 83,1, \quad \text{d'où} \quad V = 464^m,2.$$

Mais les boulets creux étaient ensabotés, et le poids des sabots se trouvait égal à 0^{kg},56.

La formule $\dfrac{V_s}{V} = \dfrac{1,836}{1,78 + \dfrac{s}{p}}$ du § **27** donne

$$\dfrac{V_s}{V} = 1,004, \quad \text{par suite} \quad V_s = 466^m,0.$$

On a donc finalement les résultats ci-après :

BOULETS.	VITESSE calculée.	VITESSE donnée par l'expérience.	NOMBRE de coups.
Massifs..................	412^m	409^m	15
Creux...................	466	463	20

La différence entre la vitesse calculée et la vitesse observée n'est que de 3^m pour les deux espèces de projectiles, et l'on peut d'ailleurs l'expliquer par cette circonstance que, dans le chargement, un valet en algue de 110^{mm} de longueur se trouvait placé sur la gargousse (§ **29**).

§ 36. — Épreuves des poudres.

On se servait, pour essayer les poudres, d'un petit mortier à semelle, appelé *éprouvette*, autrefois en bronze, plus tard en fonte de fer. La chambre était cylindrique et terminée au fond par une demi-sphère : diamètre, 49^{mm},6; longueur, 58^{mm},7. Le calibre de l'âme était de 191^{mm},2; la longueur comprise entre l'entrée de la chambre et la tranche était égale à 135^{mm},7. Une portion de sphère tangente au cylindre le raccordait avec l'entrée de la chambre. La capacité totale de l'âme, y compris la chambre, était de 6^{dc},059. La lumière avait 3^{mm},4 de diamètre, était perpendiculaire à l'axe de la pièce et très rapprochée du fond de la chambre.

Le mortier pesait 120^{kg} et était incliné à 45°; la semelle était logée dans un plateau en chêne du poids de 60^{kg}; c'était ce plateau qui glissait sur la plate-forme.

Le projectile, anciennement en bronze et plus tard en fonte de fer, avait un diamètre exactement égal à $189^{mm},5$ et pesait $29^{kg},370$.

On obtenait ce poids au moyen d'une cavité centrale dans laquelle on coulait du plomb. L'orifice était taraudé et fermé par un bouchon à vis dont la tête se raccordait avec la surface du globe. Pour les transports, et même lorsqu'il s'agissait d'introduire le projectile dans le mortier, ce bouchon était remplacé par une poignée à vis; on ne le mettait qu'après que le chargement était effectué.

La charge de poudre pesait 92^{gr}; on la versait dans la chambre au moyen d'un entonnoir coudé. Le feu était communiqué à l'aide d'une étoupille.

Une épreuve se composait de quatre coups consécutifs; la première portée était toujours plus faible que les autres, et l'on ne prenait la moyenne que sur les trois dernières.

Pour tenir compte des dégradations que pouvaient avoir éprouvées le mortier et les globes, on essayait comparativement une poudre-type, conservée dans des bouteilles de verre fermées hermétiquement.

Lorsque le centre de gravité du projectile coïncide avec le centre de figure, le grand poids du mobile et la faiblesse de sa vitesse rendent la résistance de l'air à peu près négligeable, de sorte que la vitesse initiale V peut être calculée assez approximativement par la formule

$$V = \sqrt{gX}$$

dans laquelle X représente la portée (chap. VI, § 2).

Ainsi, par exemple, en supposant tour à tour $X = 250^m$, $X = 260^m$, on trouve successivement

$$V = 49^m,5 \quad \text{et} \quad V = 50^m,5.$$

On obtiendrait une valeur supérieure si l'on voulait faire usage des formules du § 22. On a en effet

$$\frac{\varpi}{C} = 0,015184, \quad \frac{\varpi}{p} = 0,0031325, \quad \frac{A^3}{C} = 1,1536;$$

le vent $A - a = 1^{mm},7$; d'après ces données, on trouve

$$V = 59,32.$$

La masse de poudre est très faible. La différence que l'on rencontre ici n'a donc rien qui doive surprendre.

Le défaut capital de ce genre d'épreuves est que les poudres y sont comparées dans des circonstances qui s'écartent beaucoup de celles qui se présentent habituellement dans le service. Aussi a-t-on souvent remarqué qu'une poudre, après s'être montrée inférieure à une autre dans le tir de l'éprouvette, l'emportait à son tour lorsqu'on les employait toutes deux dans les canons. C'est précisément ce qui est arrivé pour les poudres du Ripault et du Pont-de-Buis.

On lit dans le *Traité d'Artillerie* du général Piobert (partie pratique) : « Si l'éprouvette était arrêtée dans son recul, soit par des obstacles, soit par une masse additionnelle, les portées seraient augmentées; l'augmentation varierait avec les résistances éprouvées dans le recul et pourrait aller jusqu'à 35^m ou 40^m. »

Cependant, dans des épreuves comparatives faites au mois de juillet 1861, au polygone de Lorient, on a obtenu exactement la même portée moyenne, soit en se conformant aux prescriptions ordinaires du tir, soit en chargeant le plateau d'un poids de 366^{kg} uniformément réparti. Dans le premier cas, le plateau, après un recul de $1^m,30$, frappait violemment un heurtoir placé à l'arrière; dans le second cas, le recul était réduit à 20^{cm}.

§ 37. — Expériences exécutées en 1859 sur le mortier de 32 à plaque, modèle 1855.

D'après le modèle adopté en 1855, la partie cylindrique de l'âme du mortier de 32 a un diamètre égal à $324^{mm},8$ et une longueur de 453^{mm}. La chambre a 500^{mm} de longueur; le fond est formé par une portion de sphère dont le rayon est égal à 136^{mm}; la surface latérale est un tronc de cône tangent à cette sphère et dont la grande base est l'extrémité du cylindre. Longueur totale de l'âme, 953^{mm}; capacité, 66^{dc},36. La lumière a un diamètre égal à 5^{mm},6, est perpendiculaire à l'axe du mortier et le rencontre à 76^{mm} du fond de la chambre.

Inclinaison de l'axe....................	42° 30′
Poids du mortier.....................	4600^{kg},0
Bombes de côte. { Diamètre..........	320^{mm},6
{ Épaisseur des parois.	57^{mm},8
Poids moyen des bombes vides........	90^{kg},3
» des bombes chargées......	94^{kg},0

La charge de poudre est versée dans la chambre, sans qu'aucune enveloppe l'entoure. Aucun corps n'est interposé entre elle et le projectile. La chambre peut renfermer 15^{kg} de poudre.

Pour mesurer la vitesse initiale, il a fallu adopter une disposition qui permît de réduire considérablement l'inclinaison du mortier, sans quoi le projectile n'aurait pas rencontré les cadres de l'appareil électro-balistique. Par suite, lorsque la charge était considérable, on n'a pu la maintenir dans la chambre qu'en l'enveloppant d'une gargousse. On s'est servi de poudre du Ripault.

JOUR DU TIR.	POIDS de la charge.	INCLINAISON de l'axe du mortier.	POIDS de la bombe.	VITESSE initiale moyenne.	NOMBRE de coups.	OBSERVATIONS.
	kg	° ′	kg	m		
27 juillet 59.	2,0	5.30	91	109,8	12	
Idem......	5,0	5.30	91	185,5	12	
1er et 9 août.	10,0	6. 0	94	257,5	25	La charge placée dans une gargousse en papier parchemin.
1er août	13,0	6.30	94	269,1	15	

Les circonstances n'ont pas permis de poursuivre le cours de ces expériences.

Aux charges de 13^{kg}, 14^{kg} et 15^{kg} correspondent, d'après les épreuves de 1857, des portées respectivement égales à 4050^m, 4090^m et 4080^m; les vitesses qu'elles donnent ne peuvent donc pas différer beaucoup entre elles. La charge qui produit le maximum d'effet est comprise entre 14^{kg} et 15^{kg}. On reconnaît ici l'influence favorable d'un certain vide ménagé en arrière du projectile.

Il est à observer que, dans les expériences précédentes, la disposition du chargement n'était pas absolument la même que dans le tir ordinaire du mortier. Lors même que l'on ne se servait pas de gargousse, la surface supérieure de la charge était nécessairement modifiée par la diminution de l'inclinaison.

Ces circonstances ont peut-être exercé une légère influence sur les valeurs des vitesses.

La charge de 15^{kg} remplit complètement la chambre, et peut-être, à raison de cela, serait-on porté à appliquer les formules du § 21 à ce cas particulier; mais il est tout à fait en dehors des limites assignées à leur emploi. En effet, $\frac{\varpi}{C} = 0,22605$ et $\frac{A^3}{C}\frac{\varpi}{p} = 0,07978$; le calcul donne pour la vitesse une valeur beaucoup trop faible. Les circonstances signalées dans le § 24, à propos des expériences de Metz, ne font ici que se reproduire.

Les mortiers de 32 antérieurs à 1855 ont la même capacité intérieure que ceux du nouveau modèle; mais la chambre est en forme de poire. D'après les expériences comparatives exécutées à Gâvre en 1857, les deux bouches à feu donnent à peu près les mêmes portées.

§ 38. — Effets du pulvérin dans les bouches à feu.

Une expérience exécutée avec les pendules balistiques donne une idée des effets que produirait l'emploi du pulvérin.

Canon de 30 n° 1.

BOULETS CREUX roulants.	POUDRE DU RIPAULT 1842 réduite en pulvérin.	CHARGE du canon.	VITESSE moyenne des boulets	RECUL exprimé en vitesse de boulet.	NOMBRE de coups.
Diamètre. $1^{dm},607$. Poids..... $10^{kg},610$.	Diamètre du mandrin de gargousse, 151^{mm}.	$2,50$ kg	$388,5$ m	$366,3$ m	3

Une pareille charge de poudre en grains eût donné une vitesse d'environ 480^m.

§ 39. — Tables des vitesses initiales des projectiles.

Les Tables suivantes ont été calculées à diverses époques; il a paru utile de les placer ici, parce qu'elles donnent une idée nette de la manière dont la vitesse initiale varie avec la charge et le poids du projectile, dans les diverses bouches à feu de l'artillerie navale; elles supposent que le chargement se compose uniquement de la gargousse et du boulet roulant maintenu par un valet très léger, et de plus que le diamètre de la gargousse est égal aux $\frac{946}{1000}$ du calibre de l'âme. Lorsque les boulets creux sont ensabotés, leur vitesse est généralement augmentée de $\frac{1}{50}$.

Canon de 36 modèle de 1856.

Calibre de l'âme, 174^{mm}.
Longueur de l'âme, 2^m,852 (16,39 calibres).

CHARGE du canon.	BOULETS MASSIFS. Diamètre, 169^{mm},2. — Poids, 17^{kg},9.		BOULETS CREUX. Diamètre, 170^{mm},4. — Poids, 14^{kg}.	
	Poudre du Ripault 1842.	Poudre du Pont-de-Buis 1837.	Poudre du Ripault 1842.	Poudre du Pont-de-Buis 1837.
	Vitesse initiale.	Vitesse initiale.	Vitesse initiale.	Vitesse initiale.
kg	m	m	m	m
1,0	236,5	234,6	280,4	276,9
1,2	259,9	257,1	306,4	301,9
1,4	281,2	277,3	329,8	324,0
1,6	300,9	295,7	351,3	343,9
1,8	319,1	312,4	370,9	362,1
2,0	336,1	327,6	389,0	378,2
2,2	351,9	341,5	405,8	392,9
2,4	367,0	354,5	421,5	406,1
2,6	380,9	366,0	436,0	418,2
2,8	394,1	376,7	449,6	429,0
3,0	406,7	386,5	462,4	438,8
3,2	417,1	395,1	472,7	447,2
3,4	426,6	402,9	482,0	454,7
3,6	435,4	409,8	490,4	461,1
3,8	443,5	415,9	498,1	466,8
4,0	450,9	421,4	504,9	471,5
4,2	457,6	426,0	511,1	475,5
4,4	462,7	430,0	516,4	478,7
4,5	466,7	431,8	519,0	480,0
4,6	469,2	434,0	521,2	481,4
4,8	473,8	438,5	524,9	485,6
5,0	478,1	442,6	528,2	488,7
5,2	481,8	446,3	531,0	491,6
5,4	485,3	449,7	533,4	494,1
5,6	488,5	452,9	535,5	496,3
6,0	493,7	458,1	539,4	499,7
6,5	498,9	464,4	540,9	502,3
7,0	502,3	467,3	541,4	503,4

Canon de 30 n° 1, modèle 1820.

Calibre, 164^{mm},7. — Longueur de l'âme, 2^m,641 (16,03 calibres).
Poudre du Ripault 1842.

CHARGE.	BOULETS MASSIFS. Diamètre, 159^{mm},6. Poids, 15^{kg},100. Vitesse initiale.	BOULETS CREUX. Diamètre, 160^{mm},2. Poids, 10^{kg},610. Vitesse initiale.	CHARGE.	BOULETS MASSIFS. Diamètre, 159^{mm},6. Poids, 15^{kg},100. Vitesse initiale.	BOULETS CREUX. Diamètre, 160^{mm},2. Poids, 10^{kg},610. Vitesse initiale.
kg	m	m	kg	m	m
1,00	252,5	311,5	3,50	449,1	516,0
1,20	278,1	340,4	3,75	455,1	521,1
1,40	301,3	366,1	3,80	456,6	522,2
1,50	312,0	378,0	4,00	462,2	526,3
1,60	322,3	389,6	4,20	467,3	529,7
1,80	341,5	409,9	4,40	472,1	532,7
2,00	359,2	428,8	4,50	474,4	534,1
2,20	375,6	445,9	4,60	476,6	535,3
2,40	390,7	461,5	4,80	480,8	537,5
2,50	397,5	468,4	5,00	484,7	539,5
2,60	403,5	474,2	5,20	488,4	541,1
2,80	414,6	485,0	5,40	491,9	543,5
3,00	424,6	494,5	5,50	493,6	543,1
3,20	433,6	502,8	5,75	497,6	//
3,40	441,8	509,8	6,00	501,2	//
3,45	445,6	513,2	6,25	504,5	//

Canon de 30 n° 2.

Calibre, 164^{mm},7. — Longueur de l'âme, 2^m,458 (14,02 calibres).
Poudre du Ripault 1842.

CHARGE.	BOULETS MASSIFS. Diamètre, 159^{mm},6. Poids, 15^{kg},10.	BOULETS CREUX. Diamètre, 160^{mm},2. Poids, 10^{kg},61.	CHARGE.	BOULETS MASSIFS. Diamètre, 159^{mm},6. Poids, 15^{kg},10.	BOULETS CREUX. Diamètre, 160^{mm},2. Poids, 10^{kg},61.
kg	m	m	kg	m	m
1,00	252,5	310,8	3,50	439,9	503,7
1,50	311,7	376,3	3,75	446,1	507,7
2,00	357,9	425,6	4,00	452,6	512,0
2,50	394,9	463,3	4,50	464,0	518,5
3,00	421,0	487,9	5,00	473,7	522,8

Canon de 30 n° 3.

Calibre, 164^{mm}. — Longueur de l'âme, 2^m,250 (13,72 calibres).
Poudre du Ripault 1842.

CHARGE.	BOULETS MASSIFS. Diamètre, 159^{mm},6 Poids, 15^{kg},10. Vitesse initiale.	BOULETS CREUX. Diamètre, 160^{mm},2 Poids, 10^{kg},61. Vitesse initiale.	CHARGE.	BOULETS MASSIFS. Diamètre, 159^{mm},6 Poids, 15^{kg},10. Vitesse initiale.	BOULETS CREUX. Diamètre, 160^{mm},2 Poids, 10^{kg},61. Vitesse initiale.
kg 1,50	m 317,4	m 380,6	kg 2,50	m 394,8	m 459,8
1,75	341,3	406,0	3,00	417,8	480,5
2,00	362,6	428,2			

Depuis que les Tables relatives aux canons n°^{s} 1, 2, 3 ont été calculées, le poids des boulets creux de 30 a été augmenté et porté à 11^{kg},48.

Canon de 30 n° 4.

Calibre, 163^{mm},6. — Longueur de l'âme, 2^m,155 (13,17 calibres).
Poudre du Ripault 1842.

CHARGE.	BOULETS MASSIFS. Diamètre, 159^{mm},6. Poids, 15^{kg},100. Vitesse initiale.	BOULETS CREUX. Diamètre, 160^{mm},2. Poids, 11^{kg},480. Vitesse initiale.	CHARGE.	BOULETS MASSIFS. Diamètre, 159^{mm},6. Poids, 15^{kg},100. Vitesse initiale.	BOULETS CREUX. Diamètre, 160^{mm},2. Poids, 11^{kg},480. Vitesse initiale.
kg 1,00	m 263,8	m 308,7	kg 2,10	m 373,8	m 424,9
1,10	276,8	322,9	2,20	380,2	431,2
1,20	289,0	326,1	2,30	386,1	436,6
1,30	300,5	348,4	2,40	391,7	442,5
1,40	311,5	360,1	2,50	397,9	447,5
1,50	321,8	371,1	2,60	401,6	452,1
1,60	331,7	381,5	2,70	406,4	456,2
1,70	341,1	391,5	2,80	410,6	460,2
1,80	350,1	400,8	2,90	414,8	463,6
1,90	358,6	409,5	3,00	418,7	467,0
2,00	366,7	417,9			

Canon de 24.

Calibre, 152ᵐᵐ,5. — Longueur de l'âme, 2ᵐ,587 (16,96 calibres).
Poudre du Ripault 1842.

CHARGE.	BOULETS MASSIFS. Diamètre, 147ᵐᵐ,4. Poids, 11ᵏᵍ,93. Vitesse initiale.	BOULETS CREUX. Diamètre, 148ᵐᵐ,5. Poids, 8ᵏᵍ,67. Vitesse initiale.	CHARGE.	BOULETS MASSIFS. Diamètre, 147ᵐᵐ,4. Poids, 11ᵏᵍ,93. Vitesse initiale.	BOULETS CREUX. Diamètre, 148ᵐᵐ,5. Poids, 8ᵏᵍ,67. Vitesse initiale.
kg 1,50	m 346,9	m 418,3	kg 3,50	m 477,1	m 542,0
2,00	397,5	470,2	3,75	484,5	546,8
2,50	439,0	505,4	4,00	491,2	550,5
3,00	458,9	528,3	4,25	497,4	553,9
3,25	468,9	536,2			

Canon de 18 n° 1.

Calibre, 138ᵐᵐ,7. — Longueur de l'âme, 2ᵐ,436 (17,56 calibres).
Poudre du Ripault 1842.

CHARGE.	BOULETS MASSIFS. Diamètre, 134ᵐᵐ,2. Poids, 9ᵏᵍ,023. Vitesse initiale.	BOULETS CREUX. Diamètre, 134ᵐᵐ,8. Poids, 6ᵏᵍ,230. Vitesse initiale.	CHARGE.	BOULETS MASSIFS. Diamètre, 134ᵐᵐ,2. Poids, 9ᵏᵍ,023. Vitesse initiale.	BOULETS CREUX. Diamètre, 134ᵐᵐ,8. Poids, 6ᵏᵍ,230. Vitesse initiale.
kg 1,25	m 365,9	m 442,7	kg 2,50	m 476,7	m 549,1
1,50	398,6	477,0	2,75	487,4	556,4
1,75	425,4	503,9	3,00	496,7	561,8
2,00	445,9	523,3	3,25	505,0	565,9
2,25	462,9	538,2			

Canon de 18 n° 2.

Calibre, 138^{mm},7. — Longueur de l'âme, 2^m,288 (16,5 calibres).
Poudre du Ripault 1842.

CHARGE.	BOULETS MASSIFS. Diamètre, 134^{mm},2. Poids, 9^{kg},023.	BOULETS CREUX. Diamètre, 134^{mm},8. Poids, 6^{kg},230.	CHARGE.	BOULETS MASSIFS. Diamètre, 134^{mm},2. Poids, 9^{kg},023.	BOULETS CREUX. Diamètre, 134^{mm},8. Poids, 6^{kg},230.
	Vitesse initiale.	Vitesse initiale.		Vitesse initiale.	Vitesse initiale.
kg 1,25	m 364,9	m 440,0	kg 2,50	m 468,3	m 536,5
1,50	396,9	473,2	2,75	478,4	542,7
1,75	422,4	498,3	3,00	487,3	547,2
2,00	440,5	515,9	3,25	495,2	550,5
2,25	456,2	529,1			

Canon de 12.

Calibre, 120^{mm},7. — Longueur de l'âme, 2^m,111 (17,49 calibres).

CHARGE.	BOULETS MASSIFS. Diamètre, 117^{mm},3 Poids, 6^{kg},093.	BOULETS CREUX. Diamètre, 118^{mm},4 Poids, 4^{kg},310.	CHARGE.	BOULETS MASSIFS. Diamètre, 117^{mm},3. Poids, 6^{kg},093.	BOULETS CREUX. Diamètre, 118^{mm},4 Poids, 4^{kg},310.
	Vitesse initiale.	Vitesse initiale.		Vitesse initiale.	Vitesse initiale.
kg 1,00	m 403,8	m 483,0	kg 2,00	m 499,7	m "
1,25	440,6	"	2,25	511,2	"
1,50	467,0	546,4	2,50	520,7	"
1,75	485,8	"			

CHAPITRE II.

RÉSISTANCE DE L'AIR AU MOUVEMENT DES PROJECTILES SPHÉRIQUES.

§ 1. — Tentatives de Newton pour déterminer la résistance de l'air.

Newton a le premier essayé de donner une théorie de la résistance de l'air. Faisant abstraction du mouvement communiqué au fluide ambiant, il admet tacitement que chaque molécule d'air se trouve à l'état de repos au moment où elle est atteinte par le mobile, et reçoit alors, suivant la direction de la normale à l'élément de surface qu'elle rencontre, une vitesse égale à celle que cet élément possède dans le même sens ou au double de cette dernière, suivant que l'on assimile le choc à celui des corps dénués d'élasticité ou à celui des corps élastiques. La première hypothèse est celle dont les conséquences s'écartent le moins des faits observés. Après le choc, la molécule est censée disparaître.

Si l'on considère un cylindre droit à base circulaire qui se meut dans le sens de sa longueur, sa base frappera dans le temps dt toutes les molécules du fluide comprises dans une tranche ayant pour base $\frac{\pi a^2}{4}$, pour hauteur dx et pour masse $\frac{\pi}{4} \frac{a^2 \Delta}{g} dx$, a désignant le diamètre du cylindre en mètres, Δ le poids du mètre cube d'air et g la gravité.

En prenant pour diminution de la quantité de mouvement du cylindre le produit de sa vitesse v par la masse frappée $\frac{\pi}{4} \frac{a^2 \Delta}{g} dx$, on aura

$$\frac{p}{g} dv = -\frac{\pi}{4} \frac{a^2 \Delta}{g} v \, dx,$$

ou, en divisant par dt,

$$\frac{p}{g}\frac{dv}{dt} = -R = -\frac{\pi}{4}\frac{a^2}{g}\Delta v^2,$$

R désignant la résistance que l'air oppose au mouvement du cylindre.

Or on a

$$v^2 = 2gh,$$

h représentant la hauteur à laquelle serait due la vitesse; donc

$$R = \frac{\pi a^2}{4}\Delta.2h.$$

La résistance serait donc égale au poids d'un cylindre d'air ayant pour base la section perpendiculaire au mouvement et pour hauteur le double de celle à laquelle serait due la vitesse.

Pour étudier le cas où la surface plane qui éprouve la résistance n'est pas normale à la direction du mouvement, il suffit de s'occuper, d'après l'hypothèse énoncée plus haut, de la composante de la vitesse perpendiculaire à la surface; la résistance devient ainsi

$$R = \frac{\pi}{4}\frac{a^2\Delta}{g}v^2\cos^2 i,$$

i étant l'angle que fait la normale à la surface avec la direction du mouvement.

En appliquant ces résultats aux éléments infiniment petits des surfaces courbes, on peut, par des intégrations, déterminer la résistance éprouvée par un corps solide de forme quelconque. Quand il s'agit d'un corps de révolution animé d'un mouvement de translation parallèlement à son axe de figure, le calcul est des plus simples.

Ox, Oy, deux axes rectangulaires, Ox dirigé suivant l'axe de la surface, Oy contenu dans la plus grande section transversale du mobile; y, une ordonnée quelconque correspondant à l'abscisse x.

Le mouvement est dirigé de O vers x. Tous les éléments de la zone comprise entre deux plans menés perpendiculairement à l'axe, aux distances x et $x + dx$, ont leur tangente également inclinée sur l'axe. Soit i l'angle de ces deux directions : $\cos i = \dfrac{dy}{ds}$. Or la résistance de l'air qui correspond à chaque élément de surface peut être remplacée par deux composantes, l'une parallèle, l'autre perpendiculaire à la direction du mouvement. Dans chaque zone il est évident que les composantes perpendiculaires se font équilibre. Il n'y a donc pas à s'en occuper.

La composante parallèle à la direction du mouvement s'obtient en multipliant la résistance sur chaque élément par $\cos i$. La somme de toutes les composantes correspondant à la surface de la zone est donc égale au produit de la surface de cette dernière, savoir $2\pi y\, ds$, par $\dfrac{\Delta}{g} v^2 \cos^3 i$; donc, en appelant dR la résistance sur la zone considérée,

$$dR = 2\pi \frac{\Delta}{g} v^2 y \frac{dy^3}{ds^3} ds,$$

et, en intégrant, on aura la résistance totale

$$R = 2\pi \frac{\Delta}{g} v^2 \int_0^x y \frac{dy^3}{ds^3} ds.$$

Dans le cas de la sphère, on a, en appelant a le diamètre et θ l'angle du rayon avec l'axe des x,

$$y = \frac{a}{2} \sin\theta,$$

$$dy = \frac{a}{2} \cos\theta\, d\theta,$$

$$ds = \frac{a}{2} d\theta,$$

et la résistance de l'air a pour expression

$$R = 2\pi a^2 \frac{\Delta}{g} v^2 \int_0^{\frac{\pi}{2}} \cos^3\theta \sin\theta\, d\theta$$

ou

$$R = \frac{\pi a^2}{8} \frac{\Delta}{g} v^2.$$

Cette résistance est la moitié de celle qui aurait lieu sur le cylindre circonscrit.

L'expression précédente étant admise, il est facile d'obtenir la relation entre la durée et la hauteur de la chute d'un corps sphérique tombant librement dans l'air. Cette relation se trouve d'ailleurs dans tous les Traités de Mécanique. Newton a exécuté une suite d'expériences dans lesquelles il a mesuré la durée de la chute de divers corps sphériques tombant d'une grande hauteur. Il a comparé les résultats de ses calculs aux durées observées et a trouvé qu'il faudrait, pour les faire concorder, réduire à moitié la valeur précédente de R.

L'expression de la résistance de l'air sur une sphère, d'après les expériences de Newton, est donc

$$R = \frac{\pi}{16} \frac{a^2 \Delta}{g} v^2.$$

Pour arriver à la connaissance complète des lois de la résistance de l'air, il faudrait former les équations du mouvement du fluide autour du mobile; si l'intégration de ces équations était possible, on en déduirait en effet la pression en chaque point.

Le principe de la similitude n'est applicable qu'autant que la densité du fluide varie proportionnellement à celle du mobile.

§ 2. — Considérations générales. — Formules.

Il est bien reconnu maintenant que les questions relatives à la résistance que l'air oppose au mouvement des projectiles ne peuvent être résolues que par la voie de l'expérience; mais chaque série d'épreuves est nécessairement circonscrite dans des circonstances particulières. On a donc pensé qu'il serait utile de présenter un résumé succinct de toutes celles qui ont été exécutées et de rechercher si de leur ensemble il ne serait pas possible de déduire quelques conséquences générales.

On supposera, dans tout ce qui va suivre, le mouvement rectiligne et modifié seulement par la résistance de l'air :

p, poids du projectile en kilogrammes;
Δ, poids du mètre cube d'air en kilogrammes;
a, diamètre du projectile en mètres;
v, vitesse au bout du temps t, en mètres;
g, gravité;
R, résistance de l'air.

Ici la valeur de g reste arbitraire; en la prenant égale à 9,81, les quantités p et Δ deviennent les poids métriques indiqués par la balance. Dans les expériences exécutées dans divers pays, on a toujours employé les poids métriques, et peut-être a-t-on attribué à g la valeur locale; mais alors même les valeurs qui pourraient en résulter seraient peu appréciables.

Il est admis que la résistance R est proportionnelle : 1° à la masse du mètre cube d'air, représentée par $\dfrac{\Delta}{g}$; 2° à l'aire de la section transversale, et par conséquent au carré du diamètre du projectile, c'est-à-dire à a^2. Par suite, elle est considérée comme égale au produit de $\dfrac{\Delta}{g} a^2$ par une certaine fonction de la vitesse.

Le plus souvent on compare la résistance au carré de la vitesse; en d'autres termes, on prend la valeur du rapport $\dfrac{R}{v^2}$. On est ainsi conduit à poser

$$R = \frac{\Delta}{g} a^2 f(v) v^2.$$

L'équation du mouvement rectiligne est alors

$$\frac{p}{g}\frac{dv}{dt} = -\frac{\Delta}{g}a^2 f(v)v^2$$

ou

$$\frac{dv}{dt} = -\frac{\Delta a^2}{p} f(v)v^2.$$

Faisant, pour abréger,

$$b = \frac{\Delta a^2}{p} f(v),$$

on a

$$\frac{dv}{dt} = -bv^2.$$

Soit x l'espace parcouru pendant le temps t. On peut remplacer dt par $\frac{dx}{v}$; on a donc

$$\frac{dv}{dx} = -bv.$$

Il y a des circonstances où la fonction $f(v)$ n'éprouve que de légères variations, surtout si le trajet est court. La quantité b peut alors être traitée comme une constante, et, en désignant par V la vitesse correspondant à $x=0$, on obtient par l'intégration

$$v = \frac{V}{e^{bx}},$$

la lettre e représentant la base des logarithmes népériens.

On peut comparer la résistance à une puissance quelconque n de la vitesse; on a alors

$$R = \frac{\Delta a^2}{g} \varphi(v)v^n,$$

$\varphi(v)$ désignant une nouvelle fonction de la vitesse. L'équation du mouvement devient

$$\frac{dv}{dt} = -\frac{\Delta a^2}{p} \varphi(v)v^n.$$

Faisant
$$c = \frac{A a^2}{p} \varphi(v),$$
on a
$$\frac{dv}{dt} = -cv^n,$$
d'où
$$\frac{dv}{dt} = -cv^{n-1}.$$

Lorsque la fonction $\varphi(v)$ peut être regardée comme sensiblement constante, l'intégration donne
$$\frac{1}{v^{n-2}} - \frac{1}{V^{n-2}} = (n-2)cx$$
ou
$$v = \frac{V}{[1 + (n-2)V^{n-2}cx]^{\frac{1}{n-2}}}.$$

Dans ces derniers temps, on a fréquemment comparé la résistance de l'air au cube de la vitesse. La formule précédente devient dans ce cas
$$v = \frac{V}{1 + cVx}.$$

Alors il est clair que
$$f(v) = v\varphi(v),$$
$$b = cv.$$

§ 3. — Procédés d'expérimentation.

Avec les appareils dont on dispose, on mesure les vitesses v' et v'' en deux points de la trajectoire séparés par un intervalle peu considérable x. Négligeant l'action de la pesanteur, et admettant que dans cet intervalle les quantités b et c peuvent être remplacées par leurs valeurs moyennes, et par suite être considérées comme constantes, on a pour déterminer ces moyennes les deux équations

$$e^{bx} = \frac{v'}{v''}, \quad c = \frac{v' - v''}{v' v'' x}.$$

Les valeurs ainsi obtenues sont considérées comme correspondant à la vitesse moyenne $\frac{v' + v''}{2}$.

Les quantités Δ et p étant supposées connues, on obtient immédiatement la valeur de $f(v)$ ou celle de $\varphi(v)$.

§ 4. — Expériences exécutées à Metz en 1839 et 1840, à l'aide du pendule balistique.

Comme à chaque coup on ne pouvait mesurer qu'une vitesse, on comparait entre elles les vitesses prises à différentes distances.

Ce procédé, qu'on est forcé d'employer quand on se sert du pendule balistique, laisse à désirer sous le rapport de la précision, car il est à craindre que les écarts de vitesse qui se produisent d'un coup à l'autre ne modifient sensiblement les différences dues à l'action de la résistance de l'air.

Le général Didion, qui a dirigé ces expériences, représente par ρ la résistance de l'air et pose

$$\rho = \frac{\pi a^2}{4} \rho' v^2,$$

la quantité ρ' étant proportionnelle au poids du mètre cube d'air.

v' et v'' désignant les vitesses moyennes observées en deux points séparés par un intervalle x, on déterminait la valeur de ρ au moyen de l'équation

$$\rho = \frac{p}{2g} \frac{v'^2 - v''^2}{x},$$

que fournit le principe des forces vives. On en déduisait la valeur de ρ' correspondant à la vitesse moyenne $\dfrac{v'+v''}{2}$, et on la ramenait au cas où le poids du mètre cube d'air aurait été égal à $1^{kg},208$.

Le général Didion a résumé le résultat de ses expériences dans le petit Tableau suivant :

Vitesse (mètres)....	337,2	428,8	535,2
Valeurs de ρ'.......	0,04790	0,05354	0,06159

D'après les notations précédentes, l'équation du mouvement est

$$\frac{p}{g}\frac{dv}{dt} = -\frac{\pi a^2}{4}\rho' v^2.$$

On a trouvé (§ 2)

$$\frac{dv}{dt} = -\frac{\Delta a^2}{p} f(v) v^2;$$

par conséquent,

$$f(v) = \frac{\pi}{4}\frac{g}{\Delta}\rho'.$$

Dans le cas actuel, $\Delta = 1,208$, de sorte qu'en prenant $g = 9,81$ on obtient les résultats suivants :

Vitesse (mètres)....	337,2	428,8	535,2
Valeur de $f(v)$......	0,306	0,342	0,393

§ 5. — Formules qui ont été déduites des expériences précédentes.

Les expériences de Metz ont été pendant longtemps les seules dont on pût se servir pour déterminer la loi de la résistance de l'air. On en a déduit plusieurs formules qui satisfont à peu près également aux données de l'observation.

On peut se proposer de déterminer la fonction $f(v)$. Si l'on prend

$$f(v) = 0,1722(1 + 0,0023\,v),$$

on a la formule adoptée par le général Didion. Alors la résistance de l'air a pour expression

$$R = 0,1722 \frac{\Delta a^2}{g} v^2 (1 + 0,0023 v).$$

La valeur de ρ' s'obtient par les formules

$$\rho' = 0,1722(1 + 0,0023 v) \frac{4}{\pi} \frac{\Delta}{g},$$
$$\rho' = 0,027(1 + 0,0023 v).$$

Appliquée aux trois vitesses contenues dans le Tableau qui résume les expériences, elle donne les trois valeurs $0,04794$, $0,05363$, $0,06023$; l'erreur moyenne est ainsi égale à $-0,00041$.

On a aussi proposé l'expression

$$f(v) = 0,2485(1 + 0,000002028 v^2).$$

La résistance de l'air devient alors

$$R = 0,2485 \frac{\Delta a^2}{g} v^2 (1 + 0,000002028 v^2).$$

La valeur de ρ' s'obtient par les formules suivantes :

$$\rho' = 0,2485(1 + 0,000002028 v^2) \frac{4}{\pi} \frac{\Delta}{g},$$
$$\rho' = 0,03896(1 + 0,000002028 v^2).$$

Si l'on applique cette expression aux vitesses sur lesquelles on a opéré dans les expériences de Metz, on obtient pour ρ' les trois valeurs $0,04796$, $0,05369$, $0,06158$, dont les différences avec les résultats de l'expérience sont respectivement $+0,0004$, $-0,0006$, $-0,00001$.

Quand on adopte la formule du général Didion, l'équation du mouvement rectiligne est

$$\frac{dv}{dt} = -cv^2(1 + \beta v),$$

en prenant
$$c = 0,1722 \frac{\Delta a^2}{p},$$
$$\beta = 0,0023.$$

On en déduit
$$\frac{dv}{dx} = -cv(1 + \beta v),$$
$$c\,dx = -\frac{dv}{v(1+\beta v)} = \frac{dv}{v} - \frac{\beta\,dv}{1+\beta v}.$$

L'intégration donne
$$cx = l\left(\frac{V}{v}\right) - l\left(\frac{1+\beta V}{1+\beta v}\right),$$

la lettre l représentant un logarithme pris dans le système népérien. On en tire, par des transformations faciles,

$$v = \frac{V}{(1+\beta V)e^{cx} - \beta V}.$$

Lorsqu'on emploie la seconde formule, on trouve de la même manière

$$c\,dx = \frac{dv}{v(1+\beta v^2)} = \frac{dv}{v} - \frac{\beta v\,dv}{1+\beta v^2},$$

où l'on prend
$$c = 0,2485 \frac{\Delta a^2}{p},$$
$$\beta = 0,00002028.$$

On en déduit comme précédemment

$$v^2 = \frac{V^2}{(1+\beta V^2)e^{2cx} - \beta V^2}.$$

On réussit encore à représenter les résultats des expériences de Metz en supposant la résistance de l'air proportionnelle à la puissance $\frac{5}{2}$ de la vitesse. En effet, la formule

$$R = 0,0167 \frac{\Delta a^2}{g} v^{\frac{5}{2}},$$

qui revient à prendre

$$f(v) = 0,0167 \, v^{\frac{1}{2}},$$

donne

$$\rho' = 0,0167 \frac{4}{\pi} \frac{\Delta}{g} v^{\frac{1}{2}} = 0,002619 \, v^{\frac{1}{2}}.$$

On trouve à l'aide de cette formule les trois valeurs $0,04809$, $0,05423$, $0,06028$, qui représentent les résultats de l'expérience avec une erreur moyenne égale à $0,0004$.

Si l'on adoptait cette loi, l'équation du mouvement serait

$$\frac{dv}{dt} = -cv^{\frac{5}{2}},$$

et l'on aurait, d'après le § 2,

$$v = \frac{V}{(1 + \frac{1}{2} c V^{\frac{1}{2}} x)^2}.$$

§ 6. — Expériences exécutées à Metz en 1856 et 1857.

A chaque coup les vitesses étaient mesurées en deux points de la trajectoire, au moyen de deux appareils balistiques de M. Navez.

Le Tableau suivant fait connaître les résultats moyens des expériences. Comparant chaque résultat au carré et au cube de la vitesse moyenne, on a calculé les valeurs correspondantes de $f(v)$ et de $\varphi(v)$.

RÉSISTANCE DE L'AIR.

NOMBRE de coups.	POIDS du mètre cube d'air Δ.	DIAMÈTRE moyen des projectiles a.	POIDS moyen des projectiles p.	INTERVALLE des points d'observation x.	VITESSES OBSERVÉES v'.	VITESSES OBSERVÉES v''.	VITESSE moyenne $\frac{v'+v''}{2}$.	VALEUR de $\varphi(v)$.	VALEUR de $f(v)$.
18	kg 1,1851	m 0,1482	kg 12,095	m 98	m 209,0	m 202,7	m 205,8	0,000707	0,146
30	1,1419	0,1483	12,006	100	220,3	211,3	215,8	0,000927	0,200
20	1,1707	0,1478	12,007	98	292,5	278,6	285,5	0,000810	0,233
21	1,1751	0,1483	12,033	100	328,5	308,1	318,3	0,000911	0,299
23	1,1529	0,1480	12,008	100	401,6	368,7	385,1	0,001055	0,407
12	1,1953	0,1480	12,052	98	437,5	401,5	419,5	0,000958	0,427
27	1,1266	0,1479	12,945	100	479,1	457,4	468,2	0,000964	0,441
8	1,1227	0,1479	12,010	50,08	482,7	460,9	471,8	0,000958	0,452
12	1,1900	0,1484	7,200	48	533,5	493,7	513,6	0,000864	0,442
23	1,1421	0,1487	7,300	50	577,5	533,1	552,8	0,000810	0,449

Sauf quelques irrégularités, la fonction $\varphi(v)$ se montre d'abord croissante, puis décroissante. Toutefois, entre les vitesses de 318^m et de 472^m, elle n'éprouve que de légères variations; d'après cela, dans cet intervalle, la résistance pouvait être regardée comme sensiblement proportionnelle au cube de la vitesse : c'est, en effet, la conclusion admise par les auteurs des expériences.

Quant à la fonction $f(v)$, les valeurs portées dans le Tableau la montrent d'abord croissante, puis n'offrent plus que de petites différences, ce qui indique que la fonction se rapproche alors d'une limite peu différente de 0,450.

Pour obtenir plus de régularité, on peut partager les épreuves en cinq groupes, comme l'indique le Tableau, et prendre dans chaque groupe les valeurs moyennes.

Vitesses (mètres)..	210,8	301,9	402,3	470,0	554,2
Valeurs de $f(v)$ ...	0,173	0,366	0,417	0,448	0,446

§ 7. — Expériences exécutées en Angleterre par M. Bashforth, années 1864-1870.

Le projectile traversait une suite de cadres-cibles séparés par des intervalles qui, d'abord égaux à 36^m, furent plus tard portés à 45^m. Le passage des projectiles à travers chaque cadre déterminait l'interruption d'un courant électrique. Cette interruption entraînait la production d'un signal sur un cylindre animé d'un mouvement de rotation uniforme et dont la vitesse était connue. Une description plus détaillée de cet appareil serait inutile; on la trouvera d'ailleurs dans un Mémoire de M. le colonel Sebert [1].

Les signaux inscrits sur le cylindre permettaient de calculer les temps employés par le projectile pour parcourir les intervalles qui séparaient les cadres. Des différences que présen-

---

[1] *Du calcul des trajectoires d'après les expériences de Bashforth sur la résistance de l'air*, par M. SEBERT, chef d'escadron d'artillerie de la marine, 1874. Paris, Ch. Tanera, éditeur.

taient ces temps, l'auteur concluait la valeur de la résistance de l'air.

M. Bashforth comparait toujours la résistance au cube de la vitesse, de sorte qu'en traduisant en mesures françaises la quantité qu'il calculait à chaque épreuve on obtient immédiatement la valeur de l'expression $\Delta \varphi(v)$. Les résultats des expériences étaient toujours ramenés au cas où le poids du mètre cube serait égal à $1^{kg},218$. Par suite, la valeur de $f(v)$ se déduit de la relation $f(v) = v\,\varphi(v)$.

Les diamètres des boulets ont varié entre 74^{mm} et 225^{mm}. Ces différences n'ont pas exercé d'influence sensible sur les résultats.

En conséquence, M. Bashforth a résumé tous ses résultats dans une même Table, où les vitesses croissent régulièrement en progression arithmétique. On en a déduit le Tableau suivant :

Résultats moyens des expériences.

VITESSE.	VALEUR de $f(v)$.	NOMBRE de coups.	VITESSE	VALEUR de $f(v)$.	NOMBRE de coups.
$259,1$	$0,224$	9	$441,9$	$0,388$	91
$274,3$	$0,241$	18	$457,2$	$0,381$	91
$289,6$	$0,250$	21	$472,4$	$0,384$	82
$304,8$	$0,266$	20	$487,7$	$0,387$	81
$320,0$	$0,291$	27	$502,9$	$0,388$	69
$335,3$	$0,313$	30	$518,2$	$0,387$	52
$350,5$	$0,334$	44	$533,4$	$0,388$	43
$365,8$	$0,349$	48	$548,6$	$0,388$	40
$381,0$	$0,358$	54	$561,9$	$0,390$	21
$396,2$	$0,364$	61	$579,1$	$0,393$	17
$411,5$	$0,370$	97	$594,3$	$0,393$	11
$426,7$	$0,376$	89	$609,6$	$0,394$	10

La marche croissante de la fonction est parfaitement indiquée tant que la vitesse n'atteint pas 500^m. Quand elle devient plus grande, les valeurs que donne l'expérience ne présentent plus que de légères variations, fort irrégulières d'ailleurs. De cette circonstance il est permis de conclure que la valeur de la fonction converge vers une limite dont elle est alors très voisine.

A en juger par les huit derniers nombres, cette limite doit être à très peu près égale à 0,390.

On remarquera sans doute que cette valeur est inférieure à celle qui est indiquée par les expériences de Metz, décrites dans le paragraphe précédent.

§ 8. — Expériences exécutées à Saint-Pétersbourg en 1868 et 1869.

A chaque coup la vitesse était mesurée en deux points de la trajectoire, à l'aide de deux chronographes Le Boulengé. Les moyennes étaient prises sur huit coups.

Le général Mayewski, adoptant les notations et les formules du général Didion, calculait comme lui la valeur de la quantité ρ' (*voir* le § 4). Pour obtenir celle de $f(v)$, on a la formule $f(v) = \frac{\pi}{4} \frac{g}{\Delta} \rho'$. Le général Mayewski supposait $g = 9,8192$ et $\Delta = 1^{kg},206$. On a donc simplement $f(v) = 6,384 \rho'$.

Résultats moyens des expériences.

VITESSE.	VALEUR de ρ'.	VALEUR de $f(v)$.	VITESSE.	VALEUR de ρ'.	VALEUR de $f(v)$.
m 227	0,0295	0,188	m 380	0,0554	0,314
234	0,0267	0,170	384	0,0602	0,384
262	0,0361	0,230	408	0,0587	0,375
278	0,0424	0,271	415	0,0625	0,399
287	0,0411	0,262	457	0,0598	0,382
330	0,0491	0,313	468	0,0611	0,390
342	0,0519	0,330	475	0,0625	0,399
342	0,0582	0,371	527	0,0619	0,395

RÉSISTANCE DE L'AIR.

Les irrégularités sont nombreuses, mais il n'y a pas lieu de s'en étonner, vu le petit nombre de coups au moyen desquels les résultats ont été obtenus. On les atténue en prenant les moyennes dans chacun des huit groupes indiqués sur le Tableau :

Vitesses (mètres). 230,5   270,0   303,5   342,0   382,0   411,5   462,5   496,0
Valeurs de $f(v)$.. 0,179   0,250   0,287   0,350   0,349   0,387   0,386   0,397

Ces résultats se rapprochent beaucoup de ceux qui ont été déduits des expériences de M. Bashforth.

§ 9. — Conséquences des expériences.

Des expériences dont on vient de rendre compte il est permis de conclure que la fonction $f(v)$ croît constamment depuis une limite inférieure λ jusqu'à une limite supérieure Λ, dont elle finit par différer extrêmement peu. Les premiers accroissements étant d'ailleurs très lents, il faut que $f'(0) = 0$.

La courbe lieu géométrique de l'équation $y = f(v)$ rencontre l'axe des ordonnées à une distance de l'origine égale à λ; en ce point la tangente est parallèle à l'axe des abscisses, et dans le voisinage la convexité est tournée vers cet axe. Plus tard, le sens de la courbure change, la courbe ayant une asymptote parallèle à l'axe des abscisses et située à une distance de ce dernier égale à Λ. Il y a donc un point d'inflexion.

La question est de trouver pour $f(v)$ une expression satisfaisant à ces conditions. On peut faire l'essai de la suivante,

$$f(v) = \Lambda - \frac{\Lambda - \lambda}{e^{sv^n}},$$

s et v désignant des nombres positifs, e la base des logarithmes népériens.

Sans doute cette forme, simple en apparence, ne se prête guère aux procédés d'intégration; mais il ne s'agit pas ici d'éviter des difficultés de calcul : ce qu'on cherche, c'est la nature de la fonction $f(v)$.

I.

La différentiation donne

$$f'(v) = (\Lambda - \lambda) nse^{-sv^n} v^{n-1},$$
$$f''(v) = (\Lambda - \lambda) nsv^{n-2} e^{-sv^n}(n - 1 - nsv^n).$$

On voit que la condition d'avoir $f'(0) = 0$ exige que le nombre n soit supérieur à l'unité, et que la vitesse à laquelle correspond le point d'inflexion de la courbe est donnée par l'équation

$$v^n = \frac{n-1}{ns}.$$

Pour la facilité des calculs, on écrira ainsi la formule :

$$f(v) = \Lambda - \frac{\Lambda - \lambda}{10^{h\left(\frac{v}{100}\right)^n}},$$

ce qui revient à faire

$$e^s = 10^{\frac{h}{100^n}},$$

d'où

$$s = \frac{h}{100^n} l(10),$$

$l(10)$ représentant le logarithme népérien de 10.

L'équation qui donne la vitesse à laquelle correspond le point d'inflexion devient par suite

$$v^n = \frac{n-1}{n\, l(10)} 100^n$$

ou

$$v = 100 \sqrt[n]{\frac{n-1}{n\, l(10)}}.$$

Cela posé, d'après les expériences anglaises, qui sont de beaucoup les plus nombreuses, la limite supérieure Λ doit être à très peu près égale à 0,390 (§ 7). Les expériences exécutées à Metz en 1857 (§ 6) indiquent, il est vrai, une valeur plus grande, savoir 0,450; mais il paraît qu'elles ont inspiré quelques doutes. On lit, en effet, dans le Traité de Balistique du général Mayewski : « Des irrégularités remarquées dans

RÉSISTANCE DE L'AIR. 179

la marche des premiers appareils de M. Navez, employés dans les expériences de Metz, ont motivé, en 1868, la répétition de ces expériences dans notre artillerie. » Les résultats trouvés à Saint-Pétersbourg diffèrent peu d'ailleurs de ceux qu'on a obtenus en Angleterre (§ 7).

Il reste à déterminer les valeurs de λ, n et h. Plusieurs essais ont conduit à prendre $\lambda = 0,130$, $n = 4$, $h = 0,00408$, ce qui donne la formule

$$f(v) = 0,390 - \frac{0,260}{10^{0,00408\left(\frac{v}{100}\right)^4}}.$$

La vitesse à laquelle correspond le point d'inflexion de la courbe est égale à $298^m,9$. La Table suivante a été calculée d'après cette formule ; elle suppose le diamètre a du projectile exprimé en mètres ; quand il est exprimé en décimètres, toutes les valeurs de $f(v)$ doivent être divisées par 100 :

VITESSE.	VALEUR de $f(v)$.	VITESSE.	VALEUR de $f(v)$.	VITESSE.	VALEUR de $f(v)$.	VITESSE	VALEUR de $f(v)$.
50	0,130	190	0,160	290	0,256	390	0,360
100	0,132	200	0,166	300	0,269	400	0,367
110	0,133	210	0,174	310	0,281	410	0,372
120	0,135	220	0,181	320	0,293	420	0,376
130	0,137	230	0,190	330	0,305	430	0,380
140	0,139	240	0,200	340	0,316	440	0,382
150	0,142	250	0,210	350	0,327	450	0,384
160	0,146	260	0,221	360	0,337	460	0,386
170	0,150	270	0,232	370	0,345	470	0,387
180	0,154	280	0,244	380	0,353	500	0,389
190	0,160	290	0,256	390	0,360	>500	0,390

En comparant les nombres de cette Table à ceux qui ont été déduits des expériences de M. Bashforth, on voit que les différences, assez légères d'ailleurs, sont tantôt dans un sens, tantôt en sens opposé, sans suivre aucun ordre régulier. La plus grande ne surpasse pas 0,010, et l'on ne peut guère considérer les expériences de M. Bashforth comme étant à l'abri d'un pareil écart.

L'accord n'est pas aussi satisfaisant lorsque l'on compare les résultats de la formule avec ceux qu'a obtenus le général Mayewski, du moins quand la vitesse est voisine de 400^m. En effet, dans ces expériences, la fonction $f(v)$ se montre sensiblement constante dès que la vitesse surpasse 400^m; et dans la Table précédente cette constante ne se manifeste qu'au delà de 500^m.

Les expériences exécutées par Newton ont donné (§ 1)

$$R = \frac{\pi}{16} \frac{a^2 \Delta}{g} v^2.$$

Il en résulte $f(v) = \frac{\pi}{16}$ ou, à très peu près, $f(v) = 0,196$. La valeur attribuée à λ, étant seulement de 0,130, paraît faible lorsqu'on la rapproche du résultat obtenu par Newton, qui n'opérait que sur de faibles vitesses; mais les expériences de Metz, aussi bien que celles de Saint-Pétersbourg, assignent à cette limite une valeur inférieure à 0,196. En effet, les premières ont donné

$$f(210,8) = 0,173$$

et les secondes

$$f(239,5) = 0,179.$$

Au reste, les circonstances étaient fort différentes dans les deux genres d'expériences. Dans les tirs des canons, les vitesses étaient décroissantes; elles étaient croissantes au contraire dans les épreuves de chute. L'état de l'air autour du mobile ne devait pas être le même dans les deux cas. En général, la résistance de l'air dépend non seulement de la vitesse, mais encore de l'état où se trouve le fluide, et cet état est déterminé par le mouvement antérieur. Cette observation a déjà été faite par le général Didion.

Il reste à comparer les résultats donnés par la formule à ceux qu'on a obtenus par le pendule balistique (§ 2).

VITESSE.	VALEURS DE $f(v)$ DONNÉES PAR		DIFFÉRENCE.
	l'expérience.	la formule.	
337,2 m	0,3055	0,3118	— 0,0063
428,8	0,3415	0,3795	— 0,0380
535,2	0,3928	0,3900	+ 0,0028

La première et la troisième différence sont faibles et de sens opposés; mais la seconde est bien forte. Les expériences russes et anglaises assignent du reste à $f(428,8)$ une valeur supérieure à 0,3415.

Il est à remarquer que, dans les boulets sphériques, le centre de gravité ne coïncide jamais avec le centre de figure, et ces corps sont toujours animés d'un mouvement de rotation qui augmente nécessairement la résistance de l'air en même temps que les irrégularités des expériences. Ces causes d'anomalies ne sauraient être les mêmes dans des boulets de fabrication différente; il ne faut donc pas s'étonner si les expériences que l'on compare présentent d'assez fortes variations.

CHAPITRE III.

PÉNÉTRATION DES PROJECTILES SPHÉRIQUES DANS LES MILIEUX SOLIDES.

§ 1. — **Considérations générales.** — **Formules.**

Lorsque des sphères de même densité et animées de la même vitesse pénètrent normalement et sans se briser ni se déformer dans des milieux de même nature, homogènes et pouvant être considérés comme indéfinis, leurs vitesses, comparées après des temps proportionnels à leurs diamètres, sont égales ; à la suite de ces temps, les résistances qu'elles éprouvent sont proportionnelles à leurs surfaces et leurs pénétrations aux diamètres.

Les parties des milieux dont les molécules sont mises en mouvement sont semblables, et leurs dimensions sont proportionnelles aux diamètres des sphères. Ces parties sont les seules qui exercent de l'influence sur les pénétrations, et les milieux peuvent être considérés comme indéfinis dès qu'elles sont comprises dans leurs volumes (*voir* la Note placée à la fin du Volume).

C'est là tout ce que fournit le principe de la similitude, et, pour avoir une expression de la résistance que le milieu oppose au mobile, on a recours à des hypothèses, sauf à les vérifier plus tard par l'expérience.

On s'est toujours accordé à regarder la résistance comme proportionnelle au grand cercle de la sphère. De plus, pendant longtemps, on l'a supposée constante.

Soient donc a le diamètre de la sphère en mètres, R la résistance. L'hypothèse précédente conduit à l'expression

$$R = h \frac{\pi a^2}{4},$$

h désignant une constante dont la valeur dépend de la nature du milieu.

Cette formule est encore employée lorsque la vitesse est faible et qu'on ne prétend d'ailleurs qu'à une médiocre approximation. Les expériences que l'on a faites dans ces derniers temps ont montré qu'elle n'offrait pas une exactitude suffisante, et il est généralement admis maintenant que le coefficient monôme de $\dfrac{\pi a^2}{4}$ doit être remplacé par la somme de deux termes, l'un constant, l'autre proportionnel au carré de la vitesse. Soit donc v la vitesse que le mobile possède au bout du temps t :
$$\mathrm{R} = \frac{\pi a^2}{4} h (1 + bv^2),$$

b désignant une nouvelle constante.

Mais dans cette expression il n'est pas tenu compte d'une circonstance qui doit exercer une certaine influence sur la grandeur de la résistance. La partie du milieu qui à chaque instant enveloppe le mobile ne se trouve plus dans son état primitif. Cet état a été modifié par le mouvement antérieur et dépend par conséquent de la manière dont ce mouvement s'est opéré. La formule, en ne faisant varier la résistance qu'avec la vitesse que possède le projectile au moment où on le considère, suppose un état permanent du milieu. Elle ne peut donc être considérée comme fort exacte, et il serait possible qu'un changement dans la densité des boulets obligeât à modifier les valeurs des coefficients b et h.

Il est encore à propos de remarquer que, dans les premiers instants de la pénétration, le mobile ne rencontre le milieu que par une portion de son hémisphère antérieur.

p, poids du mobile en kilogrammes ;
r, accélération correspondant à la valeur R ;
g, gravité.

Cette dernière n'est introduite dans les formules que parce

qu'elle entre dans l'expression de la masse. On peut donc la supposer égale à 9,81, et alors la quantité p devient le poids métrique indiqué par la balance.

Il est clair que
$$r = \frac{g\,\mathrm{R}}{p}$$

ou, en remplaçant R par son expression,
$$r = \frac{\pi a^2 g h}{4p}(1 + bv^2).$$

Faisant
$$\frac{\pi a^2 g h}{4p} = c,$$

il vient
$$r = c(1 + bv^2),$$

et l'équation du mouvement est
$$\frac{dv}{dt} = -c(1 + bv^2).$$

Soit z l'espace parcouru pendant le temps t; comme $v = \dfrac{dz}{dt}$, l'équation devient
$$\frac{v\,dv}{1 + bv^2} = -c\,dz.$$

En désignant par la lettre L les logarithmes tabulaires et par M leur module, l'intégration donne
$$\mathrm{L}(1 + bv^2) = -2\mathrm{M}bcz + \mathrm{const.}$$

Soit encore V la vitesse du mobile à son entrée dans le milieu, quand $z = 0$; alors $\mathrm{L}(1 + bV^2)$ est la valeur de la constante ajoutée au second membre : donc
$$z = \frac{1}{2\mathrm{M}bc}\mathrm{L}\left(\frac{1 + bV^2}{1 + bv^2}\right).$$

La pénétration totale Z du mobile n'est autre chose que la valeur de z correspondante à $v = 0$; ainsi

(1) $$Z = \frac{1}{2\,\mathrm{M}\,bc} \mathrm{L}(1 + b\mathrm{V}^2),$$

ou, en mettant pour c la valeur $\dfrac{\pi a^2 g h}{4p}$ et faisant, pour abréger, $\dfrac{2}{\pi g \mathrm{M} b h} = \mathrm{N}$,

(2) $$Z = \mathrm{N} \frac{p}{a^2} \mathrm{L}(1 + b\mathrm{V}^2).$$

Il est facile d'introduire dans cette expression la densité d du projectile : en effet,

$$p = \frac{\pi a^3 d}{6}; \quad \text{par suite,} \quad \frac{p}{a^2} = \frac{\pi a d}{6}.$$

En faisant donc $n = \dfrac{\pi}{6} \mathrm{N}$, il vient

(3) $$Z = nad\,\mathrm{L}(1 + b\mathrm{V}^2).$$

Lorsqu'on regarde les valeurs de n et de b comme indépendantes de la densité du mobile, il résulte de cette formule que, si des projectiles entrent dans un même milieu avec des vitesses égales, leurs pénétrations sont proportionnelles à leurs diamètres et à leurs densités.

En général, les expériences relatives aux pénétrations dans les milieux solides ne sont pas susceptibles d'une grande précision; la nature trop variable de ces milieux s'y oppose; la plupart ont été exécutées avec des boulets massifs, et leurs résultats s'accordent très bien avec les formules (2) et (3), comme on le verra plus loin. On s'est beaucoup moins occupé des boulets creux, et jusqu'à présent les recherches dont ils ont été l'objet n'ont point indiqué la nécessité de faire varier les coefficients avec la densité des mobiles.

Pour avoir la durée de la pénétration, il faut intégrer

l'équation $\dfrac{dv}{dt} = -c(1 + bv^2)$, ce qui donne

$$\operatorname{arc\,tang}(v\sqrt{b}) = -ct\sqrt{b} + \text{const.}$$

Comme $v = V$ lorsque $t = 0$, on obtient

$$t = \dfrac{1}{c\sqrt{b}}\left(\operatorname{arc\,tang} V\sqrt{b} - \operatorname{arc\,tang} v\sqrt{b}\right).$$

Si donc T désigne la durée de la pénétration totale, laquelle correspond à $v = 0$,

$$T = \dfrac{1}{c\sqrt{b}} \operatorname{arc\,tang}(V\sqrt{b}).$$

La division de cette équation par l'équation (1) conduit à

$$\dfrac{T}{Z} = 2M\sqrt{b}\,\dfrac{\operatorname{arc\,tang}(V\sqrt{b})}{L(1 + bV^2)}.$$

Le module $M = 0{,}434\ldots$; donc

$$\dfrac{T}{Z} = 0{,}868\sqrt{b}\,\dfrac{\operatorname{arc\,tang}(V\sqrt{b})}{L(1 + bV^2)};$$

l'arc est exprimé en parties du rayon pris pour unité.

§ 2. — Relation entre la force vive du mobile et le vide formé dans le milieu.

Le mobile, en pénétrant dans le milieu, y forme un vide qui souvent se maintient après que le mouvement a cessé; c'est ce qui arrive, par exemple, quand le milieu se compose d'une terre argileuse.

Le boulet étant sphérique, le vide est nécessairement terminé par une surface de révolution : les sections transversales décroissent depuis l'entrée jusqu'au fond; la section méridienne tourne sa convexité vers l'axe, excepté dans la partie où elle enveloppe le projectile. Dans la terre argileuse le vide diffère peu d'un cône; dans le plomb il a la forme d'une tulipe, et le métal, refoulé vers l'arrière, se relève en bourrelet autour de l'orifice.

Les auteurs des expériences de Metz ont remarqué qu'il existait un rapport constant entre le volume du vide et la force vive que possédait le projectile à son entrée, la valeur de ce rapport étant d'ailleurs dépendante de la nature du milieu. De cette remarque on a fait une loi générale.

D'après cette loi, la force vive $\dfrac{pv^2}{2g}$ capable de produire un vide Y est donnée par l'équation

$$\frac{pv^2}{g} = 2\,\mathrm{H Y},$$

H désignant une constante. La différentiation donne

$$\frac{p}{g} v \frac{dv}{dt} = \mathrm{H} \frac{d\mathrm{Y}}{dz} \frac{dz}{dt}.$$

Or
$$\frac{dz}{dt} = v;$$

donc on a
$$\frac{p}{g} \frac{dv}{dt} = \mathrm{R} = \mathrm{H} \frac{d\mathrm{Y}}{dt}.$$

Par conséquent, la résistance qu'éprouve à chaque instant le mobile est proportionnelle à l'accroissement élémentaire du volume du vide formé.

Soit encore y le rayon de la section transversale faite dans le vide par un plan passant par le centre du boulet sphérique; lorsque ce centre a atteint le milieu résistant,

$$d\mathrm{Y} = \pi y^2 \, dz.$$

On a alors
$$\mathrm{R} = \mathrm{H} \pi y^2.$$

Précédemment on a admis l'expression

$$\mathrm{R} = \pi \frac{a^2}{4} h (1 + b v^2).$$

Il faut donc que
$$y^2 = \frac{h}{H}\frac{a^2}{4}(1 + bv^2);$$

y est l'ordonnée de la section méridienne du vide.

Dans les derniers instants du mouvement, la vitesse étant très faible, le terme bv^2 devient négligeable, et l'on a sensiblement
$$y^2 = \frac{h}{H}\frac{a^2}{4}.$$

Or le diamètre du vide finit par être à peu près le même que celui du projectile; il faut donc que $H = h$; ainsi l'on a en général
$$y^2 = \frac{a^2}{4}(1 + bv^2).$$

A l'entrée, où $v = V$, le rayon de la section transversale doit être égal à $\frac{a}{2}\sqrt{1 + bV^2}$.

Les mêmes considérations sont applicables à tous les corps de révolution que la marine emploie comme projectiles.

L'hypothèse sur laquelle elles sont fondées revient à dire que la perte de force vive éprouvée à chaque instant par le projectile est proportionnelle à la quantité de matière que pendant cet instant il écarte de son passage. Mais la manière dont s'opère cette expulsion dépend essentiellement de la forme antérieure du mobile. Les molécules peuvent être chassées en avant ou refoulées latéralement. On ne saurait donc s'attendre à trouver dans tous les cas les mêmes valeurs pour les constantes.

§ 3. — Pénétration des boulets massifs en fonte de fer dans la maçonnerie.

(Expériences de Metz.)

Lorsqu'on fait $nd = H$, la formule (3) du § 1 devient
$$Z = HaL(1 + bV^2).$$

PÉNÉTRATION DES PROJECTILES SPHÉRIQUES.

Les expériences exécutées à Metz avec des boulets massifs de 24 et de 16 sur des revêtements en maçonnerie ont conduit à prendre, dans ce cas particulier,

$$b = \frac{15}{10^6}.$$

On peut aussi se servir de la formule (2) du § 1 :

$$Z = N \frac{p}{a^2} L (1 + b V^2).$$

Il est bien clair qu'entre H et N on a la relation

$$N \frac{p}{a^2} = H a,$$

d'où, en remplaçant p par sa valeur $\frac{\pi a^3}{6} 1000 d$,

$$N = \frac{H}{1000} \frac{6}{\pi d};$$

en supposant la densité des boulets employés à Metz égale à celle des boulets de 30, c'est-à-dire à 7,183, on obtient

$$N = 0,0002 \gamma H.$$

Les valeurs de H et de N sont renfermées dans le Tableau suivant; celles de H sont extraites du *Traité de Balistique* du général Didion; celles de N en ont été déduites par la formule précédente :

NATURE DE LA MURAILLE.	VALEUR DE H.	VALEUR DE N.
Maçonnerie de bonne qualité, comme celle des revêtements de Metz construits par Vauban.	6,63	0,0018
Maçonnerie de médiocre qualité............	8,3	0,0022
Maçonnerie de briques......................	11,6	0,0031

Le vide produit dans la maçonnerie par un boulet qui y

pénètre avec une grande vitesse a une forme très évasée; le diamètre de l'entrée est égal à quatre ou cinq fois celui du projectile. Ce dernier ne reste pas au fond du trou et est repoussé en arrière.

Le diamètre des boulets de 30 étant de $0^m,1596$, il est facile de former la Table suivante :

VITESSE du boulet.	PÉNÉTRATION des boulets massifs de 30 dans une maçonnerie		
	analogue à celle des revêtements construits à Metz par Vauban ($H = 6,63$).	de médiocre qualité ($H = 8,3$).	en briques ($H = 11,6$).
m	m	m	m
500	0,72	0,90	1,21
450	0,64	0,80	1,07
400	0,56	0,70	0,93
350	0,48	0,60	0,80
300	0,39	0,50	0,65
250	0,30	0,38	0,50
200	0,22	0,28	0,37
150	0,13	0,16	0,22

Lorsque les vitesses et les densités des projectiles sont égales, les pénétrations sont proportionnelles aux diamètres. Il est donc facile, à l'aide de cette Table, d'obtenir les pénétrations des autres boulets massifs.

§ 4. — Pénétration des boulets massifs en fonte de fer dans la terre.

(Expériences de Metz.)

Lorsqu'on se sert de la formule

$$Z = HaL(1 + bV^2),$$

on peut, suivant le général Didion, obtenir les pénétrations moyennes des boulets massifs dans les diverses espèces de

PÉNÉTRATION DES PROJECTILES SPHÉRIQUES.

terres en adoptant pour H et pour b les valeurs données par le Tableau ci-après. Ce Tableau renferme également les valeurs du coefficient N de la formule

$$Z = N \frac{p}{a^2} L(1 + bV^2).$$

Les valeurs de N ont été déduites de celles de H au moyen de l'expression

$$N = 0{,}00027\, H.$$

NATURE DU MILIEU.	VALEUR DE H	VALEUR DE N.	VALEUR DE b.
Sable mêlé de gravier...............	5,6	0,0015	0,00020
Terre mêlée de sable et de gravier....	7,5	0,0020	0,00020
Terre végétale rassise d'ancien parapet.	13,05	0,0035	0,00006
Terre argileuse de St-Julien près Metz.	19,9	0,0054	0,00008
Argile de potier humide.............	25,8	0,0070	0,00008
Argile de potier mouillée............	37,5	0,0101	0,00008
Terre légère d'ancien parapet........	8,2	0,0022	0,00020
Terre légère fraîchement remuée......	10,4	0,0028	0,00020

Les pénétrations dans les terres sont sujettes à de très grandes variations. Pour en donner une idée, il ne sera pas inutile de rapporter ici le Tableau général des expériences exécutées sur la terre de Saint-Julien, lesquelles paraissent avoir été les plus complètes. Cette terre était renfermée dans un coffrage.

Terre de Saint-Julien. H $= 19,9$, $b = 0,00008$.

BOUCHES A FEU et projectiles.	POIDS de la charge.	VITESSE du boulet à son entrée dans la terre V.	PÉNÉTRATION obtenue à chaque coup, en mètres.	PÉNÉTRATION moyenne.	PÉNÉTRATION calculée.
	kg	m	m	m	m
Canon de 24. — Boulets : diamètre, 0,1482; poids, 12^{kg},0.	6,0	538	4,11	4,11	4,08
	4,0	494	3,26, 3,51	3,38	3,85
	3,0	457	3,45, 3,72	3,58	3,68
	2,0	402	2,83, 3,20, 3,30, 3,29, 3,02, 3,45, 3,72	3,26	3,87
	1,0	285	2,90, 2,52, 2,55, 2,65, 2,30, 2,39, 2,63, 2,62	2,56	2,58
	0,5	190	1,85, 1,80, 1,90, 1,95	1,88	1,74
	0,25	121	1,15	1,15	1,07
Canon de 12 de campagne. — Boulets : diamètre, 0,1182; poids, 6^{kg},08.	3,0	494	3,49, 3,02	3,25	3,07
	2,0	482	3,67, 2,96	3,31	3,02
	1,0	400	2,47, 2,34	2,40	2,66
	0,5	285	1,96, 1,93, 1,24, 1,94	1,77	2,04
	0,25	194	1,85, 1,24, 1,37	1,49	1,39
	0,125	120	0,89, 0,74, 0,87	0,83	0,80

D'après une règle établie depuis longtemps, lorsqu'un parapet en terre doit résister à des bouches à feu connues, on obtient son épaisseur, prise entre les deux arêtes intérieure et extérieure, en augmentant de moitié la pénétration des projectiles, en sorte que, si E désigne cette épaisseur, $E = \frac{3}{2} Z$.

Ainsi, dans le cas où la pénétration est de 4^m, on donne au parapet une épaisseur égale à 6^m.

§ 5. — Pénétration des boulets massifs dans le charbon de terre.

(Expériences de Gâvre 1843.)

Le charbon provenait des mines de Sunderwall, comté de Cornwall (Angleterre). C'était un mélange de morceaux de diverses grosseurs et de poussier. Il était contenu dans une grande caisse en bois, établie sur le sol.

Longueur parallèle à la ligne de tir........ 6^m,00
Largeur............................... 1,50
Hauteur............................... 1,50

La face exposée au choc était formée de planches de sapin de 0^m,02 d'épaisseur; les trois autres étaient composées de bordages de chêne, maintenus par des montants verticaux et des arcs-boutants. Un plancher recouvrait la partie supérieure de la caisse.

Un canon de 30 n° 1 était placé à 10^m de la caisse.

Diamètre de l'âme.................... 0^m,1648
Longueur de l'âme.................... 2^m,640
Boulets. { Diamètre................. 0^m,1596
Poids moyen............. 15^{kg},100
Densité........................ 7,108

Poudre du Ripault, 1842; diamètre du mandrin des gargousses, 158^{mm}. D'après ces données, il était facile de calculer les vitesses des projectiles.

On tirait deux coups de manière que les centres des trous fussent séparés par un intervalle de 0^m,80. On était obligé de déplacer la pièce, afin que la ligne de tir restât perpendiculaire à la surface choquée. On s'occupait ensuite de la recherche des projectiles, en enlevant le plancher et la masse de charbon qui avait été traversée.

Les pénétrations moyennes ont été prises sur six coups. En les introduisant dans la formule

$$Z = HaL(1 + bV^2),$$

en même temps que les vitesses correspondantes, et supposant $b = \dfrac{25}{10^5}$, on obtient pour le produit Ha des valeurs sensiblement constantes.

CHARGE du canon.	VITESSE du boulet à son entrée dans le charbon.	PÉNÉTRATION moyenne.	VALEUR DU PRODUIT Ha.
kg	m	m	
1,0	252	2,38	1,939
2,5	393	3,15	1,971
5,0	478	3,43	1,935

La valeur moyenne de Ha est $1,951$, et, comme $a = 0^m,1596$, il en résulte $H = 12,22$, en sorte que la formule

$$Z = 12,22\, a\, L \left(1 + \dfrac{25}{10^5} V^2 \right)$$

se trouve être l'expression des expériences.

Cette formule revient à la suivante :

$$Z = 0,0033 \dfrac{p}{a^2} L \left(1 + \dfrac{25}{10^5} V^2 \right).$$

Il était important de s'assurer si l'on n'apporterait pas quelque modification à la pénétration en opposant au projectile une muraille entièrement composée de morceaux de moyenne grosseur. Cette muraille, construite avec le plus grand soin, remplissait toute la partie de la caisse que devait traverser le boulet; les moindres morceaux avaient un volume d'environ 1^{dc}; les intervalles n'étaient pas remplis par du poussier. Dans le reste de la caisse se trouvait du charbon ordinaire.

La charge du canon était de $5^{kg},0$.

Le premier coup dirigé au centre de la caisse a donné une pénétration de $4^m,13$, supérieure par conséquent à toutes celles qu'on avait obtenues précédemment. Immédiatement après, on a reconstruit la partie de la muraille qui avait été endommagée, sans déranger les parties latérales, contre lesquelles ont été dirigés ensuite le deuxième et le troisième coup. La pénétration du deuxième coup a été de $3^m,60$ et celle du troisième de $3^m,43$. Cette diminution progressive des pénétrations s'explique par le tassement qui s'opère dans toute la masse par suite de l'ébranlement que produit chaque coup.

Dans une autre expérience, on a remplacé le charbon ordinaire par du poussier que les hommes tassaient avec leurs pieds. La charge était la même, et l'on n'a procédé à la recherche des projectiles, qui avaient été numérotés, qu'après avoir tiré trois coups. Les pénétrations successives ont été de $3^m,93$, $3^m,38$ et $3^m,22$.

Enfin, dans un dernier essai, on s'est servi d'une caisse construite à peu près de la même manière que la première, mais qui présentait au choc des projectiles une largeur de 3^m; elle était remplie de charbon ordinaire, mélange de blocs et de poussier. Non seulement on déplaçait le canon à chaque coup, mais on faisait varier sa hauteur au-dessus du sol. L'axe de l'âme était toujours horizontal et perpendiculaire à la surface choquée. La charge était encore de $5^{kg},0$. Après avoir tiré six coups, on a procédé à la recherche des projectiles.

Pénétrations successives : $3,69$, $3,75$, $3,44$, $2,91$, $2,90$, $2,72$.

Sauf une anomalie, la diminution des pénétrations se manifeste ici de la manière la plus évidente.

Il en résulte que, si dans l'expression de Z on croit pouvoir conserver toujours la même valeur pour b, au moins est-il nécessaire de faire varier celle de H ou celle de N suivant que le charbon est plus ou moins tassé. La valeur donnée plus haut $H = 12,22$ ne convient qu'à un tassement médiocre. Si le tassement est très considérable, il faut prendre $H = 9,7$.

§ 6. — Pénétration des boulets massifs dans le bois de chêne. Gâvre, 1835. — Premières expériences.

Une plate-forme horizontale en bois de chêne avait été établie sur le sol; elle était maintenue par de forts piquets.

C'était sur cette plate-forme que reposait le massif; il se composait de grosses poutres verticales en chêne, disposées en rangs perpendiculaires à la ligne de tir. Celles des deux premiers rangs avaient $0^m,34$ d'épaisseur et les autres $0^m,25$; la largeur était variable, mais elle excédait l'épaisseur.

Chaque joint était recouvert par les poutres contiguës. Les pièces qui composaient les rangs d'ordre impair se trouvaient engagées dans la plate-forme; les autres étaient simplement posées sur cette dernière. Chacune des faces antérieure et postérieure du massif s'appuyait sur un cadre formé de deux montants verticaux engagés dans la plate-forme et réunis par une semelle et un chapeau. Les parties supérieures des poutres étaient maintenues par un grand cadre horizontal; la jonction des côtés de ce dernier se trouvait assurée par des clefs en bois. De nombreux arcs-boutants étaient répartis sur les faces latérales et sur l'arrière.

Dimensions des massifs.		
	Hauteur	$3^m,0$
	Largeur perpendiculaire à la ligne de tir.	$3^m,0$
	Épaisseur	$2^m,5$
Densité du chêne		$0,978$

L'axe du canon était horizontal et perpendiculaire à la face du massif. En déplaçant l'affût, on obtenait quatre pénétrations, à peu près à la même hauteur. En faisant varier la hauteur de la plate-forme, on utilisait successivement le bas, le milieu et le haut du massif. Après douze coups, il fallait le reconstruire; on remarquait quelques disjonctions entre les poutres.

Il est assez connu que le bois, reprenant son volume primitif, remplit entièrement le vide pratiqué par le projectile. Après chaque coup, on perçait le bois avec une tarière jusqu'à la rencontre du boulet et on introduisait ensuite dans l'ouverture une sonde formée de deux baguettes de fusil soudées ensemble, et, lorsqu'elle n'avait aucune tendance à glisser sur la surface du projectile, on en concluait qu'elle le touchait à peu près au point le plus rapproché de la face antérieure du massif. On ajoutait le diamètre du boulet à la profondeur donnée par la sonde, et la somme de ces deux nombres donnait la valeur de la pénétration.

Les principales expériences ont été exécutées avec un canon de 30 n° 1 : diamètre de l'âme, $0^m,1647$; longueur, $2^m,641$.

Poudre du Pont-de-Buis 1827.

Diamètre du mandrin des gargousses.... $158^{mm},0$
Boulets. { Diamètre.................... $0^m,1596$
          { Poids moyen .... $15^{kg},1$

CHARGE. du canon.	DISTANCE du canon au massif.	PÉNÉTRATION moyenne.	NOMBRE de coups.
kg 4,90	m 80	m 1,346	8
2,45	80	1,096	4

Les expériences exécutées plus tard à l'aide des pendules balistiques ont fait connaître les vitesses des projectiles à environ 10^m de la bouche à feu. En se servant des formules qu'on en a déduites (chap. I, § 23), on trouve que, pour les charges de $4^{kg},9$ et de $2^{kg},45$, ces vitesses étaient respectivement égales à 450^m et 369^m; mais, à la rencontre du massif, elles devaient être réduites à 427^m et 351^m, d'après les formules données dans le Chapitre II (§ 5).

Cela posé, en substituant, dans l'expression

$$Z = \Pi a L(1 + b V^2),$$

les valeurs correspondantes de Z et de V, on obtient deux équations auxquelles on satisfait à très peu près en prenant

$b = \dfrac{2}{10^5}$ et $H = 12,64$, d'où résulte la formule

$$(1) \qquad Z = 12,64\, a\, L\left(1 + \frac{2}{10^5} V^2\right).$$

Elle ne diffère de celle qu'a donnée le général Didion que par la valeur de H; suivant lui, $H = 13,1$. Le massif sur lequel on a opéré à Metz offrait sans doute un peu moins de résistance ([1]).

Les variations auxquelles les pénétrations sont sujettes ne permettent pas d'attacher l'idée d'une très grande précision à la détermination des valeurs des coefficients H et b. Si l'on prenait $b = \dfrac{15}{10^6}$ et $H = 15,01$, les pénétrations calculées ne s'écarteraient des pénétrations observées que d'environ 13^{mm}; de pareilles différences sont assurément fort admissibles; seulement elles seraient de sens différents.

On peut donner à l'expression de Z, en y introduisant le poids p du projectile, la forme de l'équation (2) du § 1; alors

$$(2) \qquad Z = 0,0034\, \frac{p}{a^2}\, L\left(1 + \frac{2 V^2}{10^5}\right).$$

Les applications aux projectiles creux deviennent alors plus faciles; il reste à savoir si l'on obtient dans ce cas une approximation suffisante.

Une expérience a été faite avec des boulets creux dont le diamètre était de $1^{\text{dm}},607$ et le poids de $10^{\text{kg}},61$. Ces projectiles étaient ensabotés; les sabots pesaient $0^{\text{kg}},518$. Le canon.

([1]) D'après le même auteur, on pourrait, pour les autres essences de bois, adopter les valeurs suivantes de H, en prenant toujours $b = \dfrac{2}{10^5}$:

	Valeur
Hêtre, charme, frêne	,
Orme	,
Sapin et bouleau	,
Peuplier	,

dont la charge était de $1^{kg},0$, se trouvait à 20^m du massif. La pénétration moyenne, déduite de quatre coups, a été de $0^m,63$.

La vitesse des boulets, à leur entrée dans le massif, devait être à peu près égale à 310^m. D'après cela, la pénétration calculée serait égale à $0^m,65$. La différence n'est que de $0^m,02$.

On a voulu employer la charge de $1^{kg},5$; mais tous les obus ont été brisés à la rencontre du massif.

§ 7. — Suite. — Nouvelles expériences exécutées à Gâvre en 1844.

Un massif était composé de pièces de bois verticales disposées par rangs perpendiculaires à la ligne de tir. L'épaisseur de chaque rang était de $0^m,30$. Les joints d'un rang correspondaient au milieu des poutres formant les rangs contigus. Les extrémités inférieures des poutres étaient engagées dans un grillage, et quatre pièces de bois horizontales encadraient leurs parties supérieures; les pièces placées sur les faces antérieure et postérieure étaient liées entre elles par quatre clefs; trois arcs-boutants se trouvaient à l'arrière. Cette disposition empêchait tout déplacement dans le sens du tir. Sur chaque face parallèle à la ligne de tir, trois arcs-boutants maintenaient les parties supérieures des poutres et deux longs coins en bois serraient fortement leurs parties inférieures. Tout déplacement latéral se trouvait ainsi arrêté. Le massif présentait au-dessus du grillage une hauteur de $1^m,5$; la largeur perpendiculaire à la ligne de tir était de $2^m,10$.

Un canon de 30 n° 1 était placé à 10^m du massif: diamètre de l'âme, $0^m,1648$; longueur, $2^m,640$.

Poudre du Ripault, 1842: diamètre du mandrin des gargousses, 158^{mm}.

Diamètre moyen des boulets, $0^m,1596$.

NUMÉROS des coups.	ÉPAISSEUR du massif.	POIDS du projectile.	CHARGE du canon.	PÉNÉTRA- TION.	OBSERVATIONS.
	m	kg	kg	m	
1......	2,10	15,060	5,0	1,325	Après ce coup, le massif a été démoli et reconstruit.
2......	2,10	15,120	5,0	1,400	Après ces deux coups, le massif a été démoli et reconstruit.
3......	2,10	15,030	5,0	1,370	
4......	1,80	15,092	5,0	1,405	
5......	1,80	15,040	5,0	1,260	Idem.
6......	1,80	15,070	2,5	1,060	
7......	1,80	15,110	2,5	0,980	
8......	1,80	15,100	2,5	1,230	

Les vitesses des projectiles, à leur entrée dans le massif, étaient les mêmes que dans les expériences du § 5. En prenant des moyennes, on a le Tableau suivant :

Vitesse du boulet.	Pénétration.
478^m	1^m,352
393^m	1^m,090

Les pénétrations sont à peu près les mêmes que celles de 1835, bien qu'elles soient dues à des vitesses supérieures. Le nouveau massif était beaucoup mieux consolidé que l'ancien, et aucune disjonction ne pouvait s'y opérer.

Les valeurs correspondantes de V et de Z, substituées dans la formule
$$Z = HaL(1 + bV^2),$$
fournissent deux équations desquelles on tire $b = \dfrac{15}{10^6}$ et $H = 13,1$; mais il est à remarquer que, si l'on prenait $b = \dfrac{2}{10^5}$ et $H = 11,27$, les pénétrations calculées ne s'écarteraient des pénétrations observées que de 0^m,01; les deux différences seraient d'ailleurs de sens différents.

En conservant la valeur $b = \dfrac{2}{10^5}$ adoptée précédemment,

---

([1]) Dans un premier compte rendu, les vitesses avaient été évaluées inexactement.

on est alors conduit à substituer à la formule (2) du § 6 la suivante

$$Z = 0{,}00303 \frac{p}{a^2} L\left(1 + \frac{2}{10^5} V^2\right).$$

§ 8. — Suite. — Massif capable d'arrêter un projectile.

Les obstacles composés de pièces de bois de chêne offriront bien rarement une résistance égale à celle du massif de 1844. Il est donc préférable d'adopter dans la pratique la valeur de H donnée par les expériences de 1835. Dès lors, si l'on prend $b = \frac{2}{10^5}$, il n'y a aucun changement à apporter aux formules du § 6.

En examinant le Tableau des expériences de 1844, on remarque que les pénétrations produites par la charge de 5^{kg},0 n'ont éprouvé aucune diminution lorsque l'épaisseur du massif, primitivement égale à $2^m,10$, a été réduite à $1^m,80$. Ainsi, le boulet massif de 30, animé à son entrée d'une vitesse de 478^m, se mouvait dans le massif, de $1^m,80$ d'épaisseur, de la même manière que dans un massif d'une étendue indéfinie. Le rapport de cette épaisseur à la pénétration moyenne $1^m,35$ est égale à $\frac{4}{3}$.

Deux projectiles ont entièrement traversé un massif dont l'épaisseur était réduite à $1^m,50$; deux autres ont pénétré, l'un à $1^m,56$, l'autre à $1^m,42$, dans un massif auquel on avait donné une épaisseur de $1^m,65$; leur pénétration moyenne a été de $1^m,49$, au lieu de $1^m,35$.

Ainsi, la moindre épaisseur E que doit avoir un massif pour qu'un projectile s'y meuve de la même manière que dans un milieu indéfini se trouve donnée très approximativement par l'équation

(3) $\qquad E = \frac{4}{3} Z.$

Ce n'est que lorsque cette condition est remplie que les formules sont applicables.

C'est à cette équation qu'il faut recourir si l'on veut cal-

202   PREMIÈRE PARTIE. — CHAPITRE III.

culer l'épaisseur qu'il est nécessaire de donner à une muraille en chêne pour qu'elle arrête complètement des boulets massifs dont on connaît le diamètre, le poids et la vitesse. On cherche quelle serait la pénétration de ces projectiles dans un massif indéfini, puis on la multiplie par $\frac{4}{3}$.

Quand les boulets sont creux, il faut en outre tenir compte des résultats de leur éclatement.

§ 9. — Table des pénétrations des boulets massifs dans le bois de chêne.

[Formule (1) du § 6].

VITESSE du boulet.	DÉSIGNATION DES BOULETS					
	50.	36.	30.	24.	18.	12.
	DIAMÈTRE DES BOULETS.					
	0ᵐ,189.	0ᵐ,1692.	0ᵐ,1596.	0ᵐ,1474.	0ᵐ,1342.	0ᵐ,1193.
	Pénétration.	Pénétration.	Pénétration.	Pénétration.	Pénétration.	Pénétration.
m	m	m	m	m	m	m
500	1,86	1,66	1,57	1,45	1,32	1,15
475	1,77	1,58	1,50	1,38	1,26	1,10
450	1,68	1,50	1,42	1,31	1,19	1,04
425	1,59	1,42	1,34	1,24	1,13	0,98
400	1,49	1,33	1,26	1,16	1,06	0,92
375	1,39	1,24	1,17	1,08	0,99	0,86
350	1,29	1,15	1,08	1,00	0,91	0,80
325	1,18	1,05	0,99	0,92	0,84	0,73
300	1,07	0,96	0,90	0,83	0,76	0,66
275	0,96	0,86	0,81	0,75	0,68	0,59
250	0,84	0,75	0,71	0,66	0,60	0,52
225	0,73	0,65	0,61	0,57	0,52	0,45
200	0,61	0,55	0,51	0,48	0,43	0,38
175	0,49	0,44	0,41	0,39	0,35	0,31
150	0,38	0,35	0,32	0,30	0,27	0,24

D'après la formule, quand la vitesse est de 100ᵐ, la pénétration devient égale au diamètre du projectile.

§ 10. — Tables des pénétrations des boulets creux dans le bois de chêne.

[Formule (2) du § 6].

VITESSE du boulet.	DÉSIGNATION DES BOULETS (CENTIMÈTRES).						
	22	19	17	16	15	13	12
	DIAMÈTRE DES BOULETS.						
	0^m,2202	0^m,1902	0^m,1704	0^m,1602	0^m,148	0^m,1348	0^m,1184
	POIDS (KILOGRAMMES).						
	27,0	18,25	13,90	11,48	8,65	6,03	4,43
	Pénétration.	Pénétration.	Pénétration.	Pénétration.	Pénétration.	Pénétration.	Pénétration.
m	m	m	m	m	m	m	m
450	//	1,21	1,15	1,10	0,94	0,83	0,74
425	//	1,14	1,08	1,04	0,89	0,78	0,70
400	1,18	1,07	1,01	0,98	0,84	0,73	0,65
375	1,10	1,00	0,94	0,91	0,78	0,68	0,61
350	1,02	0,92	0,87	0,84	0,72	0,63	0,56
325	0,94	0,85	0,80	0,77	0,66	0,58	0,52
300	0,85	0,77	0,73	0,70	0,60	0,53	0,47
275	0,76	0,69	0,65	0,63	0,54	0,47	0,42
250	0,67	0,60	0,57	0,55	0,47	0,41	0,37
225	0,57	0,52	0,49	0,48	0,41	0,36	0,32
200	0,48	0,44	0,41	0,40	0,34	0,30	0,27
175	0,38	0,35	0,33	0,32	0,28	0,24	0,21
150	0,30	0,28	0,26	0,25	0,22	0,19	0,17
Vitesse du boulet quand la pénétration est égale au diamètre.	126^m	121^m	117^m	115^m	120^m	123^m	122^m

§ 11. — Tir oblique contre le bois de chêne. — Réflexion du projectile.

(Expériences de Gâvre 1836.)

Lorsqu'on diminue graduellement la vitesse du projectile, ce dernier, quoique frappant toujours le massif normalement, doit finir par éprouver une réflexion. Quelques essais ont été faits à Gâvre en 1836. Le massif, le canon, les boulets, la poudre, les gargousses étaient les mêmes qu'en 1835 (§ 6).

La distance du canon à la surface choquée était de 20^m. De trois boulets massifs pour lesquels on a employé la charge de $0^{kg},200$, deux ont été repoussés en arrière, le troisième est resté dans le bois. D'après les formules des Chapitres II et III, leur vitesse, au moment du choc, devait être de 110^m, un peu supérieure par conséquent à celle qui produit une pénétration égale au diamètre.

La charge a été portée à $0^{kg},225$. Un boulet a été réfléchi; un second est resté dans le bois. La vitesse était de 116^m.

Quand, au lieu de réduire la charge, on dirige le canon obliquement au massif, de manière à augmenter de plus en plus l'angle d'incidence (¹), on finit encore par obtenir la réflexion des projectiles.

Soit alors I l'angle d'incidence; la composante de la vitesse suivant la normale à la surface choquée est $V \cos I$.

Sous une incidence de $75°$, deux boulets massifs, pour lesquels on a fait usage de la charge de $4^{kg},90$, ont été réfléchis. La distance de la bouche à feu au point choqué était de 15^m; la vitesse des projectiles au moment du choc se trouvait égale à 448^m, et, par conséquent, la composante normale $V \cos I$ était de 116^m.

Les boulets se sont d'ailleurs arrêtés dans le massif lorsqu'on a diminué l'angle I en conservant la même charge.

(¹) On appelle ici *angle d'incidence* l'angle que forme la direction du tir avec la normale à la surface choquée.

On a réduit la charge à $2^{kg},45$, et alors deux boulets massifs ont été réfléchis sous une incidence de 72°. La distance du canon au point choqué était de 9^m, et la vitesse au moment du choc se trouvait de 369^m; la composante normale $V \cos I$ était donc égale à 114^m.

De tous ces faits il résulte que, quand la réflexion commence à avoir lieu, par suite de la diminution de la vitesse ou de l'augmentation de l'angle d'incidence, le produit $V \cos I$ est sensiblement égal à 115^m. Par conséquent, pour que les boulets massifs se réfléchissent en rencontrant la surface du chêne, il faut que l'angle d'incidence soit égal ou supérieur à la valeur de I déterminée par l'équation

$$\cos I = \frac{115}{V}.$$

De là la Table suivante :

Boulets massifs.

Vitesse.	Angle d'incidence sous lequel la réflexion commence.
m	°
500	77
450	75
400	73
350	71
300	68
250	63
200	55
150	40
115	0

La formule précédente ne s'applique qu'aux boulets massifs, mais on peut la présenter sous une autre forme. Soit en effet U la vitesse qui produit une pénétration égale au diamètre; quand il s'agit des boulets massifs, $U = 100$. On peut donc écrire l'équation

$$\cos I = \frac{1,15\,U}{V},$$

et, appliquée aux boulets creux, elle donnera une approximation bien suffisante. Les valeurs de U sont rapportées dans le § 10.

VITESSE.	ANGLE D'INCIDENCE sur lequel la réflexion commence.	
	Boulets creux de 16^{cm}.	Boulets creux de 22^{cm}.
450^m	73°	72°
400	72	71
350	70	68
300	67	65
250	58	55
200	48	44
150	28	15

Les angles correspondant aux autres projectiles creux sont intermédiaires entre les précédents.

CHAPITRE IV.

EFFETS DE LA POUDRE DANS LES PROJECTILES CREUX ET SPHÉRIQUES.

§ 1. — Phénomènes généraux.

La chambre des projectiles creux est ordinairement une sphère concentrique à la surface extérieure.

Dès que l'inflammation est communiquée à la charge, la tension des gaz croît avec une extrême rapidité, jusqu'au moment où elle détermine la rupture, et alors les débris du boulet sont lancés en tous sens.

Lorsqu'on n'a pas égard à l'existence de la lumière et qu'on suppose d'ailleurs la matière homogène, il suffit d'examiner ce qui se passe dans une section méridienne quelconque.

Soient

a le diamètre du projectile,
a' celui de la chambre,
y la tension des gaz,
T la ténacité de la fonte,

y et T étant exprimés en kilogrammes et par centimètre carré.

La force qui tend à séparer les deux hémisphères dont la base commune est le grand cercle que l'on considère se trouve exprimée par $\dfrac{\pi a'^2}{4} y$.

La petite quantité dont les molécules de la fonte s'écartent les unes des autres par suite de l'action des gaz atteint son maximum dans le voisinage de la chambre et décroît jusqu'à la surface extérieure.

En supposant l'épaisseur assez petite pour qu'il ne soit pas nécessaire d'avoir égard à ces différences, on obtient, pour l'expression de la résistance à la rupture,

$$\pi \frac{(a^2 - a'^2)}{4} T.$$

Dès lors, la rupture ne devrait avoir lieu qu'autant que la valeur de la tension y serait supérieure à celle qui est donnée par l'équation

$$\frac{\pi a'^2}{4} y = \pi \frac{(a^2 - a'^2)}{4} T$$

ou

$$(1) \qquad y = \frac{a^2 - a'^2}{a'^2} T.$$

Mais les grands cercles passant par l'axe de la lumière offrent une moindre résistance que les autres, par suite de la solution de continuité qui s'y trouve.

Ainsi la valeur de y déterminée par l'équation doit toujours entraîner la rupture.

Comme la matière n'est jamais homogène, la fracture ne s'opère pas d'une manière uniforme autour de l'axe de la lumière; de plus, le phénomène, quelque rapide que soit sa durée, n'est point instantané. Les diverses ruptures prennent naissance à l'orifice et se prolongent suivant des arcs de grands cercles passant par l'axe de ce dernier; mais elles n'atteignent jamais le pôle opposé. La partie située dans le voisinage de ce pôle se détache sous la forme d'une calotte sphérique terminée par une ligne irrégulière, mais ondulant autour d'un petit cercle perpendiculaire à l'axe de la lumière. Une autre ligne à peu près semblable traverse ordinairement toutes les lignes principales de rupture, quelquefois les arrête, d'autres fois les fait dévier.

§ 2. — Cas où la lumière est fermée pendant la combustion de la poudre. — Détermination de la charge de rupture.

Quelquefois la lumière reste fermée jusqu'au moment où la fracture s'opère; c'est ce qui arrive, par exemple, aux boulets creux munis de certains mécanismes percutants.

En supposant la combustion complète, il est facile d'obtenir l'expression de la moindre charge capable de briser le projectile; souvent, pour abréger, on la désigne par l'appellation de *charge de rupture*.

Soient

ϖ le poids de la charge exprimé en grammes;
C la capacité de la chambre en centimètres cubes;
ρ la densité moyenne des produits de la combustion supposée complète.

Il est clair que

$$(1) \qquad \rho = \frac{\varpi}{C}.$$

En désignant par y la tension des gaz correspondant à la valeur de ρ, on a pour y deux expressions différentes suivant qu'on adopte la formule déduite des expériences de Rumford,

$$(2) \qquad \frac{y}{\rho} = 10^{3,23035+0,904\,\rho+0,25\,\rho^2}$$

(Préliminaires, § 4), ou celle qu'ont obtenue MM. Noble et Abel,

$$(3) \qquad y = 2612\,\frac{\rho}{1-0,6\rho}$$

(Préliminaires, § 5). D'après le § 1, on a

$$y = \left(\frac{a^2}{a'^2} - 1\right) T.$$

Lorsque les dimensions du projectile et la ténacité de la

fonte sont connues, la troisième équation fournit la valeur de y. En portant celle-ci soit dans l'équation (2), soit dans l'équation (3), on trouve la valeur de ρ. Quand cette dernière est déterminée, l'équation (1) donne le poids ϖ de la charge de rupture.

Les Tables placées dans les Préliminaires, §§ 4 et 5, facilitent d'ailleurs la résolution des équations (2) et (3).

Dans toutes les expériences que l'on a exécutées jusqu'à présent sur l'éclatement des projectiles sphériques, on n'a jamais songé à tenir la lumière fermée.

§ 3. — Cas où la lumière est ouverte avant l'éclatement.

Souvent la lumière n'est bouchée que par une fusée dont le canal est ouvert au moment de l'inflammation et qui d'ailleurs est bientôt chassée. Pendant que la prolongation de la combustion augmente la densité des gaz, la fuite qui s'opère par la lumière la modère. Le problème devient alors plus difficile.

Ce qu'il faut trouver, c'est la moindre des charges capables de produire la densité ρ à laquelle correspond l'éclatement.

Dès que la combustion commence, le mélange de gaz et de matière non encore comburée se répand dans toute la chambre.

Soient, au bout du temps t compté depuis l'origine de l'inflammation, Δ la densité moyenne du mélange, u la vitesse de l'écoulement par l'orifice.

La densité Δ est constamment décroissante.

Soient encore a'' le diamètre de la lumière, $\mathfrak{C}$ le temps à la suite duquel l'éclatement se produit.

Le poids de la petite masse qui pendant l'instant dt s'échappe par l'orifice est $\dfrac{\pi a''^2}{4}\Delta u\,dt$. Celui de la masse totale sortie pendant le temps $\mathfrak{C}$ est donc $\dfrac{\pi a''^2}{4}\displaystyle\int_0^{\mathfrak{C}}\Delta u\,dt$.

La partie de la charge restée dans la chambre au moment de l'éclatement a, par conséquent, un poids égal à

EFFETS DE LA POUDRE.

$\varpi - \dfrac{\pi a''^2}{4} \displaystyle\int_0^{\mathfrak{C}} \Delta u\, dt$, et sa combustion doit être complète si la quantité de poudre employée est la moindre possible. La densité moyenne des produits de la combustion est donc alors

$$\dfrac{\varpi - \dfrac{\pi a''^2}{4} \displaystyle\int_0^{\mathfrak{C}} \Delta u\, dt}{C},$$

et elle doit se trouver égale à ρ, de sorte qu'en observant que $C = \dfrac{\pi a'^3}{6}$ on a l'équation

$$\rho = \dfrac{\varpi}{C} - \dfrac{3}{2}\dfrac{a''^2}{a'^3}\int_0^{\mathfrak{C}} \Delta u\, dt.$$

Admettant d'abord que la vitesse u de l'écoulement reste constante, on a

$$\int_0^{\mathfrak{C}} u\,\Delta\, dt = u\int_0^{\mathfrak{C}} \Delta\, dt.$$

La densité Δ, continuellement décroissante, ne devient égale à ρ qu'au moment de l'éclatement, où dans la chambre la combustion est supposée complète. L'intégrale $\displaystyle\int_0^{\mathfrak{C}} \Delta\, dt$ a donc une valeur supérieure à $\rho\mathfrak{C}$ et qui peut être représentée par $\Theta\rho\mathfrak{C}$, la lettre Θ désignant un nombre plus grand que l'unité.

L'équation devient alors

$$\rho = \dfrac{\varpi}{C} - \dfrac{3}{2}\dfrac{a''^2}{a'^3}\Theta u \rho \mathfrak{C}.$$

D'après le principe de la similitude, lorsque les valeurs de $\dfrac{\varpi}{C}$ et de $\dfrac{a''}{a'}$ restent les mêmes, le temps $\mathfrak{C}$ nécessaire pour obtenir la densité ρ doit être proportionnel à a'. Par suite, si l'on néglige les petites variations que peut éprouver le nombre Θ, on est conduit à poser l'équation

$$\rho = \frac{\varpi}{C} - N\rho \frac{a''^2}{a'^2}$$

ou

(a) $$\frac{\varpi}{C} = \rho\left(1 + N\frac{a''^2}{a'^2}\right)$$

N désignant un coefficient sensiblement constant.

Mais ce résultat est subordonné à l'hypothèse d'une vitesse d'écoulement constante, ce qui ne peut se réaliser. La valeur du coefficient N peut donc varier en même temps que celle de ρ ([1]).

Des expériences ont été exécutées à Metz en 1833 sur des obus de 16^{cm} en fonte de fer grise de bonne qualité et dont la ténacité T était de 1350^{kg} par centimètre carré.

Dimensions des projectiles : $a = 16^{cm},28$, $a' = 11^{cm},32$, $a'' = 2^{cm},26$.

Capacité de la chambre : $C = 759^{cc},5$.

Chaque projectile ne fut employé qu'une fois; la charge de 345^{gr} les fit toujours éclater; aucune rupture n'eut lieu avec celle de 340^{gr}.

Considérant en conséquence la charge de 345^{gr} comme la moindre de celles qui pouvaient produire l'éclatement, on a

$$\frac{\varpi}{C} = \frac{345}{759,5} = 0,454.$$

Remplaçant a, a' et T par leurs valeurs numériques dans l'équation $y = \left(\frac{a^2}{a'^2} - 1\right)T$ du § 2, on en tire $y = 1442$.

([1]) Le général Piobert a introduit dans l'expression qu'il a adoptée le rapport $\frac{a''^2}{a'^3}$, se fondant sur ce que la diminution de densité produite par la fuite de gaz est d'autant plus sensible que la capacité de la chambre est moindre. Il a supposé ainsi que la durée du phénomène était la même quel que fût le calibre.

Substituant cette valeur dans l'équation (2) du § 2, déduite des expériences de Rumford, on obtient $\rho = 0,3665$.

Introduisant enfin dans l'équation (a) les valeurs de $\frac{\varpi}{C}$, ρ et $\frac{a''}{a'}$, on trouve
$$N = 5,996.$$

D'autres expériences ont été faites plus tard sur des obus de mêmes dimensions, mais dont la fonte était truitée et de qualité ordinaire; la ténacité par centimètre carré n'était que de 1140^{kg}. La charge de 310^{gr} fit éclater la moitié des projectiles soumis à son action; les charges un peu plus fortes produisirent toujours l'éclatement.

Prenant donc $\varpi = 310$, on a $\frac{\varpi}{C} = 0,4082$, et, en exécutant une suite de calculs semblables aux précédents, on trouve successivement
$$y = 1218, \quad \rho = 0,335 \quad \text{et enfin} \quad N = 5,482.$$

Les deux séries d'expériences s'accordent également à donner
$$\frac{N}{\rho} = 16,36.$$

On peut donc regarder ce rapport comme constant et poser en conséquence

(1) $$\frac{\varpi}{C} = \rho + 16,36 \left(\frac{a''}{a'}\right)^2 \rho^2 \quad (^1).$$

Quand on se sert pour déterminer ρ de l'équation (3) du § 2, déduite des expériences de MM. Noble et Abel, on obtient pour les premières expériences $\rho = 0,414$ et pour les

---

(^{1}) Le général Piobert, prenant les moyennes des résultats fournis par les deux séries d'expériences, est arrivé à une formule équivalente à
$$\frac{\varpi}{C} = \rho \left(1 + 61,7 \frac{a''^2}{a'^2}\right).$$

secondes $\rho = 0,364$, d'où résultent les deux valeurs de N, $2,424$, $3,046$, qui, multipliées par $\rho^{\frac{7}{4}}$, donnent des résultats très peu différents. On est ainsi conduit à prendre

$$N \rho^{\frac{7}{4}} = 0,519,$$

et l'on pourra poser

$$(2) \qquad \frac{\varpi}{C} = \rho + \frac{0,519 \left(\dfrac{a''}{a'}\right)^2}{\rho^{\frac{3}{4}}}.$$

Les formules (1) et (2) sont celles qui doivent être substituées à l'équation (1) du § 2, suivant que l'on se sert de la formule déduite des expériences de Rumford ou de celle qui résulte des expériences de MM. Noble et Abel.

Les deux expressions de N sont fort différentes. La première va en croissant avec ρ, la deuxième décroît quand cette dernière quantité va en augmentant. Le fait n'a rien de surprenant, puisque ces deux expressions correspondent à des lois fort différentes sur la tension des produits de la combustion de la poudre.

Quand on admet la formule (2), on a

$$\varpi - \rho C = \frac{0,519 C \left(\dfrac{a''}{a'}\right)^2}{\rho^{\frac{3}{4}}}.$$

Le premier membre de l'équation représente le poids total du mélange qui s'est échappé par la lumière jusqu'au moment de l'explosion. Cette quantité va en croissant quand ρ diminue. Il en résulte nécessairement que la durée du phénomène doit augmenter quand ρ va en décroissant.

Ainsi les expériences de MM. Noble et Abel conduisent à cette conséquence que la vitesse de combustion de la poudre diminue en même temps que la pression.

Quand on fait $\rho = 0$ dans l'équation (2), on obtient pour

$\frac{\varpi}{C}$ une valeur infinie. Cette formule cesse donc d'être applicable quand la valeur de $\frac{\varpi}{C}$ devient trop faible.

§ 4. — Suite. — Expériences exécutées à Metz sur des obus de 22^{cm}.

Dans la première des expériences citées dans le § 3, la ténacité de la fonte était de 1350^{kg}; dans la seconde elle était réduite à 1140^{kg}; on doit, dans la pratique, s'attendre à des variations plus grandes encore : de là les différences que, quelles que soient les formules que l'on emploie, on rencontre toujours entre les charges de rupture calculées et celles qui sont indiquées par des épreuves spéciales.

Lorsque l'expérience a fait connaître les charges de rupture, il est facile de calculer la ténacité de la fonte. Il faut d'abord résoudre par rapport à ρ l'une des équations obtenues dans le § 3. En prenant d'abord l'équation (1), qui correspond à la formule déduite des expériences de Rumford, et faisant, pour abréger,

$$n = \frac{1}{16,36} \frac{a'^2}{a''^2},$$

elle devient

$$\rho = -\frac{n}{2} + \sqrt{n\frac{\varpi}{C} + \frac{n^2}{4}}.$$

Ayant obtenu la valeur de ρ, on en déduit la valeur de y au moyen de l'équation fournie par les expériences de Rumford; on calcule ensuite T par l'équation

$$y = \left(\frac{a^2}{a'^2} - 1\right) T.$$

Il ne sera pas sans intérêt d'appliquer ce procédé à une série d'expériences exécutées à Metz en 1835 sur des obus de 22^{cm} qui avaient le même diamètre extérieur, mais dont les chambres présentaient des capacités fort différentes.

216   PREMIÈRE PARTIE. — CHAPITRE IV.

DIAMÈTRE extérieur de l'obus. (a).	DIAMÈTRE de l'orifice intérieur de la lumière. (a'').	DIAMÈTRE de la chambre. (a').	CHARGE moyenne de rupture donnée par l'expérience. (ϖ).	TÉNACITÉ de la fonte calculée. (T).
cm 22,02	cm 2,56	cm 14,52	gr 625	kg 933
		15,78	635	925
		16,76	635	993
		17,66	625	968
		18,48	565	941

En prenant une moyenne, on a $T = 950^{kg}$.

Adoptant cette valeur et s'en servant pour calculer les charges de rupture, on a les résultats ci-après :

OBSERVATIONS.	DIAMÈTRE DE LA CHAMBRE (a') (centimètres).				
	14,52	15,78	16,76	17,66	18,48
Charge de rupture { calculée	gr 632	gr 648	gr 621	gr 614	gr 568
{ observée	625	635	635	625	567
Différence	+ 7	+ 13	— 14	— 9	+ 1

Pour résoudre par rapport à ρ l'équation (2) du § 3, déduite des expériences de MM. Noble et Abel, on la mettra sous la forme

$$\rho = \frac{\varpi}{C} - \frac{0,519\left(\frac{a''}{a'}\right)^2}{\rho^{\frac{3}{4}}},$$

et on appliquera la méthode des approximations successives en faisant d'abord dans le second membre $\rho = \frac{\varpi}{C}$ et posant

EFFETS DE LA POUDRE.

par suite

$$\rho_1 = \frac{\varpi}{C} - \frac{0,519 \left(\dfrac{a''}{a'}\right)^2}{\left(\dfrac{\varpi}{C}\right)^{\frac{3}{4}}},$$

puis

$$\rho_2 = \frac{\varpi}{C} - \frac{0,519 \left(\dfrac{a''}{a'}\right)^2}{\rho_1^{\frac{3}{4}}}.$$

Généralement il suffit de prendre $\rho = \rho_2$.

De la valeur de ρ ainsi calculée, on déduira celle de y au moyen de l'équation fournie par les expériences de MM. Noble et Abel; puis celle de T par la formule

$$y = \left(\frac{a^2}{a'^2} - 1\right) T.$$

Appliquant ce mode de calcul aux expériences sur les obus de 22^{cm} rapportées plus haut, on trouve pour T les valeurs 908^{kg}, 906^{kg}, 923^{kg}, 941^{kg}, 850^{kg}. Prenant une moyenne, on a $T = 906^{kg}$.

En se servant de cette valeur pour calculer les charges de rupture, on obtient les résultats renfermés dans le Tableau suivant :

OBSERVATIONS.	DIAMÈTRE DE LA CHAMBRE (a') (centimètres).				
	14,52	15,78	16,76	17,66	18,48
Charge de rupture { calculée	625^{gr}	635^{gr}	629^{gr}	614^{gr}	592^{gr}
Charge de rupture { observée	625	635	635	625	565
Différence	0	0	— 6	— 11	+ 27

Les deux premières différences sont nulles; les deux suivantes sont très admissibles; mais la dernière est bien forte.

Quand le diamètre de la chambre était de $18^{cm},48$, la valeur de $\frac{\varpi}{C}$ était très faible, et l'on sait que la formule (2) du § 3 cesse d'être applicable quand $\frac{\varpi}{C}$ se rapproche de zéro.

Il faut d'ailleurs observer que la détermination des charges de rupture par l'expérience laisse toujours une incertitude de quelques grammes (¹).

En examinant les Tableaux précédents, on voit la charge de rupture croître d'abord avec le diamètre de la chambre, puis décroître; en sorte que, le diamètre extérieur restant le même, ce ne sont pas les parois les plus épaisses qui exigent les plus fortes charges.

§ 5. — Nombre et vitesse des éclats des projectiles.

Il est important de connaître le nombre et la vitesse des éclats produits par l'explosion des projectiles. Des expériences ont été exécutées à Metz en 1840, et il en a été rendu compte dans le n° 7 du *Mémorial de l'Artillerie*.

Les opérations ont été faites dans un puits de $2^m,30$ de diamètre et dont les parois étaient revêtues de madriers sur toute leur hauteur; au fond se trouvait une couche d'argile, humectée et comprimée aussi uniformément que possible; elle avait $1^m,30$ d'épaisseur.

L'orifice était recouvert de plusieurs rangs de poutres. Une ouverture latérale et une rampe permettaient d'entrer dans le puits.

L'obus, placé dans l'axe de ce dernier, était suspendu au moyen d'un fil de fer, à 1^m environ au-dessus de l'argile. Les éclats, en pénétrant dans cette terre, y formaient des vides, parmi lesquels on choisissait les plus réguliers; on mesurait

---

(¹) Le général Piobert, dans l'application qu'il a faite de ses formules aux expériences précédentes, a supposé $T = 1140$ et il a obtenu, par suite, pour les charges de rupture, des valeurs supérieures aux données de l'observation.

leurs dimensions et on en déduisait leurs volumes. Dans le voisinage de chaque trou, on tirait un et quelquefois plusieurs coups de pistolet de cavalerie, à la charge de 1^{gr} de poudre de mousqueterie, et l'on mesurait le volume du vide formé par chaque balle. Cela fait, on retirait tous les éclats pour les peser et les mesurer. Puis on rebouchait tous les trous et on ramenait l'argile à son premier état.

On comparait la force vive de chaque éclat à celle de la balle de pistolet, en les regardant comme proportionnelles aux vides correspondants. La force vive des balles était d'ailleurs connue : leur poids était de $25^{gr},5$ et leur vitesse moyenne de 109^m. C'est ainsi qu'on parvenait à déterminer la vitesse de chaque éclat.

Ce procédé, le seul que l'on peut du reste employer, ne saurait entraîner l'idée d'une bien grande précision, quels que soient d'ailleurs les soins qu'y aient apportés les observateurs. En outre, le rapport du vide à la force vive du mobile ne doit pas être absolument le même, lorsque ce dernier est une sphère entière et lorsqu'il n'en est qu'un simple fragment toujours un peu irrégulier.

Résultats moyens des expériences.

DIAMÈTRE des obus.	ÉPAISSEUR des parois.	CHARGE.	VITESSE moyenne des éclats.	NOMBRE moyen des éclats pesant plus de 100^{gr}	NOMBRE d'obus éclatés.
	cm	gr	m		
	1,6	300	142	22	2
14,87 cm	2,25	300	141	19,5	2
		400	100	25,5	2
		458	142	21	2
	2,8	300	111	17,5	2
	1,4	400	150	25	2
		1100	242	31,5	2
	1,7	400	159	23	2
16,29		940	217	27,5	2
	2,5	400	143	18,3	3
		500	157	19,5	2
		600	156	21	2
	2,85	400	170	23	2
		500	136	23	2
	1,8	700	157	29,5	2
	2,25	700	120	27,5	2
22,02		700	93	21	2
	2,6	1000	162	26,5	2
		1500	160	31	2
		2000	248	42	1
	3,1	700	145	19	4

Bien que ce Tableau offre de nombreuses irrégularités, on reconnaît assez facilement que, toutes choses égales d'ailleurs, la vitesse et le nombre des éclats croissent avec la charge et décroissent au contraire quand l'épaisseur des parois ou la résistance à vaincre vient à augmenter.

CHAPITRE V.

EFFETS DES BOULETS SPHÉRIQUES SUR LES MURAILLES DES VAISSEAUX. — EXPÉRIENCES EXÉCUTÉES A GAVRE EN 1848.

§ 1. — Objet des expériences. — Dispositions générales.

En 1848, on a exécuté à Gâvre une suite d'expériences dont l'objet était de déterminer et de comparer les dégâts produits dans les murailles des vaisseaux par des boulets de 30, de 50 et de 60.

Le chargement de chaque canon se composait de la gargousse, d'un valet cylindrique en étoupe, du projectile et d'un léger valet annulaire.

Poudre du Ripault 1842.

OBSERVATIONS.		BOUCHES A FEU EMPLOYÉES.		
		Canon de 30.	Canon de 50.	Canon de 60.
Diamètre de l'âme............	mètre.	0,1649	0,1941	0,2054
Longueur de l'âme............	»	2,641	3,094	3,200
Longueur en calibres..........		16,03	15,95	15,61
Diamètre moyen des boulets...	mètre.	0,1596	0,189	0,200
Poids moyen des boulets......	kilog.	15,100	25,256	29,927
Diamètre du mandrin des gargousses.................	mètre.	0,150	0,176	0,187
Valets en étoupe. Diamètre......	»	0,160	0,19	0,20
Valets en étoupe. Longueur........	»	0,107	0,127	0,134
Valets en étoupe. Poids..........	»	0,400	0,690	0,780

Trois parties de murailles, une pour chaque canon, avaient été construites sur la falaise; elles avaient les mêmes formes et les mêmes dimensions.

Chaque canon était placé à 10^m de la muraille sur laquelle il devait agir; sa position variait d'ailleurs, afin que la direction du tir s'écartât peu de la perpendiculaire à la muraille.

§ 2. — Construction des murailles.

Chaque muraille avait 10^m de largeur et 2^m,60 de hauteur; elle figurait une tranche de vaisseau comprise entre la première et la seconde batterie. Entièrement composée de chêne et massive, elle n'avait ni mailles ni sabords. La membrure était formée de poutres verticales et jointives, ayant 0^m,32 d'équarrissage. Le bordé et le vaigrage étaient composés de pièces horizontales.

Les préceintes ou les deux poutres inférieures du bordé

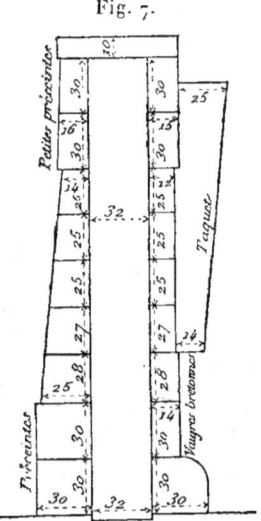

Fig. 7.

avaient 0^m,30 d'équarrissage. Au-dessus des préceintes, l'épaisseur du bordé était de 0^m,25; elle diminuait ensuite, en sorte qu'à 1^m,30 plus haut elle se réduisait à 0^m,14. Cette partie du bordé était formée de cinq pièces, les dimensions verticales des deux premières étaient de 0^m,28 et de 0^m,27.

Dans les trois pièces supérieures cette dimension était de $0^m,25$. Au-dessus se trouvaient les deux petites préceintes : épaisseur $0^m,16$; dimension verticale, $0^m,30$. La pièce inférieure du vaigrage ou la fourrure de gouttière avait $0^m,30$ d'équarrissage. Au-dessus étaient les deux vaigres bretonnes : dimension verticale de la première, $0^m,30$, de la seconde, $0^m,28$; épaisseur, $0^m,14$; puis quatre vaigres de $0^m,12$ d'épaisseur : la dimension verticale de la première était de $0^m,27$, celle des trois autres, $0^m,25$. Au-dessus se trouvaient deux autres pièces de $0^m,15$ d'épaisseur et dont la dimension verticale était égale à $0^m,30$.

Ainsi l'épaisseur totale de la muraille était de $0^m,92$ à la préceinte inférieure, de $0^m,76$ à la préceinte supérieure; dans l'intervalle elle variait entre $0^m,74$ et $0^m,58$.

La muraille était couronnée par une pièce dont la dimension verticale était de $0^m,10$.

Le vaigrage était encore consolidé par des taquets représentant des courbes. L'extrémité inférieure de chaque taquet avait $0^m,14$ d'épaisseur et se trouvait à $0^m,58$ de la fourrure de gouttière; l'extrémité supérieure, placée à $0^m,25$ du sommet de la muraille, présentait une épaisseur égale à $0^m,25$.

La largeur ou la dimension parallèle à la muraille était de $0^m,32$.

L'intervalle compris entre deux taquets consécutifs était égal à $1^m,17$.

Des chevilles en fer traversaient la muraille d'outre en outre et en consolidaient les diverses parties; elles étaient disposées en quinconces et il y en avait 24 par mètre carré.

§ 3. — Effets des boulets isolés qui traversent la muraille.

On a tiré contre chacune des murailles six coups en employant les charges ci-après :

	Charges.		
Canon de 30........	$5^{kg},0$	$2^{kg},5$	$1^{kg},15$
Canon de 50........	$8^{kg},33$	$4^{kg},16$	$1^{kg},92$
Canon de 60........	$10^{kg},0$	$5^{kg},0$	$2^{kg},30$

Deux coups étaient tirés avec la même charge et de manière à atteindre la muraille, l'un à $0^m,70$ environ au-dessus du sol, l'autre à $1^m,40$. Les divers coups étaient disposés en quinconce et à des distances telles qu'ils ne pussent avoir aucune influence les uns sur les autres.

Les murailles ont toujours été traversées.

Le trou formé par chaque boulet en traversant le bordé a toujours été parfaitement rebouché par la réaction du bois, de sorte qu'à l'extérieur du bordé on n'apercevait qu'une empreinte en forme de calotte et dans l'intérieur de laquelle le bois était brisé et divisé en menus fragments.

Le contour de cette empreinte était à peu près circulaire pour les boulets de 30; il devenait plus irrégulier pour les boulets de 50 et de 60, du moins avec les fortes charges, et le diamètre moyen surpassait notablement celui du projectile

Les dégâts du vaigrage étaient beaucoup plus considérables; une partie de la membrure était constamment mise à nu, ce qui permettait d'y apercevoir de grandes fentes longitudinales. Chaque projectile produisait aussi dans le vaigrage un vide en forme d'entonnoir dont la grande base était à la surface extérieure et la petite à la surface intérieure, du côté de la membrure. Les contours de ces bases étaient d'ailleurs fort irréguliers: quelquefois l'arrachement s'arrêtait brusquement à une ligne de chevilles, d'autres fois à la jonction de deux vaigres. Généralement la largeur horizontale surpassait de beaucoup la hauteur. C'est d'ailleurs ce que la disposition horizontale des vaigres permet facilement d'expliquer.

La dégradation de la face extérieure du vaigrage n'était pas bornée au contour de la grande base du vide. Tout autour de cette dernière le bois était divisé en fragments adhérents à la muraille par une de leurs extrémités.

Après chaque coup, on a mesuré les surfaces des deux bases du vide, aussi bien que l'étendue de la dégradation extérieure. Les résultats obtenus sont consignés dans le Tableau suivant.

EFFETS DES BOULETS SPHÉRIQUES.

BOUCHES A FEU.	NUMÉROS des coups.	CHARGE du canon.	ÉPAISSEUR DE BOIS traversée par le boulet.			DÉGATS du vaigrage.			REMARQUES.
			Bordé et membrure.	Vaigrage.	Taquet.	Petite base du vide.	Grande base du vide.	Étendue totale de la dégradation extérieure.	
		kg	cm	cm	cm	cq	cq	cq	
Canon de 30.	1	5,0	62	14	0	450	1650	3200	Le taquet brisé et arraché.
	2		48	12	20	225	450	800	
	3	2,5	54	14	0	450	1950	2500	
	4		48	12	0	100	1000	1600	
	5	1,15	54	14	0	375	2200	3000	
	6		47	12	0	550	1000	1600	
Canon de 50.	1	8,33	62	14	0	700	3150	3600	Le taquet brisé et arraché.
	2		48	12	20	800	2000	2700	
	3	4,16	54	14	0	1050	1900	2500	
	4		48	12	0	725	1200	1400	
	5	1,92	54	14	0	850	2100	3100	
	6		47	12	0	1350	2900	3500	
Canon de 60.	1	10,0	62	14	0	1025	2100	3200	Le taquet brisé et arraché.
	2		48	12	20	1000	1750	3100	
	3	5,0	54	14	0	1050	2200	2600	
	4		48	12	0	575	1800	2200	
	5	2,3	54	14	0	1050	1900	3800	
	6		47	12	0	1325	2000	2600	

226 PREMIÈRE PARTIE. — CHAPITRE V.

Il n'est guère possible de reconnaître ici l'influence que la vitesse plus ou moins grande du mobile exerce sur l'étendue de la dégradation. On a donc dû se borner à considérer les résultats moyens des expériences exécutées avec chaque bouche à feu.

Résultats moyens des expériences.

OBSERVATIONS.	PETITE BASE du vide.	GRANDE BASE du vide.	ÉTENDUE TOTALE de la dégradation extérieure.
Canon de 30	358^{cq}	1375^{cq}	2120^{cq}
Canon de 50	912	2208	2800
Canon de 60	1004	1813	2911

Soient maintenant :

B la grande base du vide ;
b la petite ;
E l'épaisseur du vaigrage ;
a le diamètre du boulet.

En considérant le vide comme un tronc de cône à bases parallèles, on a pour l'expression de son volume

$$\frac{B + b + \sqrt{Bb}}{3} E.$$

Il est facile de trouver dans chaque cas la valeur du facteur $\frac{B + b + \sqrt{Bb}}{3}$ et, en la comparant au carré a^2 du diamètre du boulet, on a les résultats ci-après :

Diamètre du projectile ou a.	Valeur de $\frac{B+b+\sqrt{Bb}}{3a^2}$.
16^{cm}	3,23
19	4,19
20	3,47

Les variations du rapport $\dfrac{B + b + \sqrt{Bb}}{3a^2}$ ne sont pas au-dessus des erreurs dont peuvent être affectées de semblables expériences; il est donc permis de le regarder comme constant, en prenant pour sa valeur la moyenne des trois nombres précédents, c'est-à-dire 3,63.

Par suite, l'expression de la capacité du vide devient

$$3,63\, a^2\, E.$$

Ainsi cette capacité est proportionnelle au carré du diamètre du boulet.

Ce résultat suppose essentiellement que le vide ne s'étend que dans le vaigrage et en occupe toute l'épaisseur; c'est ce qui avait lieu en effet dans les expériences.

La capacité du vide représente le volume du bois entraîné ou projeté par le boulet en traversant la muraille.

Il est donc facile de calculer ce volume. En supposant, par exemple, l'épaisseur du vaigrage égale à $0^m,12$, on obtient les résultats ci-après :

OBSERVATIONS.	CANON DE 30.	CANON DE 50.	CANON DE 60.
Quantité de bois entraînée par le boulet et exprimée en décimètres cubes....	11	15	17

Ce bois est d'ailleurs divisé en fragments irréguliers et de grosseurs fort différentes; parfois il s'y joint des chevilles en fer (¹).

(¹) En 1844, on a fait une expérience dont le but était de savoir si l'on ne pourrait pas arrêter les éclats de bois au moyen d'un revêtement en tôle appliqué sur le vaigrage. La muraille était entièrement composée de chêne : la membrure avait $0^m,26$ d'épaisseur, le bordé $0^m,16$, le vaigrage $0^m,17$. Chaque feuille de tôle avait $1^m,30$ de largeur sur $0^m,80$ de hauteur, et était fixée à la muraille par des boulons et des vis. Les boulons étaient placés sur les bords et séparés par des intervalles de $0^m,40$ à $0^m,50$; les vis étaient

On peut se représenter la figure moyenne du vide comme un tronc de cône à bases elliptiques; les petits axes des ellipses sont verticaux.

Axes de la grande base........ $\begin{cases} 1,424\,a \\ 3,702\,a \end{cases}$

Axes de la petite base........ $\begin{cases} 1,087\,a \\ 2,826\,a \end{cases}$

a désignant le diamètre du boulet; mais il est bien clair qu'il ne faudrait chercher cette régularité de forme dans aucun des coups que l'on aurait occasion d'observer.

Soit maintenant S l'étendue de la dégradation extérieure du vaigrage. En la comparant au carré du diamètre du boulet, on obtient les résultats suivants :

	Valeur du rapport $\dfrac{S}{a^2}$.
Boulets de 30.............	8,281
Boulets de 50.............	7,757
Boulets de 60.............	7,392

On n'admettra pas sans doute que le rapport $\dfrac{S}{a^2}$ décroisse à mesure que le diamètre devient plus grand; prenant donc une moyenne entre les trois nombres, on a

$$S = 7,777\,a^2,$$

---

disposées en quinconce et à $0^m,25$ les unes des autres; elles avaient $0^m,065$ de longueur et $0^m,01$ de diamètre.

Un canon de 30 n° 1 se trouvait à 10^m de la muraille; les boulets étaient massifs. Poids de la charge, $2^{kg},5$.

La feuille de tôle traversée par le premier boulet avait $0^m,004$ d'épaisseur; elle a été brisée et déchirée dans une étendue de $0^m,80$ de largeur sur $0^m,60$ de hauteur; plusieurs gros fragments en ont été projetés au loin. Le vaigrage a été brisé comme à l'ordinaire, mais les éclats ne se sont pas séparés de la muraille.

Le second projectile a traversé une feuille de $0^m,005$ d'épaisseur, et a produit à peu près les mêmes effets, seulement quelques petits éclats de bois ont été projetés au dehors de la muraille.

Si donc la tôle arrêtait les éclats du vaigrage, elle en produisait elle-même de nombreux, et dont les effets étaient tout aussi dangereux.

formule qui revient à dire que l'étendue moyenne de la dégradation totale du vaigrage est à peu près égale à dix fois la surface du grand cercle du boulet.

§ 4. — Destruction des murailles.

On a fait agir chacune des trois bouches à feu sur une portion de muraille dont la largeur était de $3^m,5$ et la hauteur de 2^m, les préceintes n'en faisant pas partie. La superficie attaquée était donc de 7^{mq}.

OBSERVATIONS.	CANON DE 30.	CANON DE 50.	CANON DE 60.
Charge employée.........	$1^{kg},25$	$1^{kg},92$	$2^{kg},30$

La portion de muraille exposée à l'action du canon de 30 a supporté 41 coups; deux des projectiles ne l'ont pas traversée, deux autres sont tombés au pied du vaigrage.

A la charge de $1^{kg},25$ correspond, pour les boulets de 30, une vitesse de 290^m (Chap. I, § 39). D'autre part, d'après la formule du Chapitre III, § 7, déduite des expériences de 1844, un boulet de 30, animé d'une pareille vitesse, aurait, dans un massif indéfini, une pénétration de $0^m,77$, supérieure par conséquent à la plus grande épaisseur de la muraille, savoir $0^m,74$. Il faut en conclure que, par suite du mode de construction employé, la muraille offrait une résistance beaucoup plus grande que celle du massif décrit dans le Chapitre III.

La seconde muraille a reçu 32 boulets de 50 et la troisième 22 de 60.

En outre, dans des essais préliminaires, chaque muraille avait supporté, sans être traversée, trois coups tirés à des charges inférieures.

A la suite de ce tir, le vaigrage avait disparu; les membrures, privées d'une partie de leur longueur, présentaient de longues fentes longitudinales et de grandes trouées. Le bordé était totalement brisé. Les trois murailles pouvaient être considérées comme détruites; toutefois deux ou trois coups eussent été nécessaires pour amener la troisième au même état que les deux autres.

Les divers résultats sont rassemblés dans le Tableau suivant :

OBSERVATIONS.	DIAMÈTRE du boulet.	NOMBRE de coups	PRODUIT du nombre de coups par le carré du diamètre.
	cm		
Canon de 30.........	16	44	11264
Canon de 50.........	19	35	11635
Canon de 60.........	20	25	10000

La dernière colonne montre que l'on obtient un produit sensiblement constant quand on multiplie le nombre de coups par le carré du diamètre du projectile. Ce produit paraît un peu moindre pour les boulets de 60; mais, ainsi qu'on vient de le dire, la troisième muraille était un peu moins détériorée que les deux autres.

Ainsi le nombre de boulets nécessaire pour la destruction d'une muraille est sensiblement en raison inverse du carré de leur diamètre. Cette conclusion n'est vraie qu'autant que les coups sont répartis de la manière la plus avantageuse, de sorte que chacun produise une destruction proportionnelle au carré de son diamètre.

Soit donc N le nombre de boulets à employer par mètre carré. La portion de muraille détruite dans l'expérience précédente ayant une superficie de 7^{mq}, le produit $7Na^2$ doit avoir une valeur à peu près égale à la moyenne des trois nombres portés dans la dernière colonne du Tableau précédent. Ainsi $7Na^2 = 11399$, d'où $Na^2 = 1628$, ou plus simplement

$$Na^2 = 1600,$$

de là
$$N = \left(\frac{40}{a}\right)^2,$$
le diamètre a du boulet étant évalué en centimètres.

Il est bien clair qu'on ne doit songer à appliquer cette formule que dans le cas où tous les boulets traversent la muraille.

Dans l'expérience précédente, les trois espèces de projectiles avaient à peu près la même vitesse. Les boulets de 30 ne conservaient qu'un faible mouvement au sortir de la muraille; il n'en était pas de même des autres. La force vive des boulets de 50 et de 60 aurait donc pu être un peu réduite, et l'on verra, par le paragraphe suivant, que cette réduction n'aurait pas eu d'influence sensible sur les résultats.

La force vive dépensée est représentée par $N p V^2$, V désignant la vitesse au moment du choc. Attendu que N est en raison inverse de a^2, tandis que p est proportionnel à a^3, cette force vive ne peut être indépendante du calibre qu'autant que le produit $a V^2$ reste constant. La vitesse serait donc en raison inverse de la racine carrée du calibre. Mais il ne s'agit pas ici d'une destruction complète des matériaux qui composent la muraille, en d'autres termes de leur pulvérisation, et ce n'est que dans ce cas que le principe de la constance de la force vive peut être invoqué. La dispersion des matériaux suffit en effet à l'objet que l'on a en vue, et il est bien clair que les débris entraînés par chaque coup sont d'autant plus volumineux que le calibre du projectile est plus grand. Il en résulte que la force vive nécessaire doit décroître quand le diamètre du projectile augmente.

Des expériences dont on rendra compte plus tard montrent que la force vive nécessaire au passage d'un projectile à travers une muraille est à peu près en raison inverse de son calibre, c'est-à-dire que le produit $a V$ est constant. De là il est facile de conclure que la force vive qu'exige la destruction de la muraille est sensiblement en raison inverse du calibre employé.

§ 5. — Influence de la vitesse des projectiles sur la destruction des murailles.

Si la vitesse du projectile était extrêmement grande, les parties qui se trouveraient sur son passage seraient à peu près les seules sur lesquelles l'influence du choc se ferait sentir. Ainsi une vitesse très grande peut être nuisible au résultat que l'on veut obtenir; et il y a pour chaque espèce de muraille une vitesse à laquelle correspond le maximum d'effet destructeur.

Les plus fortes charges en usage sont celles dont le poids est égal au tiers du boulet massif; et il était naturel de rechercher si dans ce cas elles seraient d'un emploi avantageux.

On s'est servi pour cette épreuve du canon de 50 et de la charge de $8^{kg},33$. La portion de muraille exposée à l'action de la bouche à feu était égale en tout aux précédentes; 26 boulets ont suffi pour l'amener au même état de destruction. Il est vrai que, dans les essais précédents, elle avait reçu trois autres coups à des charges inférieures, mais on ne peut pas évaluer à plus de 29 le nombre de coups nécessaire.

Lorsque la charge était de $1^{kg},92$, il a été tiré 35 coups (§ 4); d'après la formule déduite des résultats moyens, il n'en aurait fallu que 31; mais dans tous les cas la comparaison est à l'avantage de la plus forte charge.

Ainsi l'accroissement de la vitesse, du moins tant que celle-ci ne s'élève pas au-dessus de 500^m, ne peut être nuisible à la destruction des murailles, dont la construction est conforme à la description donnée dans le § 2.

En outre, le projectile en sortant du vaigrage possède une force vive capable de produire d'autres effets destructeurs.

§ 6. — Effets des obus à percussion sur les murailles.

Jusqu'à présent, il n'a été question que des boulets massifs; il n'était pas moins intéressant de connaître les effets des boulets creux munis de mécanismes percutants.

On s'est servi du canon de 30 et l'on a soumis à son action une portion de muraille ayant, comme précédemment, $3^m,5$

de largeur sur 2^m de hauteur.

Projectiles.
- Diamètre.............. $0^m,160?$
- Charge de poudre..... $0^{kg},5$
- Poids total............ $11^{kg},48$

Ces projectiles étaient ensabotés. On ne faisait pas usage de valets en étoupe.

Pour les deux premiers coups, on a employé la charge de $0^{kg},6$; les boulets, dont la vitesse était d'environ 230^m, ont éclaté en rencontrant la membrure. Le bordé a été fortement endommagé et les éclats de bois ont été rejetés à 50^m ou 60^m en arrière. La membrure n'a pas été traversée; au premier coup, elle a peu souffert; au second, elle présentait une empreinte de $0^m,25$ de profondeur; le bois paraissait fortement refoulé, mais on n'y remarquait aucune fente.

Au troisième coup, la charge était de $0^{kg},7$ et la vitesse d'environ 250^m; mêmes effets qu'au second.

La charge a été alors portée à $0^{kg},8$. Sur 29 projectiles, un seul n'a pas fait explosion, tous les autres ont éclaté en traversant la muraille; leur vitesse était de 270^m.

A la suite de ce tir, la muraille, qui, à la vérité, dans les essais précédents, avait été atteinte par trois boulets massifs, se trouvait réduite au même état que les autres. Les éclats de bois détachés par le tir se trouvaient seulement beaucoup plus petits.

On ne peut pas évaluer à plus de 35 le nombre d'obus nécessaire à la destruction de la portion de muraille, tandis que précédemment on a employé 44 boulets massifs. Le rapport de ces deux nombres est celui de 4 à 5.

Mais cet avantage des obus est soumis à la condition que ces projectiles éclatent en traversant la membrure. Si, par suite d'une trop grande vitesse, leur explosion n'a lieu qu'à leur sortie du vaigrage, leurs effets sur la muraille sont les mêmes que ceux des boulets massifs. On a vu d'ailleurs que, quand elle s'opère dans le bordé, la membrure n'est que fort peu endommagée.

CHAPITRE VI.

TRAJECTOIRES MOYENNES DES PROJECTILES SPHÉRIQUES.

§ 1. — Considérations générales.

La courbe que décrit le centre de gravité d'un projectile au sortir de la bouche à feu est appelée *trajectoire*.

Quelque soin que l'on apporte dans l'exécution du tir, les diverses trajectoires que l'on obtient dans une suite de coups identiques en apparence diffèrent notablement les unes des autres. Il ne sera question dans ce Chapitre que de la trajectoire moyenne, la seule qu'il soit nécessaire de connaître pour la formation des tables de tir.

Lorsque les projectiles sont sphériques et que leur centre de gravité n'est pas systématiquement écarté du centre de figure, cette courbe est nécessairement contenue dans le plan de tir, c'est-à-dire dans le plan vertical qui passe par l'axe du canon. On la rapporte par suite à deux axes coordonnés situés dans ce plan et se croisant au point de départ, l'un Ox horizontal, l'autre Oy vertical.

L'angle de départ α est l'angle que la tangente à l'origine O de la courbe fait avec l'horizontale Ox.

Ordinairement la courbe s'élève au-dessus de cette horizontale et la rencontre en un second point qu'on appelle *point de chute*.

La portée X est la distance du point de départ au *point de chute*.

L'angle de chute ω est celui que la tangente au point de chute fait avec l'horizontale Ox.

La concavité de la courbe est toujours tournée vers le sol.

TRAJECTOIRES MOYENNES DES PROJECTILES SPHÉRIQUES.   235

Lorsque l'angle de départ α, d'abord très petit, vient à croître, toutes les autres circonstances du tir demeurant les mêmes, la portée croît d'abord ; elle finit ensuite par décroître

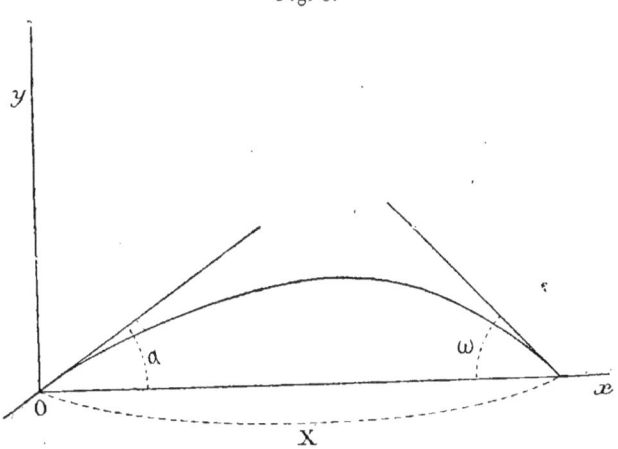

Fig. 8.

et devient nulle quand l'angle α devient égal à 90°. Il y a donc un angle qui donne la plus grande portée. L'expérience montre que cet angle est toujours inférieur à 45°.

Soient

v la vitesse que le centre de gravité du mobile possède au bout du temps t compté depuis l'origine du mouvement ;
x et y l'abscisse et l'ordonnée de la position qu'il occupe ;
ρ la longueur du rayon de courbure au point dont les coordonnées sont x et y ;
τ l'inclinaison de la tangente au même point ;
s l'arc parcouru ;
V la vitesse initiale.

Il est clair que $v = \dfrac{ds}{dt}$.

La longueur ρ est égale à la valeur numérique de l'expression $\dfrac{ds^3}{dx^2\,dy'}$, où y' représente $\dfrac{dy}{dx}$. Or, la partie de la courbe située au-dessus de Ox tourne sa concavité vers cet axe, en sorte que la différentielle dy' est négative; par conséquent

$$\rho = -\frac{ds^3}{dx^2\,dy'}.$$

§ 2. — Mouvement dans le vide.

La question devient très simple lorsque, regardant la résistance de l'air comme négligeable, ce qui peut avoir lieu dans certains cas, on suppose que le mouvement s'opère dans le vide.

Le mobile n'est pas soumis à d'autre force que son poids qui, à raison de sa direction verticale, n'a aucune influence sur la vitesse horizontale $\dfrac{dx}{dt}$; cette dernière conserve donc toujours la même valeur $V\cos\alpha$ qu'à l'origine du mouvement; ainsi

$$\frac{dx}{dt} = V\cos\alpha.$$

Intégrant et observant que t et x s'annulent en même temps, on a

(1) $$x = Vt\cos\alpha.$$

Le poids du mobile modifie la vitesse verticale $\dfrac{dy}{dt}$ et, comme il agit de haut en bas,

$$\frac{d^2y}{dt^2} = -g.$$

A l'origine du mouvement $t = 0$ et la vitesse initiale est $V\sin\alpha$. Par suite, l'intégration donne

$$\frac{dy}{dt} = V\sin\alpha - gt$$

Intégrant une deuxième fois, on a

(2) $$y = Vt \sin\alpha - \frac{gt^2}{2},$$

attendu que y s'annule avec t. L'élimination de t entre les équations (1) et (2) conduit à

(3) $$y = x \tan\alpha - \frac{gx^2}{2V^2 \cos^2\alpha};$$

c'est l'équation de la trajectoire, qui se trouve être une parabole du second degré.

En faisant $y = 0$, on obtient pour x deux valeurs, dont l'une est nulle, l'autre est la portée X; donc

(4) $$X = \frac{V^2 \sin 2\alpha}{g}.$$

De là il résulte que l'angle de plus grande portée est égal à 45°, et que deux angles $45° + \gamma$, $45° - \gamma$, l'un supérieur, l'autre inférieur à 45°, mais s'écartant également de ce dernier, donnent la même portée. C'est le cas des angles de 60° et de 30°.

En différentiant l'équation (3), on a

$$\frac{dy}{dx} = \tan\alpha - \frac{gx}{V^2 \cos^2\alpha}.$$

Pour avoir l'abscisse X_1 du point culminant, il suffit d'égaler à zéro la valeur de $\frac{dy}{dx}$; donc

$$X_1 = \frac{V^2 \sin\alpha \cos\alpha}{g} = \frac{X}{2}.$$

Cette abscisse est donc égale à la moitié de la portée.

En remplaçant x par X_1 dans l'équation de la courbe, on obtient l'ordonnée Y_1 du point culminant ou la hauteur du

jet; ainsi
$$Y = \frac{V^2 \sin^2 \alpha}{g}.$$

Cette ordonnée est dirigée suivant l'axe de la parabole, comme il est facile de le vérifier; ainsi, elle divise la courbe en deux parties symétriques.

La vitesse en un point quelconque est donnée par l'équation
$$c^2 = \frac{ds^2}{dt^2} = \left(1 + \frac{dy^2}{dx^2}\right)\frac{dx^2}{dt^2},$$

ou, en remplaçant $\frac{dy}{dx}$ et $\frac{dx}{dt}$ par leurs valeurs,
$$c^2 = V^2 - 2g\left(x \tang \alpha - \frac{g \cdot x^2}{2 V^2 \cos^2 \alpha}\right),$$

ce qui revient à
$$c^2 = V^2 - 2gy.$$

Ainsi la vitesse est la même au point de départ et au point de chute et en général en deux points situés à la même hauteur, l'un sur la branche ascendante, l'autre sur la branche descendante.

Pour avoir la durée T du trajet, il suffit de remplacer x par X dans l'équation (1); ainsi
$$T = \frac{X}{V \cos \alpha},$$

ou
$$T = \frac{2 V \sin \alpha}{g},$$

ou encore
$$T = \sqrt{\frac{2}{g}} \sqrt{X \tang \alpha}.$$

TRAJECTOIRES MOYENNES DES PROJECTILES SPHÉRIQUES. 239

§ 3. — Formules du mouvement lorsque la résistance de l'air est dirigée suivant la tangente à la trajectoire.

Le projectile, dans son trajet, est soumis à deux forces : l'une est son poids p, l'autre la résistance de l'air. On suppose ordinairement cette dernière dirigée suivant la tangente à la trajectoire, et dès lors il est facile d'établir les équations du mouvement.

Le poids p peut être décomposé en deux forces : l'une dirigée comme la résistance de l'air, suivant la tangente, l'autre suivant la normale. La seconde doit être égale et opposée à la force centrifuge $\dfrac{p}{g}\dfrac{v^2}{\rho}$; sa valeur numérique étant d'ailleurs $p\dfrac{dx}{ds}$, on a immédiatement l'équation

$$\frac{v^2}{\rho} = g\frac{dx}{ds};$$

or,
$$\rho = -\frac{ds^3}{dx^2\,dy'}, \quad \text{et} \quad v = \frac{ds}{dt};$$

donc
$$\frac{dy'}{dt}\frac{dx}{dt} = -g;$$

y' étant une fonction de x, $\dfrac{dy'}{dt} = \dfrac{dy'}{dx}\dfrac{dx}{dt}$; l'équation précédente revient donc à

(1) $$\frac{dy'}{dx}\left(\frac{dx}{dt}\right)^2 = -g.$$

Soit maintenant r l'accélération que la résistance de l'air fait perdre au mobile. Cette résistance peut être décomposée en deux forces : l'une verticale, l'autre horizontale. La seconde modifie seule le mouvement horizontal du corps, et l'accélération qu'elle fait perdre est $r\dfrac{dx}{ds}$. On a, par suite,

(2) $$\frac{d^2x}{dt^2} = -r\frac{dx}{ds}.$$

Les équations (1) et (2) servent de base à toutes les théories proposées jusqu'à ce jour; mais, pour en faire usage, il faut nécessairement introduire une hypothèse relative à la résistance de l'air.

L'élimination de ρ entre les deux équations

$$\frac{v^2}{\rho} = g\frac{dx}{ds} \quad \text{et} \quad \rho = -\frac{ds^3}{dx^2\,dy'}$$

conduit à

$$v^2 = -g\frac{ds^2}{dx\,dy'},$$

ou

(3) $$v^2 = -g\frac{1+y'^2}{y''}.$$

D'autre part, l'équation (1) peut s'écrire

$$\left(\frac{dx}{dt}\right)^2 = -\frac{g}{y''},$$

et la différentiation donne

$$2\left(\frac{dx}{dt}\right)\frac{d^2x}{dt^2} = g\frac{y'''}{y''^2}\frac{dx}{dt},$$

d'où

$$\frac{d^2x}{dt^2} = \frac{g}{2}\frac{y'''}{y''^2}.$$

D'ailleurs

$$r = -\frac{d^2x}{dt^2}\frac{ds}{dx}.$$

Remplaçant $\frac{d^2x}{dt^2}$ par sa valeur,

$$r = -g\frac{y'''}{2\,y''^2}\frac{dx}{ds},$$

ou enfin

(4) $$\frac{r}{g} = -\frac{y'''\sqrt{1+y'^2}}{2\,y''^2}.$$

Ainsi, si l'équation de la trajectoire était connue, on pourrait à chaque instant déterminer par l'équation (3) la vitesse du projectile et par l'équation (4) la valeur de la résistance de l'air.

§ 4. — Résistance proportionnelle à une puissance quelconque de la vitesse.

Dans ce cas,
$$r = c v^n,$$

et l'équation (2) du paragraphe précédent devient
$$\frac{d^2 x}{dt^2} = -c v^n \frac{dx}{ds},$$

ou

(1) $$\frac{d^2 x}{dt^2} = -c \frac{ds^{n-1} dx}{dt^n}.$$

Les difficultés qu'offre l'intégration obligent à recourir à des méthodes d'approximation, ce qui revient, comme on le verra plus loin, à altérer l'hypothèse primitive sur la résistance de l'air.

Admettant que, quand l'arc que l'on considère n'a pas une très grande étendue, le rapport variable $\frac{dx}{ds}$ puisse être représenté par sa valeur moyenne désignée par θ et posant par suite $ds = \theta\, dx$, on a
$$\frac{d^2 x}{dt^2} = -c \theta^{n-1} \left(\frac{dx}{dt}\right)^n.$$

Cette équation, qui ne renferme que x et t, rend la projection horizontale du mouvement indépendante de sa projection verticale.

Il est clair que l'expression de la résistance de l'air a été changée et est devenue
$$r = c \theta^{n-1} \frac{ds}{dx} \left(\frac{dx}{dt}\right)^n = c \theta^{n-1} v^n \cos^{n-1} \tau.$$

Soit u la vitesse horizontale, $u = \dfrac{dx}{dt}$, et l'équation précédente devient

$$\frac{du}{dt} = -c\theta^{n-1} u^n.$$

Comme $u = \text{V}\cos\alpha$ lorsque $t = 0$, l'intégration donne

$$u = \frac{\text{V}\cos\alpha}{[1 + (n-1)c(\theta\text{V}\cos\alpha)^{n-1} t]^{\frac{1}{n-1}}}.$$

Remplaçant dt par $\dfrac{dx}{u}$ dans l'équation $\dfrac{du}{dt} = -c\theta^{n-1} u^n$, on obtient

$$\frac{du}{u^{n-1}} = -c\theta^{n-1} dx.$$

Intégrant et observant que $u = \text{V}\cos\alpha$ lorsque $x = 0$, on trouve

$$u = \frac{\text{V}\cos\alpha}{[1 + (n-2)c\theta^{n-1}(\text{V}\cos\alpha)^{n-2} x]^{\frac{1}{n-2}}}.$$

Remplaçant u par $\dfrac{dx}{dt}$, il vient

$$[1 + (n-2)c\theta^{n-1}(\text{V}\cos\alpha)^{n-2} x]^{\frac{1}{n-2}} dx = \text{V}\cos\alpha\, dt.$$

La distance x s'évanouissant avec t, l'intégration donne

$$t = \frac{[1 + (n-2)c\theta^{n-1}(\text{V}\cos\alpha)^{n-2} x]^{\frac{n-1}{n-2}} - 1}{(n-1)c(\theta\text{V}\cos\alpha)^{n-1}}.$$

Portant dans l'équation $\dfrac{dy'}{dx}\left(\dfrac{dx}{dt}\right)^2 = -g$ à la place de $\dfrac{dx}{dt}$ ou u, la dernière valeur obtenue, on a

$$\frac{dy'}{dx} = -\frac{g}{\text{V}^2\cos^2\alpha}[1 + (n-2)c\theta^{n-1}(\text{V}\cos\alpha)^{n-2} x]^{\frac{2}{n-2}}.$$

Comme $y' = \tang \alpha$, lorsque $x = 0$, l'intégrale est

$$y' = \tang\alpha - \frac{g}{nc\theta^{n-1}(\mathrm{V}\cos\alpha)^n}$$
$$\times \left\{[1 + (n-2)c\theta^{n-1}(\mathrm{V}\cos\alpha)^{n-2}x]^{\frac{n}{n-2}} - 1\right\}.$$

Attendu que y s'annule avec x, l'intégration conduit à

$$y = x\tang\alpha - \frac{g}{n(2n-2)c^2\theta^{2n-2}(\mathrm{V}\cos\alpha)^{2n-2}}$$
$$\times \left\{[1+(n-2)c\theta^{n-1}(\mathrm{V}\cos\alpha)^{n-2}x]^{\frac{2n-2}{n-2}}\right.$$
$$\left. - (2n-2)c\theta^{n-1}(\mathrm{V}\cos\alpha)^{n-2}x - 1\right\}.$$

Si l'on pose, pour simplifier,

$$(n-2)c\theta^{n-1}(\mathrm{V}\cos\alpha)^{n-2} = h,$$

l'équation précédente peut s'écrire

$$y = x\tang\alpha - \frac{(n-2)^2}{n(2n-2)}\frac{g}{\mathrm{V}^2\cos^2\alpha}\frac{1}{h^2}$$
$$\times \left[(1+hx)^{\frac{2n-2}{n-2}} - \frac{2n-2}{n-2}hx - 1\right],$$

et, en développant la puissance du binôme comprise entre les parenthèses,

$$y = x\tang\alpha - \frac{g\,x^2}{2\mathrm{V}^2\cos^2\alpha}$$
$$\times \left[1 + \frac{2}{3(n-2)}hx + \frac{1}{3.4}\frac{2(4-n)}{(n-2)^2}h^2x^2 + \ldots\right],$$

ou enfin, en remplaçant h par sa valeur,

$$y = x\tang\alpha - \frac{g\,x^2}{2\mathrm{V}^2\cos^2\alpha}$$
$$\times \left[1 + \frac{2}{3}c\theta^{n-1}(\mathrm{V}\cos\alpha)^{n-2}x\right.$$
$$\left. + \frac{4-n}{6}c^2\theta^{2n-2}(\mathrm{V}\cos\alpha)^{2n-4}x^2 + \ldots\right].$$

Quand $y = 0$, celle des deux valeurs de x qui n'est pas nulle devient la portée X; donc

$$\frac{\sin 2\alpha}{gX} = \frac{1}{V^2}\left[1 + \frac{2}{3}c\theta^{n-1}(V\cos\alpha)^{n-2}X\right.$$
$$\left. + \frac{4-n}{6}c^2\theta^{2n-2}(V\cos\alpha)^{2n-4}X^2 + \ldots\right].$$

Il est à remarquer que le nombre θ doit être compris entre 1 et $\frac{1}{\cos\alpha}$; les formules atteignent le plus haut degré de simplicité quand on a

$$\theta^{n-1}\cos^{n-2}\alpha = 1 \quad \text{ou} \quad \theta = \frac{1}{\cos^{\frac{n-2}{n-1}}\alpha}.$$

On a alors

$$y' = \tan\alpha - \frac{gx}{V^2\cos^2\alpha}$$
$$\times \left(1 + cV^{n-2}x + \frac{n}{n-2}c^2V^{2n-4}x^2 + \ldots\right),$$
$$y = x\tan\alpha - \frac{gx^2}{2V^2\cos^2\alpha}$$
$$\times \left(1 + \frac{2}{3}cV^{n-2}x + \frac{4-n}{6}c^2V^{2n-4}x^2 + \ldots\right),$$
$$\frac{\sin 2\alpha}{gX} = \frac{1}{V^2}\left(1 + \frac{2}{3}cV^{n-2}X + \frac{4-n}{6}c^2V^{2n-4}X^2 + \ldots\right),$$

§ 5. — Suite.

On peut, en prenant pour variable l'inclinaison τ de la tangente à la trajectoire, ramener le problème à des quadratures. L'équation du mouvement projeté sur l'axe des x peut s'écrire

$$\frac{d(v\cos\tau)}{dt} = -cv^n\cos\tau.$$

Le rayon de courbure ρ a pour expression

$$\rho = -\frac{ds}{d\tau};$$

par suite,
$$\frac{v^2}{\rho} = -v\frac{ds}{dt}\frac{1}{\frac{ds}{d\tau}} = -v\frac{d\tau}{dt};$$

on a donc pour l'équation du mouvement projeté sur la normale
$$v\frac{d\tau}{dt} = -g\cos\tau.$$

Éliminant dt entre cette équation et la première,
$$\frac{d(v\cos\tau)}{v\,d\tau} = \frac{c}{g}v^n,$$

ou
$$\frac{d(v\cos\tau)}{v^{n+1}\cos^{n+1}\tau} = \frac{c}{g}\frac{d\tau}{\cos^{n+1}\tau}.$$

Intégrant entre les limites α et τ, et remarquant que pour $\tau = \alpha$ on a $v\cos\tau = V\cos\alpha$,
$$\frac{1}{v^n\cos^n\tau} - \frac{1}{V^n\cos^n\alpha} = -\frac{nc}{g}\int_\alpha^\tau\frac{d\tau}{\cos^{n+1}\tau},$$

d'où

(1) $$v = \frac{V\dfrac{\cos\alpha}{\cos\tau}}{\sqrt[n]{1 + \dfrac{nc}{g}V^n\cos^n\alpha\int_\alpha^\tau\dfrac{d\tau}{\cos^{n+1}\tau}}}.$$

La valeur de v est ainsi ramenée à une quadrature. On calculera t en remarquant que l'on a
$$dt = -\frac{1}{g}\frac{v\,d\tau}{\cos\tau},$$

d'où
$$t = -\frac{1}{g}\int_\alpha^\tau\frac{v\,d\tau}{\cos\tau}.$$

On a ensuite
$$dx = v\cos\tau\, dt = -\frac{v^2}{g} d\tau,$$
$$dy = v\sin\tau\, dt = -\frac{v^2}{g} \tan\tau\, d\tau.$$

Le problème peut donc être entièrement résolu par des quadratures.

§ 6. — Résistance proportionnelle au carré de la vitesse.

Il faut prendre
$$r = bv^2$$
et la formule (1) du § 4 devient
$$\frac{d^2x}{dt^2} = -b\frac{dx}{dt}\frac{ds}{dt}.$$

Les difficultés de l'intégration conduisent encore à remplacer $\dfrac{ds}{dx}$ par sa valeur moyenne θ, ce qui revient à substituer à l'hypothèse primitive $r = bv^2$ la suivante
$$r = b\theta\left(\frac{dx}{dt}\right)^2\frac{ds}{dx} = b\theta v^2\cos\tau.$$

On n'a jamais appliqué les formules auxquelles conduit cette méthode que dans le cas du tir très surbaissé. Comme alors le rapport $\dfrac{ds}{dx}$ diffère peu de l'unité, on a eu l'idée de faire $\theta = 1$, ce qui revient à remplacer ds par dx et rend la projection horizontale du mouvement indépendante de sa projection verticale. L'équation précédente devient alors
$$\frac{d^2x}{dt^2} = -b\left(\frac{dx}{dt}\right)^2,$$
et par l'intégration on obtient
$$\frac{dx}{dt} = V\cos\alpha\, e^{-bx}.$$

TRAJECTOIRES MOYENNES DES PROJECTILES SPHÉRIQUES. 247

Portant cette valeur dans l'équation (1) du § **3**, on a

$$\frac{dy'}{dx} = -\frac{g}{V^2 \cos^2 \alpha} e^{2bx}.$$

Comme à $x = 0$ correspond $y' = \tang \alpha$, l'intégration conduit à

$$y' = \tang \alpha - \frac{g}{2b V^2 \cos^2 \alpha}(e^{2bx} - 1).$$

Une seconde intégration donne

$$y = x \tang \alpha - \frac{g}{4 b^2 V^2 \cos^2 \alpha}(e^{2bx} - 2bx - 1).$$

Quand on fait $y = 0$, celle des valeurs de x qui n'est pas nulle est la portée X; ainsi

$$\sin 2\alpha = \frac{g}{2 b^2 V^2 X}(e^{2bX} - 2bX - 1),$$

ou, en développant,

$$\frac{V^2 \sin 2\alpha}{g} = \frac{1}{2 b^2 X}\left(\frac{4 b^2 X^2}{2} + \frac{8 b^3 X^3}{6} + \ldots\right),$$

ou encore

$$\frac{V^2 \sin 2\alpha}{gX} = 1 + \frac{2}{3} bX + \ldots,$$

ou enfin

$$\frac{\sin 2\alpha}{gX} = \frac{1}{V^2} + \frac{2}{3} \frac{b}{V^2} X + \ldots.$$

τ désignant toujours l'inclinaison de la tangente, il est clair que

$$\tang \tau = y',$$

et, comme $v \cos \tau = \dfrac{dx}{dt}$,

$$v = V \frac{\cos \alpha}{\cos \tau} e^{-bx}.$$

Pour avoir l'expression du temps t, il suffit d'intégrer l'équation $dt = \dfrac{e^{bx}\,dx}{V\cos\alpha}$; ainsi

$$t = \dfrac{e^{bx} - 1}{b V \cos\alpha}.$$

La solution est donc complète.

Mais lorsqu'en 1840 on a voulu appliquer ces formules à la construction des Tables de tir, on s'est aperçu que, si l'on conservait à b une valeur constante, il fallait faire croître la vitesse initiale avec l'angle de départ. C'est en effet cette manière de procéder que l'on a adoptée. On corrigeait l'erreur des premières hypothèses en en introduisant de nouvelles également fautives. La comparaison des portées correspondant à deux angles de départ différents, mais dont le plus grand s'écartait peu de 2°, faisait connaître la valeur du coefficient b. On calculait ensuite la valeur qu'il fallait attribuer à la vitesse initiale pour retrouver les portées obtenues sous les diverses inclinaisons. La variation de cette vitesse devenait la conséquence nécessaire de l'emploi des formules, mais elle n'était considérée que comme fictive. Quand l'inclinaison était très faible, la valeur que l'on adoptait était inférieure à la valeur réelle; le contraire avait lieu quand l'inclinaison devenait plus grande. C'est ce qu'on a reconnu plus tard lorsque l'établissement du pendule balistique a permis de mesurer les vitesses. Il est bien clair, d'ailleurs, que par ces artifices de calcul on parvenait à donner aux Tables toute l'exactitude désirable.

On aurait pu obtenir le même résultat en faisant varier le coefficient b, soit avec l'angle de départ, soit avec la portée, et conservant à la vitesse initiale une valeur constante. C'est en effet le procédé que l'on a adopté lorsque les expériences exécutées au moyen du pendule balistique ont fait connaître les valeurs des vitesses initiales.

Le tir sous les grands angles a été l'objet d'une foule de recherches; de là, diverses méthodes d'approximation qui, à raison des longs calculs qu'elles entraînent, n'ont jamais été employées. Le général Didion les a résumées dans son *Traité de Balistique*.

§ 7. — Résistance composée de deux termes proportionnels, l'un au carré, l'autre au cube de la vitesse.

Lorsqu'on adopte l'expression
$$r = cv^2(1 + \beta v),$$
proposée par la Commission de Metz, l'équation (2) du § 3 devient
$$\frac{d^2 x}{dt^2} = -cv^2(1+\beta v)\frac{dx}{ds},$$
ou
$$\frac{d^2 x}{dt^2} = -c\frac{ds^2}{dt^2}\left(1 + \beta\frac{ds}{dt}\right)\frac{dx}{ds}.$$

Admettant que, quand l'arc que l'on considère n'a pas une très grande étendue, le rapport variable $\frac{dx}{ds}$ puisse être remplacé par sa valeur moyenne θ, et posant par suite $ds = \theta\, dx$, on a
$$\frac{d^2 x}{dt^2} = -c\theta\frac{dx^2}{dt^2}\left(1+\beta\theta\frac{dx}{dt}\right).$$

L'équation devient intégrable; mais l'hypothèse primitive est altérée et remplacée par
$$r = c\theta\frac{dx^2}{dt^2}\left(1+\beta\theta\frac{dx}{dt}\right)\frac{ds}{dx},$$
ou
$$r = c\theta v^2 \cos\tau (1 + \beta\theta v \cos\tau),$$

ce qui rend encore la projection horizontale du mouvement indépendante de sa projection verticale. Faisant $\frac{dx}{dt} = u$,

on a
$$\frac{du}{dt} = -c\theta u^2(1+\beta\theta u),$$

ou, en remplaçant dt par $\dfrac{dx}{u}$,

$$c\theta\, dx = -\frac{du}{u(1+\beta\theta u)}.$$

Cette équation a déjà été traitée dans le Chapitre II, § 5. Comme $u = V\cos\alpha$ quand $t = 0$, l'intégrale est

(A) $\qquad u = \dfrac{dx}{dt} = \dfrac{V\cos\alpha}{(1+\beta\theta V\cos\alpha)e^{c\theta x} - \beta\theta V\cos\alpha}.$

Portant cette valeur dans l'équation $\dfrac{dy'}{dx}\left(\dfrac{dx}{dt}\right)^2 = -g$, on a

$$dy' = -\frac{g}{V^2\cos^2\alpha}\left[(1+\beta\theta V\cos\alpha)e^{c\theta x} - \beta\theta V\cos\alpha\right]^2.$$

Par une première intégration on obtient, en observant que $y' = \tang\alpha$ quand $x = 0$,

$$y' = \tang\alpha - \frac{g}{V^2\cos^2\alpha}$$
$$\times \left[\frac{(1+\beta\theta V\cos\alpha)^2(e^{2c\theta x}-1)}{2c\theta}\right.$$
$$\left. - \frac{2\beta\theta V\cos\alpha(1+\beta\theta V\cos\alpha)(e^{c\theta x}-1)}{c\theta} + \beta^2\theta^2 V^2 x\right].$$

Intégrant une deuxième fois, on a vu que y et x s'annulent à la fois :

$$y = x\tang\alpha - \frac{g}{V^2\cos^2\alpha}$$
$$\times \left[\frac{(1+\beta\theta V\cos\alpha)^2(e^{2c\theta x}-2c\theta x-1)}{4c^2\theta^2}\right.$$
$$- \frac{2\beta\theta V\cos\alpha(1+\beta\theta V\cos\alpha)(e^{c\theta x}-c\theta x-1)}{c^2\theta^2}$$
$$\left. + \frac{\beta^2\theta^2 V^2 x^2}{2}\right].$$

On a
$$v \cos \tau = \frac{dx}{dt},$$

$$v = \frac{V \dfrac{\cos \alpha}{\cos \tau}}{(1 + \beta \theta V \cos \alpha) e^{c\theta x} - \beta \theta V \cos \alpha}.$$

On obtient le temps t en intégrant l'équation (A) :
$$t = \frac{x}{V \cos \alpha} \left[(1 + \beta \theta V \cos \alpha) \frac{e^{c\theta x} - 1}{c\theta x} - \beta \theta V \cos \alpha \right].$$

Les valeurs des coefficients c et β sont données dans le Chapitre II, § 5.

Ces formules sont fort compliquées. Le général Didion a pensé néanmoins qu'il les rendrait usuelles au moyen d'une suite de Tables qu'il a pris la peine de calculer.

Mais elles ne s'accordent pas suffisamment avec l'expérience, et il faut encore, comme précédemment, faire varier la vitesse avec l'inclinaison de la bouche à feu, lorsqu'on conserve aux autres données du calcul la même valeur numérique.

Pour éviter l'emploi d'un pareil expédient, le général Didion a recours à l'introduction d'une force verticale; en d'autres termes, il faut varier la pesanteur. Cela revient encore à admettre que la résistance de l'air n'est pas dirigée suivant la tangente à la trajectoire.

Lorsque l'inclinaison ne surpasse pas 10° à 12°, on admet assez généralement que la valeur du rapport moyen θ peut être supposée égale à l'unité.

Quand l'angle devient plus grand, le général Didion partage la trajectoire en une suite d'arcs déterminés par les inclinaisons de leurs tangentes extrêmes. Soient Δs la longueur et Δx la projection horizontale de l'un de ces arcs, τ_0 et τ_1 les inclinaisons respectives de la première et de la dernière tangente, les angles τ_0 et τ_1 positifs dans la branche ascendante, négatifs dans la branche descendante, et, par suite, la différence $\tau_0 - \tau_1$ toujours positive. La valeur de θ devrait être donnée par l'équation $\theta = \dfrac{\Delta s}{\Delta x}$; mais la longueur Δs est inconnue.

Si, au lieu de l'arc de la trajectoire, il s'agissait d'un arc appartenant à une parabole du second degré et à axe vertical, on aurait

$$\frac{\Delta s}{\Delta x} = \frac{1}{2}(\sec\tau_0 - \sec\tau_1) + \frac{1}{2}\cot\tau_0\, l\left[\tang\left(45° + \frac{\tau_0}{2}\right)\right]$$
$$- \frac{1}{2}\cot\tau_1\, l\left[\tang\left(45° + \frac{\tau_1}{2}\right)\right],$$

la lettre l désignant un logarithme népérien.

C'est cette valeur que le général Didion prend pour celle de θ_1, substituant ainsi l'arc parabolique à l'arc inconnu de la trajectoire.

Qu'il s'agisse maintenant de calculer une portée. Dans le premier arc, commençant à l'origine de la trajectoire, on connaît l'angle de départ, la vitesse initiale et l'inclinaison prise arbitrairement de la tangente extrême. Ces données suffisent pour que, à l'aide des formules établies, on puisse calculer l'abscisse et l'ordonnée de l'extrémité de l'arc, la vitesse en ce point et la durée du trajet. Cette extrémité est l'origine du second arc, sur lequel on peut opérer de la même manière. Il n'y a plus qu'à continuer ainsi jusqu'à ce qu'on ait obtenu l'horizontale du point de départ.

On trouve dans la seconde édition du *Traité de Balistique* du général Didion une application de cette méthode à la trajectoire d'une bombe lancée par le mortier de $0^m,32$ à plaque, la charge totale étant de 14^{kg}.

Données du calcul.

Angle de départ....................		$\alpha = 42°\,30'$
Bombe. { Diamètre...............		$a = 0^m,3206$
Poids...................		$p = 92^{kg}$
Vitesse initiale...................		$V = 420^m$

Dans le premier arc la différence $\tau_0 - \tau_1$ a été prise égale à $2°30'$, et dans tous les autres à $5°$. Nombre total des arcs 25.

Résultats du calcul.

Portée.............................. $3997^m,0$
Hauteur du jet..................... $1441^m,0$
Vitesse finale..................... $144^m,8$
Durée du trajet.................... $33^s,47$

Le poids du mètre cube d'air a été supposé égal à $1^{kg},208$ dans toute l'étendue du trajet.

La charge de 14^{kg} diffère très peu de celle qui produit le maximum d'effet. Dans les expériences exécutées à Gâvre, elle a donné une portée moyenne égale à 3980^m quand on se servait de bombes de siège pesant 75^{kg}, et à 4090^m lorsqu'on faisait usage de bombes de côté dont le poids était de 94^{kg}, mais dans les expériences rapportées au Chapitre I, § 37, la charge de 13^{kg} n'a donné qu'une vitesse de $269^m,1$, et, bien que dans ces expériences la disposition du chargement ne fût pas absolument la même que dans le tir ordinaire du mortier, on peut en conclure que la vitesse imprimée par la charge de 14^{kg} est fort inférieure à 420^m.

Ce n'est donc qu'au moyen d'une exagération de la vitesse initiale qu'on rencontre ici un certain accord entre les résultats du calcul et ceux de l'expérience.

Quant à la durée du trajet, l'expérience n'a donné que $30^s,8$.

§ 8. — Résistance proportionnelle au cube de la vitesse.

Dans ces derniers temps, on a souvent considéré la résistance de l'air comme proportionnelle au cube de la vitesse.
On a alors
$$r = cv^3.$$

En suivant la méthode développée dans le § 4, on est encore conduit, pour faciliter l'intégration, à remplacer $\dfrac{ds}{dx}$ par sa valeur moyenne θ, c'est-à-dire à faire $ds = \theta\, dx$. Mais l'hypothèse primitive est altérée et remplacée par la suivante :

$$r = c\theta^2 \frac{ds}{dx}\left(\frac{dx}{dt}\right)^3 = c\theta^2 v^3 \cos^2\tau.$$

La projection horizontale du mouvement devient alors indépendante de sa projection verticale (§ 4).

Le calcul s'effectue comme il a été indiqué et les formules se déduisent de celles du § 4 en faisant $n = 3$. On a ainsi

$$u = \frac{V\cos\alpha}{(1 + 2c\theta^2 V^2 \cos^2\alpha\, t)^{\frac{1}{2}}},$$

$$u = \frac{V\cos\alpha}{1 + c\theta^2 V\cos\alpha\, x},$$

$$t = \frac{(1 + c\theta^2 V\cos\alpha\, x)^2 - 1}{2c\theta^2 V^2 \cos^2\alpha},$$

ou

$$t = \frac{x}{V\cos\alpha}\left(1 + \frac{c\theta^2 V\cos\alpha}{2}x\right);$$

$$y' = \tang\alpha - \frac{gx}{V^2 \cos^2\alpha}\left(1 + c\theta^2 V\cos\alpha\, x + \frac{c^2\theta^4 V^2 \cos^2\alpha\, x^2}{3}\right);$$

$$y = x\tang\alpha - \frac{gx^2}{2V^2\cos^2\alpha} \times \left(1 + \frac{2}{3}c\theta^2 V\cos\alpha\, x + \frac{1}{6}c^2\theta^4 V^2 \cos^2\alpha\, x^2\right);$$

$$\frac{\sin 2\alpha}{gX} = \frac{1}{V^2} + \frac{2c\theta^2 \cos\alpha}{3V}X + \frac{c^2\theta^4 \cos^2\alpha}{6}X^2.$$

Le nombre θ doit être compris entre 1 et $\dfrac{1}{\cos\alpha}$ (§ 4), et les formules acquièrent le plus haut degré de simplicité quand on fait $\theta^2 \cos\alpha = 1$, d'où $\theta = \dfrac{1}{\sqrt{\cos\alpha}}$.

TRAJECTOIRES MOYENNES DES PROJECTILES SPHÉRIQUES.   255

On a, dans cette hypothèse,

$$u = \frac{V \cos\alpha}{1 + cVx},$$

$$t = \frac{x}{V \cos\alpha}\left(1 + \frac{cVx}{2}\right),$$

$$y' = \tan\alpha - \frac{gx}{V^2 \cos^2\alpha}\left(1 + cVx + \frac{c^2 V^2 x^2}{3}\right),$$

$$y = x\tan\alpha - \frac{gx^2}{2V^2 \cos^2\alpha}\left(1 + \frac{2}{3}cVx + \frac{1}{6}c^2 V^2 x^2\right),$$

$$\frac{\sin 2\alpha}{gX} = \frac{1}{V^2} + \frac{2c}{3V}X + \frac{c^2 X^2}{6}.$$

§ 9. — Résistance proportionnelle à la quatrième puissance de la vitesse.

Les formules du § 4 deviennent d'une simplicité remarquable lorsqu'on y suppose $n = 4$. L'expression de la résistance de l'air est alors

$$r = cv^4.$$

On est conduit, comme dans les paragraphes précédents, à remplacer, pour faciliter l'intégration, $\frac{ds}{dx}$ par sa valeur moyenne θ, c'est-à-dire à faire $ds = \theta\, dx$. La projection horizontale du mouvement devient indépendante de sa projection verticale, mais l'hypothèse primitive est altérée et remplacée par la suivante :

$$r = c\theta^3 \frac{ds}{dx}\left(\frac{dx}{dt}\right)^3 = c\theta^3 v^4 \cos^3\tau.$$

Les formules se déduisent de celles du § 4 en y faisant $n = 4$. On a ainsi

$$u = \frac{V\cos\alpha}{(1 + 3c\theta^3 V^3 \cos^3\alpha\, t)^{\frac{1}{3}}},$$

$$u = \frac{V\cos\alpha}{(1 + 2c\theta^3 V^2 \cos^2\alpha\, x)^{\frac{1}{2}}},$$

$$t = \frac{(1 + 2c\theta^3 V^2 \cos^2\alpha\, x)^{\frac{3}{2}} - 1}{3c\theta^3 V^3 \cos^3\alpha},$$

$$y' = \tang\alpha - \frac{gx}{V^2\cos^2\alpha}(1 + \theta^3 V^2 \cos^2\alpha\, x),$$

$$y = x\tang\alpha - \frac{gx^2}{2V^2\cos^2\alpha}\left(1 + \frac{2}{3}c\theta^3 V^2 \cos^2\alpha\, x\right),$$

$$\frac{\sin 2\alpha}{gX} = \frac{1}{V^2}\left(1 + \frac{2}{3}c\theta^3 V^2 \cos^2\alpha\, X\right).$$

La trajectoire est alors remplacée par une courbe du troisième degré; mais il ne faut pas oublier que l'hypothèse primitive de la résistance de l'air proportionnelle à la quatrième puissance de la vitesse n'a pas été conservée, puisqu'on lui a substitué la suivante :

$$r = c\theta^3 v^4 \cos^3\tau.$$

§ 10. — Résistance proportionnelle à la vitesse.

Il est intéressant de supposer la résistance proportionnelle à la vitesse, à cause de la simplicité des formules auxquelles conduit cette hypothèse. On doit prendre

$$r = cv,$$

et l'équation du mouvement horizontal devient

$$\frac{d^2x}{dt^2} = -cv\frac{dx}{ds}$$

ou

(1) $$\frac{d^2x}{dt^2} = -c\frac{dx}{dt}.$$

L'équation du mouvement vertical devient de même

(2) $$\frac{d^2y}{dt^2} = -c\frac{dy}{dt} - g$$

De là il résulte que le mouvement horizontal et le mouvement vertical sont indépendants l'un de l'autre.

Comme $\dfrac{dx}{dt} = V \cos\alpha$ quand $t = 0$, l'intégration de l'équation (1) donne

$$(3) \qquad \frac{dx}{dt} = V \cos\alpha \, e^{-ct}.$$

Intégrant une deuxième fois et remarquant que $x = 0$ pour $t = 0$,

$$x = \frac{V \cos\alpha}{c}(1 - e^{-ct}),$$

d'où

$$e^{-ct} = 1 - \frac{cx}{V \cos\alpha},$$

$$(4) \qquad t = -\frac{1}{c} l\left(1 - \frac{cx}{V \cos\alpha}\right),$$

la lettre l désignant un logarithme népérien.

Substituant la valeur de e^{-ct} dans l'équation (3), on

$$\frac{dx}{dt} = V \cos\alpha - cx.$$

Mettant pour $\dfrac{dx}{dt}$ la valeur précédente dans l'équation

$$\frac{dy'}{dx}\left(\frac{dx}{dt}\right)^2 = -g,$$

il vient

$$\frac{dy'}{dx} = -\frac{g}{(V \cos\alpha - cx)^2}.$$

Intégrant et observant que pour $x = 0$, $y' = \tang\alpha$,

$$(5) \qquad y' = \tang\alpha - \frac{g}{c}\left(\frac{1}{V \cos\alpha - cx} - \frac{1}{V \cos\alpha}\right).$$

Intégrant une deuxième fois, on a enfin

$$(6) \qquad y = x\left(\tang\alpha + \frac{g}{c V \cos\alpha}\right) + \frac{g}{c^2} l\left(1 - \frac{cx}{V \cos\alpha}\right).$$

Développant le logarithme,

$$(7) \quad y = x \tan\alpha - \frac{gx^2}{2V^2\cos^2\alpha}\left(1 + \frac{cx}{3V\cos\alpha} + \frac{c^2 x^2}{4V^2\cos^2\alpha} + \ldots\right)$$

Quand on fait $y = 0$ dans l'équation (6), celle des valeurs de x qui n'est pas nulle est la portée X. Sa valeur est donc donnée par l'équation

$$\frac{1}{X} l\left(1 - \frac{cX}{V\cos\alpha}\right) = -\frac{c^2}{g}\left(\tan\alpha + \frac{g}{cV\cos\alpha}\right).$$

L'équation (7) donnerait

$$\frac{\sin 2\alpha}{gX} = \frac{1}{V^2}\left(1 + \frac{cX}{3V\cos\alpha} + \frac{c^2 X^2}{4V^2\cos^2\alpha} + \ldots\right)$$

On aura l'abscisse du point culminant en faisant $y' = 0$ dans l'équation (5), ce qui donne

$$X_1 = \frac{V^2 \sin\alpha \cos\alpha}{g + cV\cos\alpha}.$$

Substituant cette valeur dans l'équation de la trajectoire, on trouve, pour l'ordonnée Y_1 du point culminant

$$Y_1 = \frac{V \sin\alpha}{c} - \frac{g}{c^2} l\left(1 + \frac{c}{g} V \sin\alpha\right).$$

On aura la vitesse au sommet en substituant la valeur de X dans l'équation

$$\frac{dx}{dt} = V\cos\alpha - cx.$$

On trouve ainsi $\dfrac{V\cos\alpha}{1 + \dfrac{c}{g} V \sin\alpha}$. Il est à remarquer que pour une valeur de x égale à $\dfrac{V\cos\alpha}{c}$, $\dfrac{dx}{dt}$ s'annule, tandis que les valeurs de y', de y et de t deviennent infinies. La courbe a donc une asymptote verticale située à une distance de l'origine égale à $\dfrac{V\cos\alpha}{c}$.

En prenant pour variable indépendante l'inclinaison τ de la tangente à la trajectoire, on obtient la vitesse en un point quelconque en faisant $n = 1$ dans la formule (1) du § 5. On trouve ainsi

$$(8) \qquad v = \frac{V \dfrac{\cos \alpha}{\cos \tau}}{1 + \dfrac{c}{g} V \cos \alpha (\tang \alpha - \tang \tau)}.$$

On peut déduire de cette expression la valeur limite de la vitesse quand le projectile se rapproche de son asymptote. En effet, si l'on multiplie le numérateur et le dénominateur par $\cos \tau$ et si l'on fait ensuite $\tau = -\dfrac{\pi}{2}$, on trouve $v = \dfrac{g}{c}$ ou $cv = g$. Cette limite est donc telle que la résistance de l'air est égale au poids du projectile.

L'équation $\dfrac{dx}{dt} = V \cos \alpha - cx$ donne la valeur de x correspondante; on a

$$\frac{dx}{dt} = v \cos \tau = V \cos \alpha - cx,$$

d'où

$$(9) \qquad x = \frac{V \cos \alpha - v \cos \tau}{c}.$$

Les formules (4) et (6) donnent aussi

$$(10) \qquad t = \frac{1}{c} l \left(\frac{V \cos \alpha}{v \cos \tau} \right) = \frac{1}{c M} L \left(\frac{V \cos \alpha}{v \cos \tau} \right),$$

la lettre l désignant un logarithme népérien et la lettre L un logarithme vulgaire,

$$(11) \qquad y = x \tang \alpha - \frac{g}{c} \left(t - \frac{x}{V \cos \alpha} \right).$$

Les équations (8), (9), (10), (11) donnent la solution complète du problème.

CHAPITRE VII.

SUBSTITUTION D'UNE COURBE DU 3e DEGRÉ A LA TRAJECTOIRE DANS L'AIR. — FORMULE DES PORTÉES.

§ 1. — Considérations conduisant à cette substitution.

Il résulte du Chapitre précédent qu'en se servant pour déterminer la trajectoire des formules employées jusqu'à présent pour représenter la résistance de l'air, on est conduit à des calculs très compliqués et qui ne peuvent être effectués qu'à l'aide d'approximations souvent fort douteuses. Ces formules, d'ailleurs, ne sont pas fondées sur des considérations purement théoriques. Chacune d'elles, établie d'après le résultat d'expériences plus ou moins étendues, doit nécessairement être remplacée par une autre dès que de nouvelles observations viennent modifier les conclusions tirées des premières. C'est ainsi que la résistance de l'air, longtemps regardée comme proportionnelle au carré de la vitesse, a été ensuite représentée par une expression composée de deux termes proportionnels, l'un au carré, l'autre au cube de la vitesse, et dont l'insuffisance a été récemment reconnue. On n'est peut être pas disposé à regarder comme définitive la formule à laquelle on est parvenu dans le Chapitre II.

Cessant donc de s'occuper de la résistance de l'air, il est naturel de chercher si, à l'aide des seules données fournies immédiatement par l'observation, il ne serait pas possible d'établir quelque relation simple entre les vitesses initiales, les angles de départ et les portées.

L'approximation serait d'ailleurs suffisante si les erreurs auxquelles donnerait lieu l'emploi de la formule ne surpassaient pas les différences que, dans des tirs exécutés avec soin, peuvent offrir des moyennes prises sur quarante ou cinquante coups. Mais de grandes difficultés se présentent; souvent les résultats dont on dispose n'ont pas été déduits d'un assez grand nombre de faits; d'autres fois, des circonstances inconnues ou qu'il n'a pas été possible de prévoir ont fait varier les vitesses initiales et les portées : de là des discordances qui rendent ce travail aussi pénible qu'ingrat.

Si le mouvement avait lieu dans le vide, l'équation de la trajectoire serait

$$y = x \tang \alpha - \frac{g x^2}{2 \, V^2 \cos^2 \alpha},$$

en admettant que le projectile ne s'élève pas assez haut pour qu'il soit nécessaire d'avoir égard à la variation de la pesanteur.

L'équation de la trajectoire dans l'air doit donc être susceptible d'être ramenée à la forme

$$y = x \tang \alpha - \frac{g x^2}{2 \cos^2 \alpha} \left[\frac{1}{V^2} + \varphi(x) \right].$$

La fonction $\varphi(x)$ doit s'annuler en même temps que la densité de l'air; elle doit ainsi devenir nulle quand la vitesse initiale devient infinie, car, dans ce cas, le terme $\frac{1}{V^2}$ s'annule et avec lui l'action de la pesanteur; le mouvement devient donc rectiligne et l'équation doit se réduire à $y = x \tang \alpha$, ce qui ne peut avoir lieu que par l'annulation de $\varphi(x)$.

On n'a besoin d'attribuer à x que des valeurs positives : dès lors la fonction $\varphi(x)$ est également positive, la courbe étant moins élevée dans l'air que dans le vide.

Lorsque l'ordonnée y devient nulle, l'équation doit donner pour x deux valeurs égales, l'une à zéro, l'autre à la portée X; donc

$$\frac{\sin 2\alpha}{g X} = \frac{1}{V^2} + \varphi(X).$$

Une série de coups, tirés sous la même inclinaison et avec la même charge, fait connaître la portée moyenne qui correspond à la fois à la vitesse que donne la charge et à l'angle de départ qui résulte de l'inclinaison. L'équation précédente permet alors de calculer la valeur de $\varphi(X)$.

Renouvelant l'expérience sous plusieurs inclinaisons, en employant toujours la même charge, on obtient une suite de valeurs de $\varphi(X)$ correspondant à des angles de départ différents, la vitesse initiale restant la même.

Or, il arrive fréquemment, du moins lorsque l'inclinaison ne dépasse pas certaines limites, que l'on a

$$\frac{\varphi(X)}{X} = K,$$

K désignant une constante indépendante de l'angle α. Dans ce cas, la relation entre l'angle de départ, la vitesse initiale et la portée devient

$$\frac{\sin 2\alpha}{gX} = \frac{1}{V^2} + KX.$$

Dès lors, quand $x = X$, la fonction $\varphi(x)$ doit avoir une valeur égale à KX.

Le moyen le plus simple de remplir cette condition consiste à supposer $\varphi(x) = Kx$, ce qui revient à substituer à la trajectoire la courbe du troisième degré ayant pour équation

$$y = x \tan\alpha - \frac{gx^2}{2\cos^2\alpha}\left(\frac{1}{V^2} + Kx\right).$$

Mais cette hypothèse, qui ne peut avoir aucune influence sur la formule des portées, demande à être vérifiée par l'expérience ([1]).

([1]) La plupart des auteurs des Traités de Balistique sont parvenus à une équation du même genre en négligeant, dans les expressions de y données dans le Chapitre précédent, les termes où se trouvent des puissances de x

A l'époque où ont été exécutées les expériences dont on va rendre compte, l'usage était d'introduire dans les formules la densité du projectile en prenant comme unité celle de l'eau distillée et à la température de 0°. En désignant par d la densité du projectile ainsi définie, par δ celle de l'air, par a le diamètre du boulet, le coefficient de l'accélération correspondante à la résistance de l'air se trouvant alors proportionnel à $\dfrac{\delta}{a\,d}$, il est naturel de chercher s'il n'en serait pas de même de la valeur de K.

La question serait alors ramenée à chercher entre quelles limites le produit $a d\,\mathrm{K}$ peut être considéré comme constant, quand la densité de l'air n'éprouve que de légères variations.

Si l'on connaissait l'expression générale de K en fonction de α, on pourrait trouver l'angle de plus grande portée. En effet, la formule des portées peut s'écrire

$$\mathrm{V}^2 \sin 2\alpha = g\mathrm{X} + g\mathrm{V}^2\mathrm{K}\mathrm{X}^2.$$

En la différentiant par rapport à α et représentant, suivant l'usage, $\dfrac{d\mathrm{X}}{d\alpha}$ et $\dfrac{d\mathrm{K}}{d\alpha}$ par X' et K', on a

$$\mathrm{V}^2(2\cos 2\alpha - g\mathrm{K}'\mathrm{X}^2) = g(1 + 2\mathrm{V}^2\mathrm{K}\mathrm{X})\mathrm{X}'.$$

Comme la valeur de K est positive, les deux quantités

---

supérieures à la troisième; ils déterminaient d'ailleurs le coefficient K au moyen des données qu'ils possédaient sur la résistance de l'air.

En 1848, M. Piton-Bressant, alors lieutenant d'artillerie de la marine, a été conduit à la même expression, en supposant la résistance de l'air proportionnelle à la quatrième puissance de la vitesse, et employant d'ailleurs la méthode d'approximation à laquelle on a eu recours dans le précédent Chapitre (*voir* Chap. VI, § 9). En se servant uniquement des expériences de Gâvre pour déterminer K, il a le premier reconnu que, sans apporter aucun changement à ce coefficient, la formule pouvait être employée tant que l'inclinaison du canon ne surpassait pas 12°.

$2\cos 2\alpha - g\mathrm{K}'\mathrm{X}^2$ et X' sont de même signe et s'annulent en même temps.

Soient α_1 l'angle de plus grande portée, X_1 cette dernière, K_1 ce que devient alors K.

La dérivée X'_1 doit être nulle quand $\alpha = \alpha_1$; donc

$$2\cos 2\alpha_1 = g\mathrm{K}'_1\mathrm{X}_1^2.$$

Si l'on supposait la quantité K indépendante de α_1, la dérivée $\dfrac{d\mathrm{K}}{d\alpha}$ ou K' serait constamment nulle; on aurait donc $\mathrm{K}'_1 = 0$ et par suite $\cos 2\alpha_1 = 0$, d'où $\alpha_1 = 45°$. L'angle de plus grande portée aurait la même valeur que dans le vide.

Si l'angle de plus grande portée est moindre que $45°$, la valeur de $\cos 2\alpha_1$ est positive; il résulte de la dernière équation que celle de K'_1 doit l'être aussi; ainsi, dans le voisinage de l'angle de plus grande portée, la valeur de K est nécessairement croissante. On verrait de même que, si cet angle est supérieur à $45°$, la valeur de K doit diminuer dans le voisinage de l'angle de plus grande portée.

En éliminant X_1^2 entre les deux équations

$$\mathrm{V}^2\sin 2\alpha_1 = g\mathrm{X}_1 + g\mathrm{V}^2\mathrm{K}_1\mathrm{X}_1^2,$$
$$2\cos 2\alpha_1 = g\mathrm{K}'_1\mathrm{X}_1^2,$$

on obtient

$$\mathrm{V}^2(\mathrm{K}'_1\sin 2\alpha_1 - 2\mathrm{K}_1\cos 2\alpha_1) = g\mathrm{K}'_1\mathrm{X}_1,$$

ou, en élevant les deux membres au carré,

$$\mathrm{V}^4(\mathrm{K}'_1\sin 2\alpha_1 - 2\mathrm{K}_1\cos 2\alpha_1)^2 = g\mathrm{K}'_1\mathrm{X}_1^2\, g\mathrm{K}'_1.$$

En ayant égard à la seconde des équations, on trouve

$$\mathrm{V}^4(\mathrm{K}'_1\sin 2\alpha_1 - 2\mathrm{K}_1\cos 2\alpha_1)^2 = 2g\mathrm{K}'_1\cos 2\alpha_1.$$

Cette équation donnerait l'angle de plus grande portée si l'expression de K était connue.

La relation établie entre la portée, la vitesse initiale et

l'angle de départ conduirait à opérer sur de très petits nombres. On évite cet inconvénient en multipliant par 10^{10} les deux membres de l'équation ; elle devient alors

$$\frac{10^{10}\sin 2\alpha}{g X} = \frac{10^{10}}{V^2} + 10^{10} KX.$$

§ 2. — Expériences de Gâvre. — Dispositions générales.

Le chargement de la bouche à feu se composait uniquement de la gargousse, du projectile et d'un léger valet annulaire en filin blanc. Les boulets creux étaient ensabotés.

Pour calibrer les projectiles, on se servait de deux lunettes dont les diamètres différaient de $0^{mm},4$. Les boulets massifs employés dans la même épreuve ne présentaient que de légères différences de poids. Les boulets creux étaient ramenés à un poids constant ; la charge de poudre était remplacée par un mélange de sable et de sciure de bois ; des chevilles en bois bouchaient la lumière et le trou de charge ; elles étaient coupées au ras de la surface extérieure du métal. Au moyen de pesées dans l'air et dans l'eau, on déterminait la densité moyenne des projectiles.

Les essais auxquels chaque bouche à feu était soumise se trouvaient généralement divisés en quatre séries ; dans la première, l'axe de l'âme était horizontal ; dans la seconde, on donnait à cet axe une inclinaison égale, soit à l'angle de mire naturel, soit à l'angle de 2° ; enfin, dans la troisième et la quatrième, l'inclinaison était successivement de 5° et de 10°.

Après avoir placé la pièce dans la direction d'une ligne jalonnée sur la plage, on lui donnait l'inclinaison qu'elle devait avoir, au moyen d'un demi-cercle à niveau à bulle d'air appliqué sur la tranche. On avait soin, d'ailleurs, de vérifier la perpendicularité de la tranche sur l'axe de l'âme.

Une planchette de 10^{mm} d'épaisseur, en bois de peuplier, et recouverte sur les deux faces de papier collé, était placée à 8^m ou 10^m en avant de la bouche à feu. Le boulet la traversait. A chaque coup on déterminait la différence de niveau entre le bas de l'échancrure et la position qu'occupait avant l'explosion la génératrice inférieure de l'âme.

On en déduisait la hauteur moyenne du centre de l'échancrure au-dessus du centre de la tranche; et le quotient qu'on obtenait en divisant cette hauteur par la distance de la planchette au canon était regardé comme égal à la tangente de l'angle moyen de départ.

Il est clair qu'en opérant ainsi on néglige l'action de la pesanteur, qui fait décrire au mobile une courbe concave vers la terre; la droite qui joint les centres de l'échancrure et de la tranche est une corde de cette courbe. Son inclinaison est moindre que celle de la tangente au point de départ. La valeur attribuée à l'angle semble donc trop petite.

De plus, la planchette, qui n'est fixée que par la partie inférieure, se courbe légèrement au moment où elle est atteinte par le projectile, et sa réaction modifie un peu le mouvement du corps; la vitesse horizontale est légèrement diminuée, tandis que le contraire arrive pour la vitesse verticale; de sorte que l'inclinaison de la tangente à la trajectoire éprouve un très petit accroissement. Pour avoir égard à cette circonstance, il faudrait encore augmenter l'angle de départ.

Mais il est à remarquer que cet angle, calculé comme il a été dit plus haut, surpasse toujours l'inclinaison de la pièce. C'est un résultat qu'il est facile d'expliquer en admettant que le mouvement du canon est déjà sensible avant la sortie du projectile. On sait, en effet, que dans ce mouvement la volée s'élève.

Dès lors, au moment où le projectile traverse la tranche, le centre de cette dernière se trouve plus élevé qu'avant l'explosion, et, par suite, la valeur attribuée à la hauteur du centre de l'échancrure au-dessus de ce point est trop grande. De là une troisième cause d'erreur qui agit en sens inverse des deux premières.

Il n'est guère probable que les effets de ces diverses causes se composent parfaitement, de sorte que, même en supposant les opérations du nivellement tout à fait exactes, la détermination de l'angle moyen de départ n'est jamais exempte de quelque incertitude; sans doute l'erreur dont peut être affectée la valeur de cet angle est négligeable lorsque l'axe du canon a une certaine inclinaison, mais il n'en est pas toujours ainsi quand cet axe est à peu près horizontal, surtout si la bouche à feu est légère.

Le point de départ était toujours plus élevé que le point de chute. Pour tenir compte de cette circonstance, on ajoutait à l'angle de départ moyen un angle dont on obtenait la tangente en divisant par la portée moyenne la différence moyenne de niveau entre les points de chute et de départ. La petitesse de l'angle additionnel permettait de regarder cette somme comme égale à l'angle de départ correspondant à la portée moyenne (§ 16).

Tous les nivellements étaient faits à l'aide d'un niveau à lunette et à bulle d'air.

Dans les paragraphes suivants, on rapportera successivement les résultats des principales expériences, et, en les introduisant dans la dernière formule du § 7, on obtiendra les valeurs correspondantes de $10^{10}\, ad\, K$.

Pour calculer les valeurs des vitesses initiales, on s'est servi des formules du Chapitre I. On sait qu'elles ne sont pas les mêmes pour la poudre du Ripault et pour celle du Pont-de-Buis, la seule qui ait été employée à Gâvre avant 1842.

La densité moyenne de l'air était égale à $0,0012$; les variations offraient trop peu d'importance pour qu'il fût nécessaire d'y avoir égard.

La valeur de g à Gâvre est $9,80815$, nombre très peu différent de $9,81$ qui a été adopté pour les calculs.

§ 3.

Canon de 30, n° 3 (année 1848).

Longueur de l'âme, $2^m,250$. — Diamètre, $0^m,1643$.

Boulets massifs...... $\begin{cases} \text{Diamètre} \dots\dots\dots a = 0^m,1596 \\ \text{Densité} \dots\dots\dots\dots d = 7^m,152 \end{cases}$

Poudre du Ripault. — Diamètre du mandrin des gargousses..... 150^{mm}.

CHARGE du canon.	VITESSE initiale du boulet.	ANGLE DE DÉPART moyen (α).	PORTÉE moyenne (X).	VALEUR de $10^{10} ad$ K.	NOMBRE de coups.
$3,00^{kg}$	415^m	0.37.17″	323^m	40,0	20
		1.45.19	718	48,9	20
		5.26.18	1647	40,7	20
		10.15.56	2489	39,2	20
3,5	392	0.39.40	307	42,9	20
		1.44. 5	981	42,8	20
		5 25.50	1594	39,7	20
		10.17.40	2234	47,5	20

En examinant les résultats obtenus avec une même charge, on voit qu'un seul s'écarte notablement des autres; du reste, les variations paraissent ne suivre aucune loi et peuvent être attribuées aux anomalies inévitables des expériences. La quantité $10^{10} ad$ K se présente donc comme sensiblement indépendante de l'angle α; dès lors il est naturel de prendre une moyenne entre les quatre valeurs qui correspondent à la même charge.

Vitesse initiale.	Valeur moyenne de $10^{10} ad$ K.
415^m	42,2
392^m	43,2

SUBSTITUTION D'UNE COURBE DU TROISIÈME DEGRÉ.

§ 4.

Canon de 30, n° 4 (année 1850).

Longueur de l'âme, $2^m,160$. — Calibre, $0^m,1640$.

Boulets massifs...... { Diamètre .... $a = 0^m,1596$
{ Densité .... $d = 7,152$

Poudre du Ripault. — Diamètre du mandrin des gargousses.... 150^{mm}.

CHARGE du canon.	VITESSE initiale du boulet.	ANGLE de départ (α).	PORTÉE (X).	VALEUR de $10^{10}ad\mathrm{K}$.	NOMBRE de coups.
$2,5^{kg}$	393^m	0.44′.00″	314^m	66,7	20
		2.22.45	861	44,4	20
		5.23.25	1563	41,9	20
		10.20.00	2276	46,8	20
2,0	363	0.46.58	305,1	57,6	20
		2.32.10	799	52,7	20
		5.28.10	1484	41,8	20
		10.23.20	2123	50,8	20

Les résultats obtenus avec l'une et l'autre charge présentent une singularité remarquable : la première valeur de $10^{10}ad\mathrm{K}$ surpasse notablement toutes les autres. C'est surtout à la charge de $2^{kg},5$ que l'écart est considérable.

On a vu (§ 2) les difficultés qui s'opposent à la détermination exacte de l'angle de départ; aux petites distances, il en peut résulter de grandes erreurs.

Qu'on suppose en effet cet angle augmenté ou diminué de 1′, l'altération de la valeur de $10^{10}ad\mathrm{K}$ sera sensiblement égale à $\dfrac{10^{10}ad\sin 2'\cos 2\alpha}{g\mathrm{X}^2}$, quantité très peu différente de $\dfrac{10^{10}ad\sin 2'}{g\mathrm{X}^2}$, tant que l'angle α ne surpasse pas 5°.

Par suite, l'erreur dont sera affectée la valeur de $10^{10}ad\mathrm{K}$ sera égale à $6,59\,ad$, ou se réduira à $0,93\,ad$, suivant que la distance X sera de 300^m ou de 800^m; elle sera inférieure à 0,26ad si la distance est de 1500^m. Dans le cas actuel, $ad = 1,141$.

Il convient donc de n'accueillir qu'avec défiance les résultats obtenus aux petites distances, et de ne les admettre qu'autant qu'ils ne s'écartent pas beaucoup des autres.

Lorsque, pour chaque charge, on n'a pas égard à la première valeur de $10^{10}ad\mathrm{K}$, on obtient le Tableau suivant:

Vitesse initiale	Valeur moyenne de $10^{10}ad\mathrm{K}$.
393^m	44,4
363^m	48,4

§ 5.

Canons de 30, *n°* 1 *et n°* 2 (années 1830, 1831, 1832).

Boulets massifs...... { Diamètre............ 0^m,1596
{ Densité............. 7^m,199

Poudre du Pont-de-Buis. — Diamètre du mandrin des gargousses. 158^{mm}.

OBSERVATIONS.	CANON N° 1.	CANON N° 2.
Longueur de l'âme...............	2^m,643	2^m,460
Calibre.......................	0^m,1649	0^m,1648

Les deux canons produisant à peu près les mêmes effets, on a pris des moyennes entre les résultats qu'ils ont donnés sous les mêmes inclinaisons.

SUBSTITUTION D'UNE COURBE DU TROISIÈME DEGRÉ.

CHARGE du canon.	VITESSE initiale du boulet.	ANGLE de départ moyen.	PORTÉE moyenne.	VALEUR de $10^{10}\,ad\,\mathrm{K}$.	NOMBRE de coups.
$4{,}90^{\mathrm{kg}}$	443^{m}	0.44.5 2. 7.23 5.18.15 10.34.47	401,5 906 1658 2595	44,1 41,1 43,2 40,5	108 20 20 20
3,67	415	0.46.47 2.16.42 5.19.20 10.39.00	381 835 1565 2414	44,6 53,7 45,8 45,5	55 20 20 20
2,94	394	0.52. 5 2.25.00 5.23. 5 10.31.20	369,5 805 1490 2353	59,7 50,0 49,0 44,6	20 20 20 20
2,45	372	0.51.36 2.16.15 5.20.30 16.35.50	342,5 769,5 1405 2305	57,4 48,8 51,0 43,8	20 20 20 20

En n'ayant égard, pour les charges de $2^{\mathrm{kg}},94$ et de $2^{\mathrm{kg}},45$, qu'aux trois dernières valeurs de $10^{10}\,ad\,\mathrm{K}$, on a les résultats suivants :

Vitesse initiale.	Valeur moyenne de $10^{10}\,ad\,\mathrm{K}$.
443^{m}	42,2
415	47,4
394	47,9
372	47,9

§ 6.

Canons de 30, *n°* 1 *et n°* 2 (années 1830-1832).

Boulets massifs...... { Diamètre............ $a = 0^{\mathrm{m}},1344$
Densité............. $d = 7^{\mathrm{m}},149$

Poudre du Pont-de-Buis. — Diamètre du mandrin des gargousses. 133^{mm}.

OBSERVATIONS.	CANON N° 1.	CANON N° 2.
Longueur de l'âme................	$2^m,436$	$2^m,287$
Calibre..........................	$0^m,1389$	$0^m,1387$

On a pris des moyennes entre les résultats donnés par les deux canons.

CHARGE du canon.	VITESSE initiale du boulet.	ANGLE du départ moyen.	PORTÉE moyenne.	VALEUR de $10^{10}adK$.	NOMBRE de coups.
$2,91$ kg	457^m	0.41.27″	383^m	41,0	20
		2.10.56	896	41,6	20
		5.25.55	1567	45,9	20
		10.18.30	2300	45,2	20
2,20	429	0.42. 8	358	41,5	20
		2.12.32	852	42,7	20
		5.29.50	1522	46,3	20
		10.21.30	2355	39,3	20
1,76	406	0.49.17	382	43,2	20
		2.15.30	792	49,4	20
		5.31.20	1481	46,2	20
		10.28.20	2344	38,9	20
1,47	382	0.47. 5	333	44,2	20
		2. 7.42	723	48,0	20
		5.33.30	1440	45,7	20
		10.28.20	2270	38,9	20

Résultats moyens.

Vitesse initiale.	Valeur moyenne de $10^{10}adK$.
457^m	43,4
429	42,4
406	44,4
382	44,2

SUBSTITUTION D'UNE COURBE DU TROISIÈME DEGRÉ.

§ 7.

Canons de 12 (années 1848-1853).

Boulets massifs...... Diamètre............ $a = 0^m,1173$
 Densité............. $d = 7,137$

Poudre du Ripault. — Diamètre du mandrin des gargousses...... 110^{mm}.

OBSERVATIONS.	CANON de campagne.	CANON N° 2.	CANON N° 3.
Longueur de l'âme.....	$2^m,002$	$2^m,111$	$1^m,877$
Calibre..............	$0^m,1213$	$0^m,1212$	$0^m,1207$

Les vitesses initiales n'offrant que de très légères différences, on a pris des moyennes entre les résultats donnés par les trois canons sous les mêmes inclinaisons.

CHARGE du canon.	VITESSE initiale moyenne.	ANGLE TOTAL de départ moyen.	PORTÉE moyenne.	VALEUR de $10^{10} ad \mathrm{K}$.	NOMBRE de coups.
$1,500^{kg}$	455^m	$0°.36'.41''$ $2.21.1$ $5.14.14$	$343,3^m$ $896,1$ 1509	$37,3$ $42,0$ $41,3$	60 60 60
$1,00$	395	$0.39.8$ $2.28.45$ $5.9.26$	$303,7$ 838 1368	$34,0$ $41,0$ $42,4$	60 60 60

À chacune des deux charges, la première valeur de $10^{10} ad \mathrm{K}$ est fort inférieure aux deux autres; en n'ayant égard qu'à celles-ci, on a

Vitesse initiale.	Valeur moyenne de $10^{10} ad \mathrm{K}$.
455^m	$41,6$
395^m	$41,7$

I.

§ 8. — Conséquences des expériences précédentes.

Dans chacun des cas particuliers qui viennent d'être examinés, les variations qu'a présentées la quantité $10^{10}\,ad\mathrm{K}$ ont paru dues aux anomalies des expériences et non aux changements d'inclinaison de la bouche à feu; de sorte qu'on a été naturellement conduit à prendre une moyenne entre les valeurs obtenues sous les divers angles.

Ainsi, toutes les fois que l'angle α ne surpasserait pas $10°$, la valeur de K serait à peu près indépendante de cet angle, et ce ne serait que sous les inclinaisons supérieures que ces variations deviendraient sensibles.

L'importance de cette conclusion exige qu'on ne néglige aucun moyen de la vérifier; il semble, en effet, d'autant plus difficile de l'admettre que le développement des expressions de y données dans le Chapitre VI conduit à des formules d'après lesquelles on est naturellement porté à croire que la valeur de K doit croître assez rapidement.

En prenant des moyennes entre les diverses valeurs de $10^{10}\,ad\mathrm{K}$ données par toutes les bouches à feu, sous la même inclinaison, sans en négliger aucune, mais ayant égard au nombre de coups par lequel chacune d'elles est déterminée, on obtient les résultats suivants :

ANGLE MOYEN de départ.	VITESSE INITIALE moyenne.	VALEUR MOYENNE de $10^{10}\,ad\mathrm{K}$.	NOMBRE de coups.
$0°.43'.35''$	417 m	44,5	480
2.15.41	412	44,1	360
5.20.55	412	43,8	360
10.25.33	405	43,5	240

Ainsi, la croissance du coefficient K ne se manifeste pas tant que l'angle α ne surpasse pas $10°$. Le Tableau semble même indiquer un léger décroissement; peut-être n'y verrat-on qu'une apparence facile à expliquer, en admettant que, par suite des difficultés que présente la détermination de l'angle de départ, la valeur moyenne attribuée à cet angle est ordinairement un peu trop grande. L'erreur qui en résulterait serait en effet d'autant plus sensible que l'inclinaison serait moindre.

Mais les considérations développées dans le Chapitre VIII, § 4, permettent de donner une explication du décroissement observé. Quoi qu'il en soit, des variations aussi légères dans la valeur de K ne peuvent avoir sur les portées qu'une bien faible influence, et il serait inutile d'y avoir égard.

En rassemblant les résultats moyens donnés dans les §§ 3, 4, 5, 6, 7, on obtient le Tableau suivant :

BOUCHE A FEU.	VITESSE initiale.	VALEUR de $10^{10} ad$ K.	NOMBRE de coups par lesquels est donnée la valeur.
§ 6. — Canons de 18............	457 m	43,4	80
§ 7. — Canons de 12............	455	41,6	120
§ 5. — Canons de 30 nos 1 et 2.....	443	42,2	80
§ 6. — Canons de 18............	429	42,4	80
§ 5. — Canons de 30 nos 1 et 2.....	415	47,4	80
§ 3. — Canon de 30 n° 3.........	415	42,2	60
§ 6. — Canons de 18............	406	44,4	80
§ 7. — Canons de 12............	395	41,7	120
§ 5. — Canons de 30 nos 1 et 2.....	394	47,9	60
§ 4. — Canon de 30 n° 4.........	393	44,4	60
§ 3. — Canon de 30 n° 3.........	392	43,2	80
§ 6. — Canons de 18............	382	44,2	80
§ 5. — Canons de 30 nos 1 et 2.....	372	47,9	60
§ 4. — Canon de 30 n° 4.........	363	48,4	60

Les anomalies sont nombreuses; ainsi, par exemple, à la

même vitesse 415^m, on voit successivement correspondre deux valeurs de $10^{10}\,ad\,K$ assurément fort différentes, $47,4$ et $42,2$, obtenues l'une et l'autre avec des boulets de 30. D'après cela, peut-être serait-on porté à attribuer aux seules irrégularités des expériences les variations de $10^{10}\,ad\,K$. Prenant, en conséquence, une moyenne entre les quatorze nombres consignés dans le Tableau, on aurait

$$10^{10}\,ad\,K = 44.$$

Mais on peut atténuer les anomalies en partageant les quatorze résultats en quatre groupes : l'un composé des trois premiers, le deuxième des quatre suivants, le troisième des quatre qui viennent après, enfin le quatrième des trois derniers. Prenant dans chaque groupe une moyenne entre les vitesses et une autre entre les valeurs de $10^{10}\,ad\,K$, on obtient ce qui suit :

Vitesse (mètres)	452	416	393,5	372
Valeur de $10^{10}\,ad\,K$	42,4	44,1	44,3	46,8

De là, il résulte que la quantité $10^{10}\,ad\,K$ décroît à mesure que la vitesse devient plus grande ; mais il est difficile de déterminer la loi de la variation, les quatre vitesses ne présentant pas d'assez grandes différences.

La formule

$$10^{10}\,ad\,K = \frac{H}{V^n}$$

est une des plus simples que l'on puisse essayer. La substitution des quatre couples de valeurs de $10^{10}\,ad\,K$ et de V donne quatre équations entre les constantes H et n. Le nombre n doit être choisi de telle sorte que les quatre valeurs de H soient, sinon égales, du moins peu différentes entre elles ; il ne reste plus alors qu'à en prendre la moyenne.

C'est ainsi qu'en faisant successivement $n = \frac{1}{2}$, $n = \frac{2}{5}$, $n = \frac{1}{3}$, on obtient les trois formules

(1) $$10^{10}\,ad\,K = \frac{896}{V^{\frac{1}{2}}}.$$

SUBSTITUTION D'UNE COURBE DU TROISIÈME DEGRÉ.

(2) $$10^{10}\,ad\,K = \frac{491}{V^{\frac{2}{5}}}.$$

(3) $$10^{10}\,ad\,K = \frac{329}{V^{\frac{1}{3}}}.$$

Pour les apprécier, il faut comparer les résultats qu'elles fournissent à ceux que donne l'expérience.

VITESSE initiale.	VALEUR DE $10^{10}\,ad\,K$ DONNÉE PAR					
	la formule (1).	Excès sur l'expérience	la formule (2).	Excès sur l'expérience.	la formule (3).	Excès sur l'expérience.
452^m	42,1	− 0,3	42,6	+ 0,2	42,9	+ 0,5
416	43,9	− 0,2	44,0	− 0,1	44,1	0
393,5	45,2	+ 0,9	45,0	+ 0,7	44,9	+ 0,6
372	46,5	− 0,3	46,0	− 0,8	45,8	− 1,0

Les différences sont tellement faibles qu'il est difficile de faire un choix entre les trois expressions. Elles sont encore comparées dans le Tableau suivant :

VITESSE INITIALE.	VALEUR DE $10^{10}\,ad\,K$ DONNÉE PAR		
	la formule (1).	la formule (2).	la formule (3).
600^m	36,6	38,0	39,0
500	40,1	40,9	41,5
400	44,8	44,7	44,7
300	51,7	50,1	49,1
200	63,4	59,0	56,3

Tant que la vitesse ne varie qu'entre 300^m et 500^m, les différences que présentent les formules sont légères et certainement inférieures à celles que donnent les tirs, même quand le nombre des coups est très considérable.

Les applications deviennent plus faciles quand on introduit dans les formules, au lieu de la densité, le rapport du poids au cube du diamètre.

Ici la densité de l'eau est prise pour unité, et le mètre est l'unité de longueur. Si donc le kilogramme est pris pour unité de poids,
$$p = 1000\,\frac{\pi a^3 d}{6};$$
par suite,
$$ad = \frac{6}{10\pi}\,\frac{p}{(10a)^3};$$
d'où
$$\frac{p}{a^2} = 523,6\,ad,$$
et
$$10^{10}\,\frac{p}{a^2}\,K = 523,6 \times 10^{10}\,ad\,K.$$

Ainsi les formules (1), (2) et (3) peuvent être remplacées par les suivantes :

(4) $$10^{10}\,\frac{p}{a^2}\,K = \frac{469\,000}{V^{\frac{1}{2}}},$$

(5) $$10^{10}\,\frac{p}{a^2}\,K = \frac{257\,000}{V^{\frac{2}{5}}},$$

(6) $$10^{10}\,\frac{p}{a^2}\,K = \frac{172\,000}{V^{\frac{1}{3}}}.$$

La densité de l'air est supposée égale à 0,0012.

§ 9. — Expériences exécutées sur des boulets creux.

Les expériences qui ont servi de base à l'établissement des formules ont toutes été faites avec des boulets massifs; il convient de citer au moins quelques-unes de celles où l'on a employé des boulets creux.

1° *Obusier de 22^{cm} n° 1, modèle 1842 (année 1846).*

Dimensions de la pièce, Chapitre I, § 31.

Boulets. $\begin{cases} \text{Diamètre} \dots \dots \dots \quad a = 0^m,2202 \\ \text{Poids} \dots \dots \dots \dots \quad p = 27^{kg} \\ \text{Densité} \dots \dots \dots \dots \quad d = 4,841 \end{cases}$

Poids des sabots .... $0^{kg},650$

Poudre du Ripault.

CHARGE de l'obusier.	VITESSE initiale du boulet.	ANGLE TOTAL de départ.	PORTÉE.	VALEUR de $10^{10}adK$.	NOMBRE de coups.
$3,5^{kg}$	380^m	1.55.52″ 5.28.10 10.11.35	707^m 1465 2257	42,0 45,7 41,6	20 20 20

Valeur moyenne de $10^{10}adK$............. 43,1

Valeur donnée par la formule $\begin{cases} (1) \dots \dots \; 46,0 \\ (2) \dots \dots \; 45,6 \\ (3) \dots \dots \; 45,4 \end{cases}$

2° *Canons de 30 n° 3 et n° 4 (années 1848 et 1850).*

Dimensions des deux canons, § 3 et § 4.

Projectiles. $\begin{cases} \text{Diamètre} \dots \dots \dots \quad a = 0^m,1602 \\ \text{Poids} \dots \dots \dots \dots \quad p = 11^{kg},48 \\ \text{Densité} \dots \dots \dots \dots \quad d = 5,363 \end{cases}$

Poids moyen des sabots .... $0^{kg},520$

Poudre du Ripault.

On a pris des moyennes entre les résultats donnés par les deux bouches à feu.

CHARGE.	VITESSE initiale du boulet.	ANGLE TOTAL de départ.	PORTÉE.	VALEUR de $10^{10}\,ad\,\mathrm{K}$	NOMBRE de coups.
kg 2,50	m 448	° ′ ″ 2. 4.32 5.24.10 10.17.30	m 839 1571 2142	39,0 39,3 47,0	40 40 40

$$\text{Valeur moyenne de } 10^{10}\,ad\,\mathrm{K} \ldots\ldots\ldots\ldots \quad 41,8$$
$$\text{Valeur donnée par la formule} \begin{cases} (1)\ldots\ldots & 42,3 \\ (2)\ldots\ldots & 42,7 \\ (3)\ldots\ldots & 43,0 \end{cases}$$

3° *Canons de* 12 (*années* 1848-1853).

Dimensions des canons, § 7.

Projectiles. $\begin{cases} \text{Diamètre}\ldots\ldots\ldots & a = 0^{\mathrm{m}},1184 \\ \text{Poids}\ldots\ldots\ldots\ldots & p = 4^{\mathrm{kg}},310 \\ \text{Densité}\ldots\ldots\ldots\ldots & d = 4,970 \end{cases}$

Poids des sabots $\ldots\ldots\ldots\ldots\ldots\ldots$ $0^{\mathrm{kg}},150$

Poudre du Ripault.

BOUCHE A FEU.	CHARGE.	VITESSE initiale du projectile.	ANGLE de départ.	PORTÉE.	VALEUR de $10^{10}\,ad\,\mathrm{K}$	NOMBRE DE COUPS.
Canons de campagne: Canons n° 2 et n° 3...	kg 1,50	m 540	° ′ ″ 2.28.51 5. 7.53	m 934,2 1415	33,7 39,1	60 60
Canon de campagne.. Canon n° 2.........	1,00	483	2.17.20 5. 3 17	828,5 1304	39,2 43,2	40 40

SUBSTITUTION D'UNE COURBE DU TROISIÈME DEGRÉ.

OBSERVATIONS.	CHARGES.	
	$1^{kg},50$.	$5^{kg},0$.
Valeur moyenne de $10^{10} ad K$	36,9	41,2
Valeur donnée par la formule (1).........	38,6	40,8
(2).........	39,6	41,4
(3).........	40,4	41,9

Les différences entre les valeurs données par les expériences et celles qui sont fournies par les formules sont du même ordre que celles que l'on a rencontrées dans le tir des boulets massifs; elles disparaîtraient sans doute si les épreuves étaient plus multipliées.

§ 10. — Expériences exécutées à Metz sur un canon de 16.

Deux séries d'expériences ont été faites à Metz sur un canon de 16, en 1844 et 1846; elles sont rapportées dans le *Traité de Balistique* du général Didion. Chaque projectile traversait trois réseaux en ficelles, placés à diverses distances de la bouche à feu. Un autre point de la trajectoire était donné par la chute sur le sol.

La charge du canon était de $1^{kg},333$; le poids des projectiles était égal à $8^{kg},227$ et leur diamètre à $0^{m},1293$. D'après le général Didion, leur vitesse initiale était comprise entre 404^{m} et 406^{m}.

Première série d'expériences.

Inclinaison du canon : $1°29'7''$.

OBSERVATIONS.	DISTANCES (MÈTRES).			
	200.	400.	600.	666,8.
Ordonnées observées (mètres).	3,917	4,305	—0,003	—2,759

Les moyennes étaient prises sur cent coups.

La petitesse de l'angle de départ permet de regarder son cosinus comme égal à l'unité; dès lors, l'équation de la trajectoire donnée dans le § 1 peut être mise sous la forme

$$\frac{y}{x} + \frac{gx}{2V^2} = \tang\alpha - \frac{gx^2}{2}K.$$

Substituant dans cette égalité chaque couple de valeurs de y et de x, prenant $g = 9,81$ et $V = 405$, on obtient entre $\tang\alpha$ et K quatre équations, et, en employant la méthode des moindres carrés, on en déduit

$$10^{10}K = 49,138, \quad \alpha = 1°31'17''.$$

Calculant ensuite, au moyen de ces valeurs, les ordonnées correspondantes aux diverses distances, on trouve les résultats ci-après :

OBSERVATIONS.	DISTANCES (MÈTRES).			
	200	400	600	666,8
Ordonnées calculées (mètres)..	3,923	4,296	—0,037	—2,732
Excès sur l'expérience........	+0,006	—0,009	—0,034	+0,027

Les différences n'ont aucune importance.

Aux coups de rang impair, les angles de départ étaient mesurés à l'aide d'une planchette placée à $7^m,75$. L'angle moyen correspondant à ces cinquante coups était égal à $1°33'40''$.

Deuxième série d'expériences.

Inclinaison du canon : $1°,3',42''$.

OBSERVATIONS.	DISTANCES (MÈTRES).		
	100	200	400
Ordonnées observées (mètres)...	1,617	2,412	1,437

Les moyennes prises sur quarante-huit coups.

On n'a ici que trois équations entre $\tan\alpha$ et K. En opérant comme précédemment, on en tire

$$10^{10} K = 47,164, \quad \alpha = 1°6'.$$

Calculant les ordonnées au moyen de ces valeurs, on obtient les résultats suivants :

OBSERVATIONS.	DISTANCES (MÈTRES).		
	100	200	400
Ordonnées calculées (mètres)...	1,598	2,460	1,416
Excès sur l'expérience..........	—0,019	+0,048	+0,021

Les différences sont encore très petites ; les données de l'observation sont d'ailleurs moins exactes que dans le cas précédent, vu qu'elles sont déduites d'un plus petit nombre de coups.

La moyenne des deux valeurs de $10^{10}K$ est. 48,15
La formule (4) du § 18 donne............ 46,92
La formule (5)......................... 47,31
La formule (6)......................... 47,2

Les différences sont certainement très admissibles.

Les expériences de Metz conduisent donc aux mêmes conséquences que celles de Gâvre. Le général Didion, en appliquant ses formules au calcul des ordonnées, n'a pu obtenir une concordance à peu près égale qu'en altérant sensiblement la grandeur de la vitesse initiale. Ainsi, pour la première série, il a pris $V = 390^m,8$, et $\alpha = 1°32'3''$; pour la seconde, $V = 400^m,6$, et $\alpha = 1°5'3''$. Voulant cependant employer la véritable valeur de la vitesse, il a eu recours à l'introduction d'une force verticale ou, en d'autres termes, il a altéré la pesanteur.

§ 11. — Expériences exécutées en Russie sur un canon de 24.

Des expériences analogues aux précédentes ont été exécutées en Russie sous la direction du colonel Mayefski. Le capitaine Navez en a fait connaître les résultats par un article succinct inséré dans le *Journal des armes spéciales*, année 1859.

Le canon était du calibre de 24, en bronze et neuf.

On avait choisi des boulets dont le centre de gravité s'écartait aussi peu que possible du centre de figure. Chaque projectile était pesé séparément, et le diamètre moyen déterminé par la mesure de six diamètres différents.

Le baromètre, le thermomètre et l'hygromètre étaient observés plusieurs fois pendant la durée de chaque séance.

La vitesse de chaque projectile était mesurée à $26^m,67$ du point de départ, au moyen de l'appareil de M. Navez. Le boulet traversait, en outre, une planchette revêtue de plomb placée à $11^m,121$ de la bouche à feu et plusieurs filets tendus verticalement à diverses distances.

Les résultats de ces expériences offraient une nouvelle occasion de vérifier l'équation de la trajectoire. Cette équation a été mise sous la forme

$$\frac{y}{x}\cos^2\alpha + \frac{gx}{2V^2} = \frac{\sin 2\alpha}{2} - \frac{gx^2}{2}K,$$

et le cosinus de l'angle α y a été remplacé par le cosinus de l'inclinaison de la pièce dont il ne pouvait différer que d'une quantité tout à fait négligeable. La vitesse initiale a été déduite de la vitesse observée, à l'aide des formules du Chapitre II, § 5. Le lieu où ont été exécutées les expériences n'étant pas indiqué, on a supposé, comme précédemment, $g = 9^m,81$.

Substituant ensuite dans la formule chaque couple de valeurs de x et de y donné par la rencontre des filets, on a eu entre $\sin 2\alpha$ et K un système d'équations auquel on a appliqué la méthode des moindres carrés, et, par là, on a obtenu les valeurs de α et de K. On s'est servi de ces valeurs pour calculer les ordonnées correspondantes aux positions des divers filets, et ces ordonnées calculées ont été ensuite comparées aux ordonnées indiquées par les expériences.

Les résultats de tous ces calculs sont consignés dans les Tableaux suivants :

Première série d'expériences (22 coups).

Inclinaison du canon, 1°45'. — Charge, 3^{kg},276. — Densité de l'air, 0,001187.

Boulets { Diamètre....... 0^m,1493
Poids.......... 12^{kg},171   Valeur calculée de α = 1°47'5"
Vitesse initiale.. 521^m,1   »   10^{10}K = 34,069

Distance..............	11,121	106,7	213,4	320,6	426,8
Ordonnée calculée......	0,3442	3,098	5,664	7,575	8,707
Ordonnée observée.....	0,3401	3,078	5,745	7,519	8,741
Différence.............	+0,0041	+0,020	−0,081	+0,056	−0,056

Distance..............	533,5	640,2	746,9	853,6	960,3
Ordonnée calculée.....	8,940	8,153	6,215	3,023	−1,530
Ordonnée observée.....	8,966	8,198	6,196	2,974	−1,667
Différence.............	−0,026	−0,045	+0,019	+0,049	+0,137

Deuxième série d'expériences (23 coups).

Inclinaison du canon, 2°. — Charge, 2^{kg},048. — Densité de l'air, 0,001287.

Boulets { Diamètre....... 0^m,1486   Valeur calculée de α = 2°5'
Poids.......... 12^{kg},015   »   10^{10}K = 41,815
Vitesse initiale.. 415^m,3

Distance..............	11,121	106,7	213,4	320,6
Ordonnée calculée......	0,4010	3,530	6,261	8,046
Ordonnée observée.....	0,3965	3,523	6,327	8,006
Différence.............	+0,0045	+0,007	−0,066	+0,040

Distance..............	426,8	533,5	640,2	746,9
Ordonnée calculée......	8,733	8,174	6,217	2,714
Ordonnée observée.....	8,665	8,235	6,001	2,892
Différence.............	+0,068	−0,061	+0,216	−0,078

Troisième série d'expériences (25 coups).

Inclinaison du canon, 2°30'. — Charge, 1^{kg},229. — Densité de l'air, 0,001187.

Boulets { Diamètre...... 0^m,1493 Valeur calculée de $\alpha = 2°36'15''$
{ Poids......... 12^{kg},159   » $10^{10} K = 45,423$
{ Vitesse initiale. 327^m,4

Distance	11,121 m	106,7 m	213,4 m	320,6 m
Ordonnée calculée	0,5001	4,304	7,403	9,130
Ordonnée observée	0,4910	4,295	7,427	9,098
Différence	+0,0091	+0,009	−0,024	+0,032
Distance	426,8	533,5	640,2	746,9
Ordonnée calculée	9,326	7,811	4,473	−0,903
Ordonnée observée	9,338	7,763	4,498	−0,741
Différence	−0,012	+0,048	−0,025	−0,162

Les différences que, dans ces trois séries, présentent les résultats du calcul et les données de l'observation, peuvent être attribuées aux irrégularités du tir; quelques-unes surpassent celles que l'on a rencontrées en discutant les expériences de Metz (§ 10), mais aussi dans ces dernières les moyennes étaient déduites d'un nombre de coups beaucoup plus considérable.

En prenant des moyennes entre les ordonnées des trois séries correspondantes aux mêmes distances, on obtient les résultats ci-après :

Distance	11,121 m	106,7 m	213,4 m	320,6 m
Moyenne des ordonnées calculées	0,4151	3,644	6,443	8,250
Moyenne des ordonnées observées	0,4092	3,633	6,500	8,208
Différence	+0,0059	+0,011	−0,057	+0,042
Distance	426,8	533,5	640,2	746,9
Moyenne des ordonnées calculées	8,922	8,308	6,281	2,669
Moyenne des ordonnées observées	8,915	8,321	6,232	2,782
Différence	+0,007	−0,013	+0,069	−0,113

Les différences sont atténuées.

Il est naturel de comparer les valeurs de 10^{10}K déduites de ces expériences à celles que donne une des formules du § 8 et, par exemple, l'équation (5) $10^{10}\dfrac{p}{a^2}\text{K} = \dfrac{257\,000}{V^{\frac{2}{5}}}$.

VITESSE INITIALE du projectile.	VALEUR DE 10^{10}K		DIFFÉRENCE
	déduite des expériences.	tirée de la formule.	
521,1 ᵐ	34,069	38,901	4,832
415,3	41,815	42,352	0,537
327,4	45,423	46,464	1,041

La première différence est grande; elle s'explique naturellement par les précautions minutieuses apportées dans le choix des projectiles, et qui devaient nécessairement entraîner une certaine diminution de la valeur de K. A la vérité, les deux autres différences sont faibles; mais il est probable que la résistance opposée par les nombreux filets, placés sur le passage des boulets, cessait d'être négligeable et avait des effets sensibles, lorsque la vitesse décroissait.

§ 12. — Expériences sur des fusils d'infanterie exécutées à Vincennes.

Des expériences ont été faites à Vincennes, en 1849, sur le fusil d'infanterie, modèle 1820 (*Mémorial d'Artillerie*, n° 7).

Charge de poudre.................................... 9^{gr},0
Projectiles
  Diamètre............................. 0^{m},0167
  Poids................................. 0^{kg},0268
  Vitesse initiale déterminée à l'aide du pendule balistique.................. 446^{m}

Les coups étaient dirigés contre une cible verticale de 4^{m} de hauteur sur 4^{m} de largeur, placée successivement à diverses distances. L'arme était tirée à l'épaule, en dirigeant la ligne de mire sur un point déterminé. Après chaque coup, on mesurait la hauteur du point atteint relativement à l'horizontale du point visé. C'est ainsi qu'à chaque distance on obtenait l'ordonnée de la trajectoire moyenne, rapportée à la ligne de mire; cette ligne faisait avec l'axe du fusil un angle dont la tangente était égale à 0,00408.

Il a été tiré plus de deux cents coups aux grandes distances; mais, aux petites, la régularité du tir permettait de se contenter d'un nombre moindre.

En appliquant à cette suite d'ordonnées la formule et le procédé de calcul dont on s'est servi dans le § 16, on trouve

$$\tang \alpha = 0,004029, \quad \alpha = 13'51'',$$
$$10^{10} K = 293,5.$$

La valeur de α est à très peu près égale à celle de l'angle de mire; en sorte que la direction moyenne de la balle, au sortir du fusil, se confondrait sensiblement avec celle de l'axe de l'arme.

Au moyen de ces valeurs de $\tang \alpha$ et de K, il est facile de calculer les ordonnées correspondantes aux diverses distances.

Le général Didion les a également calculées, en se servant de ses formules, mais il a réduit la vitesse initiale à 442^m et a supposé $\tang \alpha = 0,00338$, admettant ainsi que, dès l'origine du mouvement, la balle s'abaissait un peu au-dessous de l'axe du fusil.

SUBSTITUTION D'UNE COURBE DU TROISIÈME DEGRÉ.

DISTANCE.	ORDONNÉE observée.	ORDONNÉE calculée en supposant la trajectoire du 3ᵉ degré.	EXCÈS sur l'expérience.	ORDONNÉE calculée par le général Didion.	EXCÈS sur l'expérience.
m	m	m	m	m	m
25	0,05	0,056	+ 0,006	0,07	+ 0,02
50	0,09	0,12	+ 0,03	0,09	0
75	0,12	0,10	— 0,02	0,08	— 0,04
100	0,02	0,01	— 0,01	0,00	— 0,02
125	— 0,18	— 0,16	+ 0,02	— 0,15	+ 0,03
150	— 0,42	— 0,44	— 0,02	— 0,038	+ 0,05
175	— 0,73	— 0,82	— 0,09	— 0,71	+ 0,02
200	— 1,00	— 1,33	— 0,33	— 1,15	— 0,15
250	— 2,76	— 2,68	+ 0,08	— 2,48	+ 0,28
300	— 4,87	— 4,90	— 0,03	— 4,56	+ 0,31
400	—11,85	—11,55	+ 0,30	—12,11	— 0,26

La comparaison n'est pas au désavantage de la courbe du troisième degré. Le général Didion pense que sa formule donne une approximation suffisante; mais il n'obtient cette dernière qu'au moyen d'une altération de la vitesse.

La valeur trouvée pour $10^{10}K$, savoir, 293,5, est supérieure à celle qu'on obtiendrait en se servant de la formule

$$10^{10}K = \frac{257000}{\sqrt{V^{\frac{2}{5}}\frac{p}{a^2}}},$$

et qui serait seulement égale à 233,5. Les balles de plomb ont, en effet, une conformation moins régulière que celle des boulets. Il résulte de là que, dans les applications au tir des balles, il faudra multiplier par 1,272 les valeurs de $10^{10}K$ données par la formule.

§ 13. — Résumé des formules du tir surbaissé.

De ce qui précède, il résulte que, tant que l'inclinaison de la bouche à feu ne surpasse pas 10°, la trajectoire peut être remplacée par la courbe du troisième degré dont l'équation est

(1) $$y = x \tang\alpha - \frac{gx^2}{2\cos^2\alpha}\left(\frac{1}{V^2} + Kx\right).$$

Entre la portée X, la vitesse initiale V et l'angle de départ α, on a alors la relation

$$\frac{\sin 2\alpha}{gX} = \frac{1}{V^2} + KX.$$

Vu la petitesse du coefficient K, il est plus commode, pour les applications numériques, de l'écrire ainsi

(2) $$\frac{10^{10}\sin 2\alpha}{gX} = \frac{10^{10}}{V^2} + 10^{10}KX.$$

En la résolvant par rapport à X, on a

$$X = -\frac{1}{2KV^2} + \sqrt{\frac{1}{4K^2V^4} + \frac{\sin 2\alpha}{gK}},$$

ou

(3) $$X = \frac{1}{2KV^2}\left[\sqrt{\left(1 + 2KV^2\frac{2V^2\sin 2\alpha}{g}\right)} - 1\right].$$

En différentiant l'équation de la courbe, on a

$$y' = \frac{dy}{dx} = \tang\alpha - \frac{gx}{V^2\cos^2\alpha} - \frac{3gKx^2}{2\cos^2\alpha},$$

$$y'' = \frac{d^2y}{dx^2} = -\frac{g}{V^2\cos^2\alpha} - \frac{3gKx}{\cos^2\alpha}.$$

Au sommet de la courbe, la tangente est horizontale; par conséquent $\frac{dy}{dx} = 0$; l'abscisse X_1 du sommet est donc la racine positive de l'équation

$$\frac{3gKX_1^2}{2\cos^2\alpha} + \frac{gX_1}{V^2\cos^2\alpha} = \tang\alpha,$$

ou
$$\frac{V^2 \sin 2\alpha}{g} = 2X_1 + 3KV^2 X_1^2,$$

de sorte qu'entre la portée X et l'abscisse X_1 du sommet, on a la relation
$$X + KV^2 X^2 = 2X_1 + 3KV^2 X_1^2.$$

Quand $K = 0$, $X = 2X_1$; si, au contraire, la valeur de KV^2 devient très grande, l'équation se réduit sensiblement à
$$KV^2 X^2 = 3KV^2 X_1^2 ; \quad \text{d'où} \quad X^2 = 3X_1^2;$$

de là, il résulte que le rapport $\frac{X_1}{X}$ varie entre $\frac{1}{2}$ et $\frac{1}{\sqrt{3}}$.

Dans tous les cas,

$$(4) \qquad X_1 = \frac{1}{3KV^2}\left[\sqrt{\left(1 + \frac{3KV^4 \sin 2\alpha}{g}\right)} - 1\right].$$

Pour avoir l'ordonnée du sommet ou la hauteur Y du jet, il faut remplacer x par X_1 dans l'équation de la courbe. On a donc, en divisant par $X_1 \tang\alpha$,

$$\frac{Y}{X_1 \tang\alpha} = 1 - \frac{gX_1}{V^2 \sin 2\alpha}(1 + KV^2 X_1)$$

ou, en ayant égard à la relation $\dfrac{V^2 \sin 2\alpha}{g} = 2X_1 + 3KV^2 X_1^2$,

$$\frac{Y}{X_1 \tang\alpha} = 1 - \frac{1 + KV^2 X_1}{2 + 3KV^2 X_1};$$

ce qui revient à

$$\frac{Y}{X_1 \tang\alpha} = \frac{1 + 2KV^2 X_1}{2 + 3KV^2 X_1},$$

ou encore à

$$(5) \qquad \frac{Y}{X_1 \tang\alpha} = \frac{2 + \dfrac{1}{KV^2 X_1}}{3 + \dfrac{2}{KV^2 X_1}}.$$

Lorsque KV^2X_1 croît, le rapport $\dfrac{Y}{X_1 \tang \alpha}$ converge vers $\tfrac{2}{3}$.

Dans la branche descendante, la valeur de y' est négative. Soit ω l'angle de chute; lorsque l'abscisse x devient égale à la portée X, la valeur que prend y' est égale à $-\tang \omega$. Ainsi,

$$\tang \omega = \frac{gX}{V^2 \cos^2 \alpha} + \frac{3gKX^2}{2\cos^2 \alpha} - \tang \alpha,$$

d'où

$$\frac{\tang \omega}{\tang \alpha} = \frac{gX}{V^2 \sin 2\alpha}(2 + 3KV^2X) - 1.$$

Or

$$\frac{V^2 \sin 2\alpha}{gX} = 1 + KV^2X;$$

donc

$$\frac{\tang \omega}{\tang \alpha} = \frac{2 + 3KV^2X}{1 + KV^2X} - 1,$$

ou

(6) $$\frac{\tang \omega}{\tang \alpha} = 1 + \frac{KV^2X}{1 + KV^2X}.$$

Telle est la relation qui existe entre l'angle de chute et l'angle de départ.

Pour obtenir la valeur du coefficient K, on peut se servir de l'une des équations

(7) $$10^{10} \frac{p}{a^2} K = \frac{469\,000}{V^{\frac{1}{2}}},$$

(8) $$10^{10} \frac{p}{a^2} K = \frac{257\,000}{V^{\frac{2}{5}}},$$

(9) $$10^{10} \frac{p}{a^2} K = \frac{172\,000}{V^{\frac{1}{3}}},$$

où le diamètre a du projectile est exprimé en mètres et le poids p en kilogrammes. La densité de l'air est supposée à peu près égale à 0,0012. Dans l'état actuel des choses, il n'est guère possible de dire laquelle des trois mérite la préférence (§ 8).

§ 14. — Applications numériques.

Boulets massifs de 30. $\begin{cases} \text{Diamètre}\ldots\ldots & a = 0^m,1596 \\ \text{Poids}\ldots\ldots\ldots & p = 15^{kg},1 \\ \text{Vitesse initiale}\ldots & V = 400^m \end{cases}$

1° *Calcul du coefficient* K.

Formule $10^{10} \dfrac{p}{a^2} K = \dfrac{257000}{V^{\frac{2}{5}} \dfrac{p}{a^2}}$

$\log a = 0,20303 - 1 \quad \log p = 1,17898 \quad\bigg\}\quad \log V = 2,60206$
$\log a^2 = 0,40606 - 2 \quad \log a^2 = 0,40606 - 2$

$\log \dfrac{p}{a^2} = 2,77292$

$\log V^{\frac{2}{5}} = 1,04082 \bigg\} \log 257000 = 5,40993$

$\log \dfrac{p}{a^2} V^{\frac{2}{5}} = 3,81374 \ldots\ldots\ldots\ 3,81374$

$\log 10^{10} K = 1,59619$
$\log K = 0,59619 - 9$
$\log V^2 = 5,20412$
$\log KV^2 = 0,80031 - 4$

2° *Trouver l'angle de départ correspondant à la portée de* 1500^m.

Formule $\dfrac{10^{10} \sin 2\alpha}{g X} = \dfrac{10^{10}}{V^2} + 10^{10} KX, \quad X = 1500^m.$

$\log X = 3,17609$
$\log 10^{10} K = 1,59619$
$\log V^2 = 5,20412 \quad \log 10^{10} KX = 4,77228$
$\log \dfrac{10^{10}}{V^2} = 4,79588 \ldots\ldots 10^{10} KX = 59194$
$\dfrac{10^{10}}{V^2} = 62500 \ldots\ldots\ldots\ 62500$

PREMIÈRE PARTIE. — CHAPITRE VII.

$$\frac{10^{10}}{V^2} + 10^{10} KX = 121694$$

$$\left.\begin{array}{r}\log 121694 = 5,08526\\ \log g = 0,99167\\ \log X = 3,17609\end{array}\right\}$$

$$\log 10^{10} \sin 2\alpha = 9,25302$$
$$2\alpha = 10°\,18'\,56''$$
$$\alpha = 5°\,9'\,28''$$

3° *Trouver la portée correspondante à l'angle de* 10°.

Formule $X = \dfrac{1}{2KV^2}\left[\sqrt{\left(1 + 2KV^2 \dfrac{2V^2 \sin 2\alpha}{g}\right)} - 1\right]$ $\quad \alpha = 10°$
$\qquad 2\alpha = 20°.$

$$\left.\begin{array}{r}\log \sin 2\alpha = 0,53405 - 1\\ \log V^2 = 5,20412\end{array}\right\}$$

$$\left.\begin{array}{r}\log V^2 \sin 2\alpha = 4,73817\\ \log g = 0,99167\end{array}\right\}$$

$$\log \frac{V^2 \sin 2\alpha}{g} = 3,74650$$

$\log KV^2 = 0,80031 - 4 \qquad \log 2 = 0,30103$

$\log 2 = 0,30103 \qquad \log \dfrac{2V^2 \sin 2\alpha}{g} = 4,04753$

$\left.\log 2KV^2 = 0,10134 - 3 \ldots\ldots\ldots\ldots\ldots\quad 0,10134 - 3\right\}$

$\log \dfrac{1}{2KV^2} = 2,89866 \quad \log 2KV^2 \dfrac{2V^2 \sin 2\alpha}{g} = 1,14887$

$$2KV^2 \frac{2V^2 \sin 2\alpha}{g} = 14,088$$

$$1 + 2KV^2 \frac{2V^2 \sin 2\alpha}{g} = 15,088$$

$$\log(15,088) = 1,17863$$
$$\log \sqrt{15,088} = 0,58931$$

SUBSTITUTION D'UNE COURBE DU TROISIÈME DEGRÉ.

$$\sqrt{15,088} = 3,8844$$
$$\sqrt{15,088} - 1 = 2,8844$$
$$\log 2,8844 = 8,46006$$
$$\log \frac{1}{2KV^2} = 2,89866$$
$$\log X = 3,35872$$
$$X = 2284^m.$$

4° *L'angle de départ étant de* 10°, *trouver l'abscisse* X_1 *du sommet.*

Formule $X_1 = \dfrac{1}{3KV^2} \left[\sqrt{\left(1 + 3KV^2 \dfrac{V^2 \sin 2\alpha}{g}\right)} - 1 \right]$

$\log KV^2 = 0,80031 - 4$
$\log 3 = 0,47712$ } $\log \dfrac{V^2 \sin 2\alpha}{g} = 3,74650$
$\log 3KV^2 = 0,27743 - 3 \ldots\ldots\ldots\ldots\ 0,27743 - 3$ }

$\log \dfrac{1}{3KV^2} = 2,72257 \quad \log 3KV^2 \dfrac{V^2 \sin 2\alpha}{g} = 1,02393$

$$3KV^2 \frac{V^2 \sin 2\alpha}{g} = 10,5665$$
$$1 + 3KV^2 \frac{V^2 \sin 2\alpha}{g} = 11,5665$$
$$\log(11,5665) = 1,06322$$
$$\log \sqrt{11,5665} = 0,53161$$
$$\sqrt{11,5665} = 3,401$$
$$\sqrt{11,5665} - 1 = 2,401$$
$$\log 2,401 = 0,38039$$
$$\log \frac{1}{3KV^2} = 2,72257$$
$$\log X_1 = 3,10296$$
$$X_1 = 1267$$

5° *L'angle de départ étant de* 10°, *trouver l'ordonnée* Y *du sommet.*

$$\text{Formule } Y = X_1 \tang \alpha \frac{1 + 2 KV^2 X_1}{2 + 3 KV^2 X_1}.$$

$$\log KV^2 = 0,80031 - 4$$
$$\log X_1 = 3,10296$$

$$\log KV^2 X_1 = 0,90327 - 1$$
$$KV^2 X_1 = 0,8003$$

$$\frac{1 + 2 KV^2 X_1}{2 + 3 KV^2 X_1} = \frac{2,6006}{4,4009}$$

$$\left. \begin{array}{l} \log 2,6006 = 0,41507 \\ \log X_1 = 3,10296 \\ L \tang \alpha = 0,24632 - 1 \end{array} \right\}$$

$$\left. \begin{array}{l} \text{Somme} = 2,76435 \\ \log 4,4009 = 0,64443 \end{array} \right\}$$

$$\log Y = 2,11992$$
$$Y = 131,8$$

6° *L'angle de départ étant de* 10°, *calculer l'angle de chute* ω.

$$\text{Formule } \frac{\tang \omega}{\tang \alpha} = 1 + \frac{KV^2 X}{1 + KV^2 X}$$

$$\log KV^2 = 0,80031 - 4$$
$$\log X = 3,35872$$

$$\left. \begin{array}{l} \log KV^2 X = 0,15903 \\ \log(1 + KV^2 X) = 0,38779 \end{array} \right\} \qquad \begin{array}{l} KV^2 X = 1,4422 \\ 1 + KV^2 X = 2,4422 \end{array}$$

$$\log \frac{KV^2 X}{1 + KV^2 X} = 77124 - 1$$

$$\frac{KV^2 X}{1 + KV^2 X} = 0,5905$$

$$1 + \frac{KV^2 X}{1 + KV^2 X} = 1,5905$$

$$\log 1,5905 = 0,20153 \ \Big\}$$
$$\log \tang \alpha = 0,24632 - 1 \ \Big\}$$
$$\log \tang \omega = \overline{0,44785 - 1}$$
$$\omega = 16°17'.$$

La question suivante se présente fréquemment.

Connaissant l'angle de départ α et la portée X, trouver la vitesse initiale V.

Dans ce cas, à l'équation (2)

$$\frac{10^{10}}{V^2} = \frac{10^{10} \sin 2\alpha}{g X} - 10^{10} K X,$$

il faut joindre l'une des équations (7), (8), (9). En donnant la préférence à l'équation (8), on a

$$10^{10} K = \frac{257000}{\dfrac{p}{a^2} V^{\frac{2}{5}}},$$

d'où

$$\log(10^{10} K X) = \log \frac{257000 X}{\dfrac{p}{a^2}} - \tfrac{2}{5} \log V;$$

on obtient la valeur de V par la méthode des substitutions successives.

Qu'il s'agisse, par exemple, de boulets massifs de 3o. Soit $\alpha = 10$; $X = 2000$.

Alors $\dfrac{10^{10} \sin 2\alpha}{g X} = 174320$; et, d'après les valeurs de p et de a données précédemment, $\log \dfrac{257000 X}{\dfrac{p}{a^2}} = 5,93804$; de sorte qu'on a les deux équations

(A) $\qquad \dfrac{10^{10}}{V^2} = 174320 - 10^{10} K X;$

(B) $\qquad \log(10^{10} K X) = 5,93804 - \tfrac{2}{5} \log V.$

Soit, comme premier essai,

$$V = 330; \quad \log V = 2,51851; \quad \tfrac{2}{5}\log V = 1,00740,$$

et l'équation (B) donne

$$\log(10^{10} KX) = 4,93064; \quad \text{d'où} \quad 10^{10} KX = 85240.$$

L'équation (A) devient par suite $\dfrac{10^{10}}{V^2} = 89080$; il est facile d'en conclure

$$\log V = 2,52511 \quad \text{et} \quad V = 335,05.$$

Ce résultat indique que la vitesse initiale est comprise entre 330 et 335,05.

Substituant, dans l'équation (B), la valeur que l'on vient de trouver, $\log V = 2,52511$, on trouve

$$\log(10^{10} KX) = 4,92800; \quad \text{d'où} \quad 10^{10} KX = 84720.$$

L'équation (A) se réduit à $\dfrac{10^{10}}{V^2} = 89600$; il en résulte

$$\log V = 1,52384, \quad \text{et} \quad V = 334,05.$$

La vitesse initiale est comprise entre 335,05 et 334,05.

Portant encore dans l'équation (B) la dernière valeur $\log V = 2,52384$, on obtient

$$\log(10^{10} KX) = 4,92850 \quad \text{et} \quad 10^{10} KX = 84820;$$

l'équation (A) devient

$$\dfrac{10^{10}}{V^2} = 89500; \quad \text{d'où} \quad \log V = 2,52406 \quad \text{et} \quad V = 334,24.$$

Ainsi, la vitesse initiale est intermédiaire entre les deux nombres $334^m,05$ et $334^m,24$, et il est tout à fait inutile de pousser plus loin l'approximation.

Le nombre plus ou moins grand des essais dépend du choix de la première valeur. Il est bien rare qu'on ne soit pas guidé par quelques analogies.

§ 15. — Construction des tables de tir.

La construction des tables de tir est le but de toutes les recherches sur les portées.

Les données du calcul sont la bouche à feu, la charge de poudre et le projectile.

Les formules données dans le Chapitre Ier permettent de déterminer la vitesse initiale du boulet.

Il devient possible alors de former une Table des angles de départ correspondant aux distances indiquées, par exemple, par les divers termes de la progression arithmétique,

$$100^m, 200^m, 300^m, 400^m, 500^m.$$

Il suffit pour cela de recourir aux deux formules

$$\frac{10^{10} \sin 2\alpha}{gX} = \frac{10^{10}}{V^2} + 10^{10} KX,$$

$$10^{10} K \frac{p}{a^2} = \frac{257000}{V^{\frac{2}{5}}},$$

qui ne demandent que des calculs d'une extrême simplicité. On en a donné un exemple dans le § 14.

Ces formules ne sont que l'expression des faits observés. La Table devra donc être considérée comme la conséquence de l'expérience.

Pour apprécier la simplicité de la méthode, il suffit de la comparer aux procédés proposés par divers auteurs, et qui offrent une telle complication qu'il est fort douteux qu'on eût jamais été tenté de la mettre en pratique [1].

---

[1] Ainsi qu'on en a fait l'observation dans le § 7, c'est M. Piton-Bressant

On sait que l'angle moyen de départ α surpasse toujours un peu l'inclinaison i de la bouche à feu. Leur différence ε est appelée *angle de relèvement*, l'inclinaison correspondante à la portée X est alors donnée par l'équation

$$i = \alpha - \varepsilon.$$

La différence ε n'est pas négligeable, elle ne peut être obtenue que par une observation directe; elle est d'ailleurs assez variable, et l'incertitude où l'on se trouve à son égard nuit beaucoup à l'exactitude des Tables, surtout sous les faibles inclinaisons.

Les expériences faites avant 1840 avaient conduit aux valeurs suivantes :

OBSERVATIONS.	VALEUR DE ε.	
	Boulets massifs.	Boulets creux.
Canon de 30 n° 1.................	9'	4'
» n° 2...................	12	6
Obusier de 16^{cm}................	7	3
Caronade de 30...................	30	15
Obusier de 22^{cm} n° 1.............	//	11

On sait la manière dont s'opère le pointage dans la marine. Un fronteau ou guidon est placé à la hauteur des tourillons; un curseur portant un cran à sa partie supérieure est mobile dans une boîte fixée à la culasse. Le plan passant par la pointe du fronteau et l'axe du curseur quelquefois se confond avec le plan du tir, d'autres fois est parallèle à ce dernier. Le curseur est perpendiculaire à l'axe du canon.

La ligne de mire passe par le fond du cran et la pointe du

---

qui, le premier, a proposé l'usage étendu de l'équation $\dfrac{\sin 2\alpha}{g X} = \dfrac{1}{V^2} + KX$. Il avait remarqué que les Tables qu'il construisait de cette manière différaient à peine de celles que l'on calculait par les autres procédés.

SUBSTITUTION D'UNE COURBE DU TROISIÈME DEGRÉ.

fronteau. Quand le curseur est au plus bas de sa course, cette ligne est parallèle à l'axe du canon. Soit l la distance comprise alors entre le cran et la pointe du fronteau.

La quantité dont il faut élever le curseur pour que la ligne de mire passe par le point à battre est ce qu'on appelle *la hausse*. En la désignant par h, il est clair que

$$h = l \tang i.$$

Lorsqu'on veut former une Table des portées correspondant à des inclinaisons données, il faut se servir de l'équation (3) du § 13, en prenant $\alpha = i + \varepsilon$. Un exemple a été donné dans le § 14 en supposant $\alpha = 10°$.

Les Tables ne représentent que des résultats moyens; il faut donc toujours s'attendre à quelques déceptions lorsqu'on en fait l'application à des tirs particuliers; les anomalies que l'on a rencontrées dans les expériences qui ont servi à établir les formules doivent, à plus forte raison, se reproduire dans la pratique, où l'on ne s'assujettit pas à des précautions aussi minutieuses.

§ 16. — Cas où le point à battre n'est pas au niveau du point de départ.

Le plus souvent le point à battre ne se trouve pas sur le plan horizontal qui passe par le point de départ.

L'équation de la trajectoire étant mise sous la forme

$$\frac{x}{y} = \tang \alpha - \frac{gx}{2\cos^2 \alpha}\left(\frac{1}{V^2} + Kx\right),$$

on peut supposer que y et x représentent les coordonnées du point à battre; y est alors l'élévation de ce point au-dessus du point de départ, et x la distance horizontale qui l'en sépare. L'angle β, déterminé par l'équation

$$\tang \beta = \frac{y}{x}$$

est l'angle d'élévation du point à battre; il devient négatif quand ce dernier est moins élevé que le point de départ.

La différence $\alpha - \beta$ est l'inclinaison de la tangente au point de départ sur la ligne qui joint ce point au point à battre. En la désignant par γ, on a $\gamma = \alpha - \beta$ et $\alpha = \beta + \gamma$.

Cela posé, l'équation précédente donne

$$2\cos^2\alpha(\tang\alpha - \tang\beta) = gx\left(\frac{1}{V^2} + Kx\right).$$

Or,
$$\sin 2\gamma = 2\sin\gamma\cos\gamma = 2\sin(\alpha - \beta)\cos(\alpha - \beta),$$
$$\sin 2\gamma = 2(\sin\alpha\cos\beta - \cos\alpha\sin\beta)(\cos\alpha\cos\beta + \sin\alpha\sin\beta),$$
$$\frac{\sin 2\gamma}{2} = \sin\alpha\cos\alpha\cos^2\beta - \cos^2\alpha\sin\beta\cos\beta$$
$$- \sin\alpha\cos\alpha\sin^2\beta + \sin^2\alpha\sin\beta\cos\beta,$$
$$\sin 2\gamma = 2\cos^2\alpha\cos^2\beta(\tang\alpha - \tang\beta$$
$$- \tang\alpha\tang^2\beta + \tang^2\alpha\tang\beta),$$
$$\sin 2\gamma = 2\cos^2\alpha\cos^2\beta(\tang\alpha - \tang\beta)(1 + \tang\alpha\tang\beta).$$

Donc,
$$\sin 2\gamma = \cos^2\beta(1 + \tang\alpha\tang\beta)gx\left(\frac{1}{V^2} + Kx\right);$$
mais
$$\tang\alpha = \tang(\beta + \gamma) = \frac{\tang\beta + \tang\gamma}{1 - \tang\beta\tang\gamma};$$
par suite,
$$\cos^2\beta(1 + \tang\alpha\tang\beta) = \cos^2\beta\,\frac{1 + \tang^2\beta}{1 - \tang\beta\tang\gamma}$$
$$= \frac{1}{1 - \tang\beta\tang\gamma}.$$

Par conséquent,
$$\sin 2\gamma = \frac{1}{1 - \tang\beta\tang\gamma}gx\left(\frac{1}{V^2} + Kx\right).$$

Généralement le produit $\tang\beta\,\tang\gamma$ est négligeable, soit parce que les angles γ et β ont tous deux de faibles valeurs, soit parce que, quand le premier se trouve plus grand par suite de l'accroissement de la distance, le second diminue très rapidement. On a donc à très peu près l'équation

$$\sin 2\gamma = gx\left(\frac{1}{V^2} + Kx\right),$$

de sorte qu'entre l'angle γ et la distance x il existe la même relation qu'entre l'angle de départ α et la portée horizontale X. Il en résulte que l'inclinaison à donner à la bouche à feu, et indiquée par les Tables d'après la distance, doit être prise relativement à la ligne qui joint le point de départ au point à battre, sans qu'il y ait lieu de s'inquiéter de la différence de niveau qui peut exister entre ces deux points. Ainsi, après avoir pris la hausse donnée par les Tables, on dirige toujours la ligne de mire sur le point à battre.

Il y a cependant certaines circonstances où le produit $\tang\gamma \tang\beta$ n'est pas négligeable ; et alors la valeur de γ se trouve trop faible, si le point à battre est plus élevé que le point de départ ; elle est trop grande dans le cas contraire.

Dans les expériences de Gâvre, le point de chute se trouvait au-dessous du point de départ ; mais la valeur numérique du produit $\tang\beta \tang\gamma$ était toujours inférieure à $\frac{1}{1000}$.

§ 17. — Conséquences auxquelles on est conduit lorsqu'on suppose la trajectoire du troisième degré et la résistance de l'air dirigée suivant la tangente.

Il est intéressant de rechercher les résultats auxquels on parvient lorsque, supposant toujours la résistance de l'air dirigée suivant la tangente à la trajectoire, on considère en même temps cette dernière comme une courbe du troisième degré.

Dans ce cas, l'équation

$$y = x \tang\alpha - \frac{gx^2}{2\cos^2\alpha}\left(\frac{1}{V^2} + Kx\right)$$

doit s'accorder avec les équations (1) et (2) du § 3. On en

tire
$$\frac{d^2y}{dx^2} = -\frac{g}{V^2\cos^2\alpha} - \frac{3g\,K\,x}{\cos^2\alpha},$$

et l'équation (1) du § 3 donne
$$\frac{d^2y}{dx^2} = -\frac{g}{\left(\dfrac{dx}{dt}\right)^2}.$$

Égalant ces deux valeurs, il vient

(a) $$\left(\frac{dx}{dt}\right)^2 = \frac{V^2\cos^2\alpha}{1 + 3\,K\,V^2\,x};$$

$\dfrac{dx}{dt}$, composante horizontale de la vitesse, devient, d'après les notations adoptées, $U\cos\omega$, lorsque $x = X$; donc

$$U = \frac{V}{\sqrt{1 + 3\,K\,V^2\,X}}\,\frac{\cos\alpha}{\cos\omega},$$

ce serait l'expression de la vitesse finale.

De l'équation (a) on tire
$$V\cos\alpha\,dt = (1 + 3\,K\,V^2\,x)^{\frac{1}{2}}\,dx.$$

Intégrant et observant que x et t s'évanouissent simultanément, on a
$$V\,t\cos\alpha = \frac{2}{9\,K\,V^2}\left[(1 + 3\,K\,V^2\,x)^{\frac{3}{2}} - 1\right].$$

Quand on remplace x par X, on doit obtenir la durée T du trajet; donc
$$T = \frac{2}{\cos\alpha}\,\frac{1}{3\,V}\,\frac{1}{3\,K\,V^2}\left[(1 + 3\,K\,V^2\,X)^{\frac{3}{2}} - 1\right].$$

La différentiation de l'équation (a) donne
$$\frac{d^2x}{dt^2} = -\frac{3\,K\,V^4\cos^2\alpha}{2(1 + K\,V^2\,x)^2},$$

ou, en remplaçant $1 + 3KV^2 x$ par sa valeur tirée de la même équation (a),

$$\frac{d^2 x}{dt^2} = -\frac{3K\left(\dfrac{dx}{dt}\right)^4}{2\cos^2\alpha};$$

or, l'équation (2) du § 3 est

$$\frac{d^2 x}{dt^2} = -r\frac{dx}{ds};$$

donc

$$r = \frac{3K\left(\dfrac{dx}{dt}\right)^4 \dfrac{ds}{dx}}{2\cos^2\alpha},$$

ou, en observant que $v = \dfrac{ds}{dt}$,

$$r = \frac{3K\left(\dfrac{dx}{ds}\right)^3 v^4}{2\cos^2\alpha},$$

de sorte que, τ désignant l'inclinaison de la tangente,

$$r = \frac{3K\cos^3\tau}{2\cos^2\alpha} v^4.$$

Il est probable que les premiers auteurs qui, dans leurs approximations, ont réduit la trajectoire à une courbe du troisième degré, ne se doutaient guère de la singulière modification qu'ils apportaient à la loi de la résistance de l'air.

On n'est arrivé à cette expression, si différente de celles auxquelles conduisent les expériences exécutées à l'aide du pendule balistique, qu'en supposant la résistance constamment dirigée suivant la tangente. A-t-elle réellement une pareille direction? C'est une question qui sera examinée plus tard (Chap. VIII, § 4).

§ 18. — Tir sous les angles supérieurs à 10°. — Modification à faire subir aux formules.

La quantité K, sensiblement constante, tant que l'inclinaison de la bouche à feu ne surpasse pas 10°, se montre croissante lorsque cette inclinaison devient supérieure et se rapproche de l'angle de plus grande portée.

Des expériences ont été exécutées en 1848 avec un canon de 30, n° 1, et un canon de 50.

OBSERVATIONS.			CANON DE 30 N° 1.	CANON DE 50.
Longueur de l'âme............	mètres.		2,641	3,094
Diamètre...................	»		0,1649	0,1941
Boulets massifs { Diamètre...	»		0,1596	0,189
{ Poids......	kilogr..		15,100	25,256
Poudre du Ripault.				
Diamètre du mandrin des gargousses...................	millim.		150	176
Poids de la charge...........	kilogr..		5,00	8,33

La vitesse initiale du canon de 30 a été trouvée dans de nombreuses expériences égale à 485^m. Celle du canon de 50 a été déterminée en 1858 à l'aide de l'appareil électro-balistique (Chapitre I, § 26). La moyenne a été trouvée égale à $472^m,5$.

Les deux canons étaient comparés le même jour sous la même inclinaison. Dans chaque séance on tirait cinq coups par bouche à feu. Le Tableau suivant contient les résultats des expériences et les valeurs de K qui s'en déduisent.

SUBSTITUTION D'UNE COURBE DU TROISIÈME DEGRÉ.

INCLINAISON de la bouche à feu.	CANON DE 30 N° 1.		CANON DE 50.		NOMBRE de coups.
	Portée moyenne.	Valeur de 10^{10} K.	Portée moyenne.	Valeur de 10^{10} K.	
10°	2605 m	35,08	2798 m	28,52	10
15	3158	37,65	3347	32,11	10
20	3666	37,12	4007	29,62	10
25	3810	42,69	4246	32,85	10

Les valeurs de 10^{10} K sont fort irrégulières, ce qui s'explique facilement par le petit nombre de coups dont elles sont déduites; cependant il est visible qu'elles augmentent avec l'inclinaison de la bouche à feu.

On atténue ces irrégularités en prenant les moyennes entre les valeurs de 10^{10} K données par les deux bouches à feu sous la même inclinaison. On obtient ainsi :

Inclinaison.	Valeur de 10^{10} K.
10°	31,8
15	35,88
20	33,27
25	37,77

Les variations sont encore irrégulières et la valeur trouvée pour l'angle de 20°, par exemple, paraît évidemment trop faible. Prenant des moyennes entre les valeurs de K qui répondent aux angles de 10° et de 15° et entre celles qui sont relatives aux angles de 20° et de 25°, il est permis de regarder ces moyennes comme à peu près égales aux valeurs que donneraient les angles de 12° 30′ et 22° 30′. On obtient ainsi :

Inclinaison	12° 30′	22° 30′
Valeur de 10^{10} K	33,84	35,02

La formule

$$10^{10}\frac{p}{a^2}K = \frac{469\,000}{V^{\frac{1}{2}}},$$

donnée dans le § 13, permet de trouver les valeurs de $10^{10}K$ qui correspondent, pour le canon de 30, à la vitesse de 485^m, et pour le canon de 50 à celle de $472^m,5$.

Les valeurs ainsi obtenues conviennent pour ces deux bouches à feu au tir sous les inclinaisons inférieures à 10°; elles peuvent être considérées comme les valeurs initiales de $10^{10}K$. On trouve ainsi, pour le canon de 30, $10^{10}K = 35,97$, et pour le canon de 30, $10^{10}K = 52$. La moyenne est de 33,25. La loi de la variation de $10^{10}K$ est donc représentée par le Tableau suivant :

Inclinaison.	Valeur de $10^{10}K$.
0° 0′	33,25
12,30	33,85
22,30	35,02

On peut chercher à exprimer ces résultats par une formule. L'accroissement de la valeur de K doit être d'abord peu rapide. C'est une condition à laquelle satisfait l'expression

$$K = K_0(1 + N \sin^n \alpha),$$

N et n étant des nombres positifs et n étant plus grand que 1.

En introduisant dans cette relation les valeurs de K_0 et de K portées dans le Tableau précédent, on obtient deux équations qui donnent pour N et n les valeurs

$$N = 0,3272,$$
$$n = 1,895.$$

Pour plus de simplicité, on peut prendre $n = 2$; on obtient alors pour N deux valeurs dont la moyenne est 0,37, et la formule devient

$$K = K_0(1 + 0,37 \sin^2 \alpha).$$

Elle donne pour les angles de 12°30′ et 22°30′ des valeurs de $10^{10}K$ respectivement égales à 33,83 et 35,05, dont les différences avec celles qui sont inscrites dans le Tableau sont seulement $-0,01$ et $+0,03$.

K_0 désigne ici la valeur initiale de K. La formule fait varier la valeur de ce coefficient dans l'étendue du tir surbaissé; mais les variations sont assez faibles pour être négligées.

Cette formule est déduite d'un petit nombre d'expériences exécutées sur les calibres de 30 et de 50. On n'est donc pas en droit de l'étendre à des calibres inférieurs. Rien n'autorise d'ailleurs à l'employer lorsque l'angle de départ surpasse 25°.

CHAPITRE VIII.

INFLUENCE DE LA ROTATION SUR LE MOUVEMENT DES PROJECTILES SPHÉRIQUES.

§ 1. — **Expériences exécutées à Gâvre, en 1843, sur des obus excentriques de 22 centimètres.**

Les projectiles sphériques sont dits *excentriques* lorsque le centre de gravité ne coïncide pas avec le centre de figure.

Les obus employés dans les expériences dont on va rendre compte différaient des obus ordinaires, en ce qu'ils avaient un culot formé par un segment sphérique dont la base était parallèle à l'axe de la lumière.

Diamètre extérieur..................	220,2 mm
Épaisseur des parois................	30,0
Épaisseur au milieu du culot........	70,0

La base du culot raccordée avec la sphère intérieure par un arc dont le rayon était de 20^{mm} :

Diamètre de la lumière	à l'orifice extérieur..........	26,7 mm
	à l'orifice intérieur..........	25,2
Diamètre du trou de charge	à l'orifice extérieur..........	25,2
	à l'orifice intérieur..........	24,0

Les axes de la lumière et du trou de charge faisaient un angle de 45°; le trou de charge était placé du côté opposé au culot.

Poids moyen des obus vides, $25^{kg},935$.

Un mélange de sable et de sciure de bois remplissait la chambre. La lumière était fermée par une cheville en bois de chêne qui se prolongeait jusqu'à la paroi opposée de la chambre; une cheville plus courte bouchait le trou de charge; les têtes des chevilles étaient coupées au ras de la surface extérieure du métal.

Le poids des obus ainsi préparés variait entre $27^{kg},24$ et $27^{kg},80$. Le poids moyen était de $27^{kg},6$.

Chaque projectile était ensuite placé dans un bain de mercure, et, lorsqu'il avait pris la position d'équilibre stable, on plaçait, à environ 2^{mm} au-dessus, une planchette mobile dans deux coulisses verticales et dont la surface inférieure était enduite de craie; on vérifiait son horizontalité au moyen d'un niveau à bulle d'air; un léger coup la mettait en contact avec le boulet : l'empreinte laissée par la craie indiquait la position du point culminant; on la marquait par un coup de pointeau. Il est clair que le centre de gravité se trouvait sur le diamètre passant par ce point, mais de l'autre côté du centre de figure.

Les projectiles ont été ensabotés; les sabots avaient une partie cylindrique.

Longueur totale d'un sabot	110^{mm}
» de la partie cylindrique	72
Diamètre du cylindre	330
» de la petite base du tronc de cône	190
Rayon de la cavité	110
Profondeur	72
Poids	$1^{kg},73$

Les axes de la lumière et du sabot coïncidaient; l'empreinte du pointeau se trouvait à 30^{mm} de la tranche du sabot; un arc de grand cercle tracé à la craie joignait ce point au centre de la lumière.

En introduisant le projectile dans la pièce, on plaçait cet arc dans le plan de tir; lorsqu'il se trouvait au-dessous de l'axe, le centre de gravité était au-dessus, et réciproquement. On poussait ensuite doucement le projectile avec le refouloir, et à l'aide d'un miroir on vérifiait si l'arc avait conservé sa position primitive.

Les expériences ont été faites sur un obusier de 22^{cm}, n° 1; on a employé successivement les charges de 2^{kg} et de $3^{kg},5$; la première, ne remplissant pas la chambre, était surmontée d'un tampon.

La poudre fabriquée à Angoulême portait la date de 1842.

Les deux positions du centre de gravité étaient essayées comparativement le même jour.

CHARGE.	INCLINAISON de l'obusier.	PORTÉE MOYENNE PRISE SUR SIX COUPS.		DIFFÉRENCE.
		Le centre de gravité au-dessous de l'axe.	Le centre de gravité au-dessus de l'axe.	
^{kg} 2,0	2	587^m	717^m	130^m
	5	946	1253	307
	10	1463	2094	631
3,5	2	784	843	59
	5	1209	1546	337
	10	1774	2528	754

Ainsi, suivant qu'on plaçait le centre de gravité au-dessus ou au-dessous de l'axe, on obtenait des portées bien différentes; la première position augmentait beaucoup leur étendue.

En plaçant le centre de gravité à droite ou à gauche du plan de tir, et sur le rayon perpendiculaire à ce plan, on faisait dévier le projectile du même côté. Voici le résultat d'un tir exécuté par un temps calme, les moyennes prises sur trois coups; inclinaison de l'obusier, 5°.

INFLUENCE DE LA ROTATION SUR LE MOUVEMENT.

CHARGE.	POSITION du centre de gravité.	PORTÉE.	ÉCART MOYEN	
			à gauche.	à droite.
kg 2,0	A gauche........	m 990	m 14,7	m "
	A droite........	1004	"	15,7
3,5	A gauche.......	1305	11,3	"
	A droite........	1299	"	10,3

Les épreuves ont été continuées sur un mortier de 22^{cm} en bronze et à chambre cylindrique; les obus étaient ensabotés de la même manière; de sorte que la distance entre l'avant du projectile et la tranche était réduite à 40^{mm}.

Inclinaison du mortier, $45°$.

CHARGE.	PORTÉE MOYENNE PRISE SUR SIX COUPS.		DIFFÉRENCE.
	Le centre de gravité au-dessous de l'axe.	Le centre de gravité au-dessus de l'axe.	
kg 0,300	m 335	m 355	m 20
0,600	749	794	45

Dans d'autres expériences, faites en 1844 sur l'obusier de 22^{cm}, n° 1, on a rendu le chargement beaucoup plus facile en laissant la tête de la fusée saillante et plaçant de chaque côté de cette dernière, à une distance d'environ 30^{mm}, sur une des bandelettes du sabot, un anneau en fer-blanc de 15^{mm} de diamètre. Une cavité ménagée dans la tête du refouloir recevait la partie saillante de la fusée; elle était accompagnée de deux rainures dans lesquelles se logeaient les anneaux.

Dès lors, en maniant convenablement le manche du refouloir, il était facile de donner à l'arc tracé à la craie la position qu'il devait avoir. On a pu renoncer aux sabots en partie cylindriques et employer ceux qui sont en usage pour les obus ordinaires.

En plaçant le centre de gravité au-dessus de l'axe, on a obtenu les portées ci-après : moyennes prises sur dix coups; charge, $3^{kg},50$; poudre du Ripault; poids moyen des obus, $27^{kg},76$.

OBSERVATIONS.	INCLINAISON DE L'OBUSIER.				
	15°.	20°.	25°.	30°.	37°.
Portée........ mètres.	3497	3796	4111	4159	4175

Les obus ordinaires, ramenés au poids de $26^{kg},510$, n'ont donné sous les angles de 30° et de 37° que des portées de 3514^m et 3687^m.

§ 2. — Autres expériences exécutées à Gâvre, en 1844, sur l'obusier de 27 centimètres.

Dimensions intérieures de l'obusier de 27^{cm} :

	mm
Diamètre de l'âme................................	274,4
» de la chambre...........................	180,0
Longueur de la chambre...........................	270,0
» du raccordement, tronconique..............	190,0
» du cylindre de l'âme.....................	2020,0

Projectiles ordinaires.
- Diamètre extérieur...................... 271,0
- Épaisseur des parois 38,0
- Diamètre de la lumière, à l'orifice extérieur..................................... 35,5
- Idem, à l'orifice intérieur............. 33,5
- Diamètre du trou de charge, à l'orifice extérieur............................... 12,6
- Idem, à l'orifice intérieur............. 9,6
- Angle formé par les axes de la lumière et du trou de charge................... 45°
- Poids du projectile vide............... $45^{kg},42$

Les projectiles excentriques différaient des projectiles ordinaires par un culot formé par un segment sphérique dont la base était parallèle à l'axe de la lumière; l'épaisseur au milieu du culot était de 98^{mm}. La base du segment était raccordée avec la sphère intérieure par un arc dont le rayon était de 29^{mm}. Le culot se trouvait placé du côté opposé au trou de charge. Le poids moyen des projectiles vides était de $51^{kg},57$.

La charge intérieure a été remplacée par un mélange de sable et de sciure de bois. La cheville du trou de charge était coupée au ras de la surface extérieure du métal; celle qui fermait la lumière avait une partie saillante.

Poids moyen des obus chargés	ordinaires....................	$48^{kg},8$
	excentriques.................	$54^{kg},11$
Sabots tronconiques communs aux deux espèces de projectiles.	Diamètre de la grande base....	$245,0$ mm
	» de la petite base.....	$180,0$
	Longueur....................	$100,0$
	Rayon de la cavité...........	$135,5$
	Profondeur..................	$71,0$

On adopte pour les obus excentriques les dispositions indiquées à la fin du § 1; le centre de gravité au-dessus de l'axe de la pièce.

Poudre du Ripault. Diamètre du mandrin des gargousses, 158^{mm}.

CHARGE de l'obusier.	INCLINAISON de l'obusier.	PORTÉE MOYENNE PRISE SUR DIX COUPS.	
		Obus ordinaires.	Obus excentriques.
$5,00$ kg	$15°$	2653 m	3265 m
	20	»	3809
	25	3400	3956
	30	3552	4154

§ 3. — Conséquences des expériences précédentes.

Lorsque le rayon qui passait au centre de gravité était placé dans le plan de tir sur une perpendiculaire à l'axe de la pièce, la portée était augmentée ou diminuée suivant que le centre de gravité se trouvait au-dessus ou au-dessous du centre de figure.

Lorsque le même rayon était perpendiculaire au plan de tir, le projectile déviait à droite ou à gauche, suivant que le centre de gravité était à droite ou à gauche du centre de figure.

En sorte que, dans tous les cas, le mobile a éprouvé une déviation vers le côté où se trouvait le centre de gravité.

La résultante des pressions des gaz étant toujours dirigée vers le centre de figure, l'effet immédiat de l'excentricité est de faire contracter au mobile, en outre de son mouvement de translation, une rotation autour d'un axe passant par le centre de gravité.

Lorsque le rayon mené par ce point se trouve dans le plan de tir et sur une perpendiculaire à l'axe de la pièce, la symétrie du système indique que l'axe de rotation doit être horizontal et perpendiculaire au plan de tir, l'hémisphère antérieur tourné de bas en haut ou de haut en bas, suivant que le centre de gravité est au-dessus ou au-dessous du centre de figure.

Ainsi, quand le projectile est doué d'un mouvement de rotation autour d'un axe horizontal et perpendiculaire au plan de tir, la portée est augmentée si l'hémisphère antérieur tourne de bas en haut, elle est diminuée s'il tourne de haut en bas.

Lorsque le rayon mené par le centre de gravité est perpendiculaire au plan de tir, il est clair que l'hémisphère antérieur tourne de droite à gauche ou de gauche à droite, suivant que le centre de gravité se trouve à gauche ou à droite.

Ainsi, quand l'hémisphère antérieur tourne de droite à gauche, le projectile est dévié à gauche; si l'hémisphère tourne de gauche à droite, la déviation a lieu à droite.

De sorte que le sens de la déviation est toujours le même que celui de la rotation de l'hémisphère antérieur.

Ces faits étant bien constatés, il n'a pas été difficile d'en donner une explication.

Lorsque le projectile a un mouvement de rotation, la vitesse absolue varie d'un point à un autre, tant en direction qu'en grandeur. On l'obtient en chaque point en cherchant la résultante de la vitesse de rotation et de la vitesse de translation; cette dernière n'est autre que celle du centre de gravité.

Cela posé, quand l'axe de rotation est, par exemple, horizontal et que la partie antérieure du mobile tourne de haut en bas, les vitesses sont plus grandes sur l'hémisphère supérieur que sur l'hémisphère inférieur; le premier tourne, en effet, de l'arrière à l'avant, et le second en sens opposé. La résistance de l'air croissant avec la vitesse, la pression se trouve plus grande sur l'hémisphère supérieur; cet excès de pression abaisse le projectile et diminue la portée.

Lorsque la partie antérieure du mobile tourne de droite à gauche, la rotation s'effectue de l'arrière à l'avant sur l'hémisphère de droite et en sens opposé sur celui de gauche. C'est donc sur le premier que se trouvent les plus fortes vitesses et, par suite, les plus grandes pressions. Le projectile doit, par conséquent, être dévié vers la gauche.

Cette explication, si elle est exacte, conserve sa valeur quand il s'agit d'un projectile homogène ou composé de couches concentriques homogènes tournant autour d'un de ses diamètres. Si donc ce diamètre est perpendiculaire au plan de tir, la portée doit être augmentée ou diminuée, suivant que la partie antérieure tourne de bas en haut ou de haut en bas.

Les expériences du Dr Magnus [1] confirment cette hypothèse. Peu importe que ce soit l'air ou le projectile qui se trouve animé du mouvement de translation; l'action que subit ce dernier est la même dans les deux cas.

---

[1] *Mémoire sur les déviations des projectiles dans l'air*, par le Dr Magnus, traduction Delobel; Liège, 1852.

Une barre horizontale et parfaitement équilibrée était mobile autour d'un axe vertical. A l'une des extrémités était fixé un anneau vertical perpendiculaire au plan vertical passant par la barre. Dans cet anneau était logé un cylindre vertical mobile autour de son axe. A une faible distance se trouvait un petit ventilateur mobile dont l'axe était horizontal et toujours placé dans le plan vertical passant par la barre. Le prolongement de cet axe rencontrait le cylindre en son milieu.

Lorsque le cylindre ne tournait pas, le courant produit par le ventilateur ne troublait pas l'immobilité de l'appareil; mais quand on imprimait une rotation au cylindre, l'appareil tournait en marchant du côté où la surface du cylindre se dirigeait dans le même sens que le courant. La pression était donc plus forte sur le côté opposé.

Poisson, dans son *Traité de Mécanique,* publié en 1835, alors qu'aucune expérience n'avait été faite à ce sujet, a été conduit à une conclusion tout à fait opposée; mais il s'est borné à considérer les effets du frottement qui, par suite de la rotation du mobile, s'établit entre l'air et la surface de ce dernier. Ce frottement est plus fort sur l'hémisphère antérieur que sur l'hémisphère postérieur, attendu que la pression y est beaucoup plus considérable. C'est donc l'action sur l'hémisphère antérieur qui se trouve prédominante; elle est évidemment dirigée dans un sens contraire à celui de la rotation et donne naissance à une force qui augmente ou diminue les effets de la pesanteur, suivant que la partie antérieure tourne de bas en haut ou de haut en bas. De là Poisson conclut que la portée est diminuée dans le premier cas et augmentée dans le second. Ces conséquences étant tout à fait contraires aux faits observés, tout ce que l'on peut conclure de ce raisonnement, c'est que le frottement ne joue ici qu'un rôle fort secondaire.

§ 4. — Application aux projectiles sphériques ordinaires. Véritable direction de la résistance de l'air.

Dans les projectiles sphériques ordinaires, le centre de gravité ne se confond jamais avec le centre de figure, mais cette excentricité, toujours fort petite, ne donne naissance qu'à de faibles mouvements de rotation; et comme d'ailleurs, lorsque le tir se prolonge, ils se produisent indifféremment dans tous les sens, leurs effets sont sans influence sur la trajectoire moyenne.

Mais il n'en est pas de même d'une autre rotation que le projectile contracte par suite du frottement qu'il éprouve contre la paroi inférieure de l'âme; l'axe autour duquel elle s'opère est généralement horizontal et l'hémisphère antérieur tourne de haut en bas.

Le général Didion mentionne dans son *Traité de Balistique* quelques essais entrepris en vue de constater l'existence de ce mouvement. On constatait le dérangement qu'avait subi le diamètre du projectile, primitivement parallèle à l'axe de l'âme, dans un trajet de quelques mètres compris entre sa sortie de la bouche à feu et son entrée dans un massif pénétrable. On a trouvé, par exemple, qu'un obus ordinaire de 15^{cm}, lancé par l'obusier de campagne, possède au point de départ un mouvement de rotation capable de lui faire faire par seconde 10,8 tours ou 16,3 tours, suivant que la charge est de $0^{kg},5$ ou de $1^{kg},0$, l'hémisphère antérieur tournant de haut en bas.

Les vitesses correspondantes prises à l'extrémité d'un rayon perpendiculaire à l'axe sont respectivement de 5^m et de $7^m,5$, en sorte que chacune se trouve à peu près égale à $\frac{1}{52}$ de la vitesse de translation.

D'après les faits rapportés précédemment, cette rotation doit diminuer la portée; et de là vient, sans doute, la nécessité où l'on se trouve d'atténuer les valeurs des vitesses initiales lorsqu'on veut faire concorder avec l'expérience les résultats que donnent pour de faibles inclinaisons les formules où la résistance de l'air est réduite à une force tangentielle.

La ligne autour de laquelle le corps tourne resterait constamment parallèle à la position primitive, si elle coïncidait avec un des axes de l'ellipsoïde central et si, de plus, la direction de la résistance de l'air passait par le centre de gravité ou, sans passer par ce point, restait au moins dans le plan de tir; mais ce sont des circonstances sur lesquelles on ne peut compter. L'axe de la rotation change donc continuellement de direction. On aura une idée de la manière dont il se déplace en considérant un cas assez simple pour qu'on puisse y appliquer la théorie exposée dans le Chapitre I de la seconde Partie, § 2. On se conformera, d'ailleurs, aux hypothèses admises dans cette théorie en regardant l'ellipsoïde central du boulet comme un corps de révolution.

Supposons que l'horizontale autour de laquelle s'effectue la rotation initiale coïncide avec l'axe de l'ellipsoïde et que la direction de la résistance de l'air la rencontre, mais sans passer par le centre de gravité. Dans ce cas, l'axe de la rotation tournera autour d'une droite menée par ce point parallèlement à la direction de la résistance. Lorsqu'il aura ainsi accompli une demi-révolution, l'hémisphère antérieur du boulet, qui, à l'origine du mouvement, tournait de haut en bas, tournera, au contraire, de bas en haut, et la rotation augmentera l'étendue de la portée.

Il suit évidemment de là que la résistance totale de l'air n'est pas dirigée suivant la tangente à la trajectoire. Si donc l'on veut se conformer à la réalité, il faut joindre à la composante tangentielle une composante normale qui, dès qu'il ne s'agit que de la trajectoire moyenne, doit être considérée comme contenue dans le plan de tir.

C'est ce que le général Didion a essayé de faire dans quelques cas particuliers.

Cette nouvelle composante varierait d'intensité et changerait même de sens dans le cours d'un trajet un peu long, et la nécessité d'avoir égard à ces circonstances ajouterait de singulières complications à un sujet hérissé déjà de tant de difficultés.

Les considérations précédentes peuvent donner l'explication d'un fait signalé dans le § 14, lorsqu'on a cherché à vérifier la constance du coefficient K qui entre dans l'équation du troisième degré substituée à la véritable équation de la trajectoire, quand l'inclinaison de la bouche à feu ne surpasse pas 10°. Ce coefficient, qui, d'après toutes les théories admises antérieurement, devait croître assez rapidement à mesure que l'inclinaison devenait plus grande, a paru, au contraire, éprouver un léger décroissement; et, en effet, quand l'inclinaison est très faible, la rotation du mobile reste, pendant tout le cours du trajet, dirigée de manière à réduire la grandeur de la portée; il n'en est plus ainsi quand l'inclinaison devient plus grande.

§ 5. — La proximité du sol a-t-elle quelque influence sur les portées ?

L'air lancé par l'hémisphère antérieur du boulet rencontre du côté du sol un obstacle qui ne se trouve pas dans la partie supérieure : de là une réaction qui, suivant le général Piobert, tend à relever le projectile et dont l'influence est sensible, tant que le canon, monté sur son affût ordinaire, n'a pas une inclinaison supérieure à 3°. Des élévations ou de fortes dépressions de terrain qui existeraient à une petite distance de la bouche à feu modifieraient notablement la trajectoire; dans quelques circonstances, le coup pourrait être relevé de 3^m ou abaissé de 2^m. Le projectile serait aussi relevé dans le tir au-dessus de la surface de la mer; seulement, cette surface se déprimant, l'effet serait moindre (*Traité d'Artillerie*, Partie pratique).

Le général Didion pense que la réaction ne se fait sentir qu'après le passage du projectile et ne peut, par suite, apporter aucune modification à la trajectoire. Il rapporte succinctement les résultats d'expériences exécutées sur ce sujet à Metz, en 1846.

On s'est servi de deux canons de 16 pointés sous la même inclinaison. Chacun de ces canons a été placé successivement sur trois plates-formes : l'une à $0^m,72$ au-dessous du sol; la seconde, sur le terrain même; la troisième, à $1^m,04$ au-dessus; de sorte que la hauteur du centre de la tranche au-dessus du sol a été tour à tour de $0^m,75$, $1^m,47$ et $2^m,51$. Pour chaque canon, on a employé successivement les charges du $\frac{1}{5}$ et du $\frac{1}{6}$ du poids du boulet. Les ordonnées ont été mesurées aux distances de 100^m, 200^m et 400^m (probablement à l'aide de filets). Les trois positions des bouches à feu ont donné les mêmes valeurs moyennes.

De là, on peut conclure que la proximité du sol n'exerce aucune influence sur la trajectoire du projectile.

CHAPITRE IX.

DÉVIATIONS DES PROJECTILES SPHÉRIQUES.

---

§ 1. — Considérations générales.

Lors même que dans une expérience on s'attache à rendre toutes les circonstances du tir aussi identiques que possible, les diverses trajectoires particulières diffèrent les unes des autres. La distance qui, à chaque instant, sépare un projectile de la trajectoire moyenne a reçu le nom de *déviation*.

Elle est le résultat de plusieurs causes qu'on ne peut écarter complètement : 1° la vitesse initiale éprouve des variations; 2°. la direction que suit le centre de gravité du mobile, en sortant de la bouche à feu, ne se confond pas en général avec celle de la tangente à la trajectoire moyenne; ces deux lignes comprennent un petit angle qui constitue *l'écart angulaire initial;* 3° la résistance de l'air, par suite de la rotation dont le mobile est toujours animé, donne naissance à une force déviatrice.

Tant qu'il ne s'agit que des projectiles sphériques ordinaires, la trajectoire moyenne doit être considérée comme renfermée dans le plan de tir, du moins si le mouvement s'opère dans un air calme; c'est la conséquence de la symétrie du système par rapport à ce plan.

A l'écart angulaire initial, on peut substituer ses deux projections, l'une sur le plan de tir, l'autre perpendiculaire à ce plan; la première est l'écart vertical, la seconde l'écart latéral.

Soient

α l'angle de départ,

X la portée,
ε l'écart angulaire latéral,
ε' la projection horizontale de cet écart.

Il est aisé de voir que

$$\tang \varepsilon' = \frac{\tang \varepsilon}{\cos \alpha}.$$

On donne le nom de *déviation latérale* à la quantité dont, au point de chute, le projectile s'écarte du plan de tir, soit à droite, soit à gauche.

Si cette déviation n'était occasionnée que par l'écart initial, elle serait évidemment égale à $X \tang \varepsilon'$, c'est-à-dire à $\dfrac{X \tang \varepsilon}{\cos \alpha}$.

Quelles que soient les causes qui la produisent, il faut les considérer comme agissant indifféremment dans un sens ou dans l'autre, de manière que dans une longue suite d'épreuves les mêmes variations se reproduisent à droite et à gauche du plan de tir; autrement la symétrie n'existerait pas relativement à ce plan. Souvent, il est vrai, il n'en est pas ainsi, et il arrive que quelque cause particulière fait dévier les projectiles d'un côté plutôt que de l'autre; on en élimine alors les effets en rapportant tous les coups à la direction moyenne du tir, et c'est relativement à cette ligne que sont prises les déviations latérales; elle est déterminée par la condition que la somme des déviations à droite soit égale à la somme des déviations à gauche.

Lorsqu'on fait la somme des valeurs numériques de toutes les déviations, quel que soit leur sens, et qu'on divise cette somme par leur nombre, on a la *déviation latérale moyenne*. On la désignera par la lettre q.

La *déviation longitudinale* est la quantité dont la portée particulière que l'on considère diffère de la portée moyenne, soit en plus, soit en moins.

Lorsqu'on fait la somme des valeurs numériques de toutes les déviations longitudinales obtenues dans le tir et qu'on divise cette somme par le nombre de coups, on a la *déviation longitudinale moyenne*. On la désignera par la lettre Q.

Enfin, on appelle *déviation verticale* la quantité dont le projectile s'élève au-dessus de la trajectoire moyenne ou s'abaisse au-dessous.

§ 2. — Déviation latérale moyenne.

Il serait facile d'obtenir l'expression de la déviation latérale moyenne, si elle ne devait être attribuée qu'aux écarts initiaux.

Soient, en effet,

$\varepsilon_1, \varepsilon_2, \varepsilon_3, \ldots$ les valeurs numériques des divers écarts angulaires latéraux,
$\alpha_1, \alpha_2, \alpha_3, \ldots$ les angles de départ correspondants,
ε l'écart angulaire latéral moyen,
α l'angle de départ moyen,
n le nombre de coups.

Il est clair que, vu la petitesse des angles $\varepsilon_1, \varepsilon_2, \varepsilon_3$,

$$\tan \varepsilon = \frac{\tan \varepsilon_1 + \tan \varepsilon_2 + \tan \varepsilon_3 + \ldots}{n}.$$

Soit encore X la portée moyenne; les diverses portées particulières peuvent être représentées par

$$X + \Delta_1, \quad X + \Delta_2, \quad X + \Delta_3, \quad \ldots,$$

$\Delta_1, \Delta_2, \Delta_3, \ldots$ désignant des quantités positives ou négatives telles que $\Delta_1 + \Delta_2 + \Delta_3 + \ldots = 0$. Les valeurs numériques de ces quantités sont les diverses déviations longitudinales.

Si les déviations latérales étaient uniquement dues aux écarts, elles seraient respectivement égales à

$$(X + \Delta_1)\frac{\tan \varepsilon_1}{\cos \alpha_1}, \quad (X + \Delta_2)\frac{\tan \varepsilon_2}{\cos \alpha_2}, \quad (X + \Delta_3)\frac{\tan \varepsilon_3}{\cos \alpha_2}, \quad \ldots,$$

et leur valeur moyenne, désignée par q', serait donnée par l'équation

$$q' = \left(\frac{\tang \varepsilon_1}{\cos \alpha_1} + \frac{\tang \varepsilon_2}{\cos \alpha_2} + \frac{\tang \varepsilon_3}{\cos \alpha_3} + \ldots \right) \frac{X}{n}$$
$$+ \left(\Delta_1 \frac{\tang \varepsilon_1}{\cos \alpha_1} + \Delta_2 \frac{\tang \varepsilon_2}{\cos \alpha_2} + \ldots \right) \frac{t}{n}.$$

La bouche à feu conservant la même inclinaison pendant toute la durée du tir, il est bien clair que les cosinus des angles $\alpha_1, \alpha_2, \alpha_3, \ldots$ ne peuvent différer que très peu les uns des autres et, par conséquent, de $\cos \alpha$. Par suite, à cette équation, on peut substituer la suivante :

$$q' = \frac{\tang \varepsilon_1 + \tang \varepsilon_2 + \tang \varepsilon_3 + \ldots}{n} \cdot \frac{X}{\cos \alpha}$$
$$+ \frac{\Delta_1 \tang \varepsilon_1 + \Delta_2 \tang \varepsilon_2 + \ldots}{n \cos \alpha}.$$

Le premier terme du second membre est égal à $X \frac{\tang \varepsilon}{\cos \alpha}$. Quant au second, il est négligeable ; en effet, les facteurs $\Delta_1, \Delta_2, \Delta_3, \ldots$, les uns positifs, les autres négatifs, ont une somme nulle ; et les facteurs positifs $\tang \varepsilon_1, \tang \varepsilon_2, \ldots$ sont tous très petits. Le numérateur $\Delta_1 \tang \varepsilon_1 + \Delta_2 \tang \varepsilon_2 \ldots$ n'a donc qu'une faible valeur que la division par n fait à peu près disparaître.

Ainsi, quand le nombre des épreuves est considérable, on a sensiblement

$$q' = X \frac{\tang \varepsilon}{\cos \alpha}.$$

Dans le tir surbaissé où $\cos \alpha$ diffère peu de l'unité, la déviation latérale moyenne serait, d'après cela, proportionnelle à la distance. Il est, d'ailleurs, bien reconnu qu'elle croît beaucoup plus rapidement, et cette seule remarque suffit pour mettre en évidence l'existence des forces déviatrices.

La déviation latérale moyenne du tir est ainsi le résultat du

DÉVIATIONS DES PROJECTILES SPHÉRIQUES. 327

concours de deux causes ; et en admettant que le théorème démontré dans la Note II placée à la fin du Volume, pour les carrés moyens des écarts, s'applique également aux carrés des écarts moyens, le carré de cette déviation latérale moyenne doit être égal à la somme des carrés des deux déviations latérales moyennes que produiraient ces deux causes si elles agissaient isolément.

Si donc q' désigne la déviation latérale moyenne qui serait uniquement due aux écarts angulaires et q'' celle qui serait le résultat de la seule action des forces déviatrices, on a

$$q^2 = q'^2 + q''^2.$$

A une petite distance de la bouche à feu, les effets des forces déviatrices sont encore peu sensibles ; le terme q''^2 est alors négligeable ; de sorte que l'on a à très peu près $q = q'$.

Cette circonstance se présente surtout dans le tir à mitraille, où les écarts angulaires sont, d'ailleurs, très considérables ; et la dispersion moyenne des balles reste proportionnelle à la distance, tant que celle-ci ne dépasse pas 300^m ou 400^m (Chapitre XII).

Mais les effets des forces déviatrices croissent rapidement à mesure que la distance augmente ; ils ne tardent pas à surpasser de beaucoup ceux des écarts angulaires, de sorte que, le terme q'^2 devenant négligeable à son tour, on a à peu près $q = q''$.

Si le projectile subissait à chaque instant et toujours du même côté l'action de la force déviatrice latérale moyenne, sa trajectoire aurait pour projection horizontale la courbe que l'on forme en prenant pour abscisses les distances et pour ordonnées les déviations latérales moyennes, et qu'on peut appeler *courbe des déviations latérales*.

La force déviatrice latérale moyenne serait à chaque instant perpendiculaire au plan vertical passant par l'élément de cette trajectoire.

De là il résulte que, pour former l'équation de la courbe

des déviations latérales, on peut considérer la force déviatrice latérale moyenne comme étant dirigée à chaque instant suivant la normale à cette courbe.

Il est clair que la courbe des déviations latérales tourne constamment sa convexité vers l'axe des abscisses et qu'au point de départ elle est tangente à ce dernier, puisque les choses se passent comme si l'écart initial était nul.

L'hypothèse la plus simple que l'on puisse admettre, touchant la nature de la force déviatrice latérale moyenne, consiste à regarder cette force comme étant proportionnelle à la vitesse de translation et au grand cercle du projectile.

Soient donc

a le diamètre du projectile,
p son poids en kilogrammes,
v sa vitesse de translation après un temps t compté depuis l'origine du mouvement.

La force déviatrice serait représentée par

$$h\, a^2 v,$$

h désignant une constante qui dépendrait de l'état moyen du projectile et de l'atmosphère.

Il est alors facile d'obtenir l'expression de la courbe des déviations latérales.

En effet, si l'on représente par

x la distance du projectile à la bouche à feu après le temps t,
y la déviation moyenne à cette distance,
ρ le rayon de courbure de la courbe des déviations latérales au point dont les coordonnées sont x et y,

on a l'équation

$$\frac{p}{g}\frac{v_2}{\rho} = h\, a^2 v;$$

g n'étant introduit que par suite de l'expression de la masse, on peut prendre $g = 9,81$.

DÉVIATIONS DES PROJECTILES SPHÉRIQUES.

Faisant $H = gh$, on tire de l'équation précédente

$$c = H \frac{a^2}{p} \rho.$$

Or on sait que

$$\rho = \frac{\left(1 + \dfrac{dy^2}{dx^2}\right)^{\frac{3}{2}}}{\dfrac{d^2y}{dx^2}};$$

mais, la courbure étant ordinairement très petite, on peut négliger le carré de $\dfrac{dx}{dy}$, de sorte qu'on a simplement

$$\rho = \frac{1}{\dfrac{d^2y}{dx^2}},$$

et, par suite,

$$c = \frac{H \dfrac{a^2}{p}}{\dfrac{d^2y}{dx^2}}.$$

On peut considérer approximativement la résistance de l'air comme étant proportionnelle au carré de la vitesse, ce qui donne, le tir étant surbaissé,

$$c = V e^{-bx};$$

mais il faut convenir de prendre pour b une moyenne entre les valeurs que peut affecter ce coefficient pendant la durée du mouvement. On obtient ainsi l'équation

$$\frac{d^2y}{dx^2} = \frac{H}{V \dfrac{p}{a^2}} e^{bx}.$$

Intégrant deux fois et observant que x et y s'annulent

avec x,

$$y = \frac{H}{b^2 V \frac{p}{a^2}} (e^{bx} - bx - 1).$$

Développant e^{bx}, on obtient, en s'arrêtant au terme x^4,

$$y = \frac{H}{2} \frac{x^2}{V \frac{p}{a^2}} \left(1 + \frac{bx}{3} + \frac{b^2 x^2}{12} + \ldots \right);$$

b est égal à $b' \frac{a^2}{p}$; mais, vu l'incertitude qui règne sur la valeur qu'il faut attribuer à b', on a déterminé les coefficients des trois termes d'après les données de l'expérience. On a été conduit à adopter la formule suivante, dans laquelle on a remplacé, suivant l'usage, y par q et x par X :

$$q = 0,7 \frac{X^2}{V \frac{p}{a^2}} \left[1 + \frac{300 X}{5 V \frac{p}{a^2}} + \left(\frac{300 X}{5 V \frac{p}{a^2}} \right)^2 \right]$$

La vitesse initiale V, la portée X, la déviation latérale q et le diamètre a du projectile sont exprimés en mètres, le poids p en kilogrammes.

Cette équation reproduit avec une approximation suffisante les résultats moyens des expériences exécutées à Gâvre sur des bouches à feu de tous les calibres et même sur l'obusier de montagne. Elle ne convient d'ailleurs qu'à partir de la distance à laquelle l'influence des forces déviatrices devient tout à fait prédominante. Cette distance peut être évaluée à 500^m pour les canons de 30^{cm} tirant à fortes charges; pour l'obusier de montagne, elle est au-dessous de 300^m. A des distances moindres, la formule cesse de représenter les résultats du tir : elle donne des valeurs trop faibles.

Il est à observer que, dans les expériences qui ont servi de base à l'établissement de la formule, l'inclinaison des canons n'a jamais surpassé 10°.

Si les écarts initiaux devenaient supérieurs à ceux qui se produisent dans un tir exécuté avec soin, l'expression précédente cesserait d'être applicable; du moins elle ne le serait qu'à de plus grandes distances.

Au reste, les déviations sont, par leur nature même, assez variables, et il ne faut pas s'attendre à ce que des tirs de 40 ou 50 coups reproduisent exactement les résultats indiqués par la formule. Les coefficients qui entrent dans cette dernière devraient, d'ailleurs, subir une réduction, si des perfectionnements étaient introduits dans la fabrication des projectiles.

En général, dans un tir prolongé, les déviations extrêmes sont à peu près triples des déviations moyennes.

§ 3. — Influence du vent du projectile sur les déviations.

Le vent du projectile fait perdre une partie de l'action des gaz et entraîne, par suite, une diminution de la vitesse initiale, à laquelle on remédie ordinairement par une augmentation de la charge; il permet, en outre, au boulet de prendre une direction qui s'écarte de l'axe de la bouche à feu, et cette circonstance a été considérée de tout temps comme très nuisible à la justesse du tir.

C'est pour cette raison qu'on a si souvent cherché à réduire le vent. Ainsi, pour mieux assurer le tir des boulets creux, toujours plus incertain que celui des boulets massifs, on leur a donné un diamètre supérieur à celui de ces derniers, bien que, par suite de leur ensabotage, ils soient enveloppés de bandelettes en fer-blanc qui peuvent quelquefois entraver le chargement du canon.

Mais ce n'est qu'à une assez faible distance de la bouche à feu qu'une petite diminution des écarts angulaires initiaux, telle que celle qui résulterait d'une légère réduction du vent, peut avoir des effets sensibles; plus loin, les écarts initiaux disparaissent de l'expression de la déviation moyenne.

Le 1er juin 1858, un tir de 50 coups a été exécuté à Gâvre, avec une caronade de 36 et en se servant de boulets de 30 :

Calibre de la caronade..............	$173^{mm},0$
Diamètre des boulets................	$159^{mm},6$
Le vent était donc égal à...........	$13^{mm},4$
Charge de la caronade	$2^{kg},0$
Poids des boulets...................	$15^{kg},1$
Inclinaison de la caronade	$5°$
Angle de départ moyen	$5°\ 15'\ 40''$
Angle additionnel...................	$20'\ 10''$
Angle total	$5°\ 35'\ 50''$
Portée moyenne.....................	1071^m

La vitesse initiale, calculée au moyen des formules du Chapitre I, § 13, devait être égale à 267^m. On peut encore la déduire de la portée et de l'angle total, en se servant des formules du Chapitre VII, § 13. On trouve alors une valeur peu différente de la précédente, savoir 270^m.

D'après cela, la formule du § 2 assigne à la déviation latérale moyenne une valeur à peu près égale à $7^m,8$; l'expérience n'a donné que $4^m,8$. De là, il est du moins permis de conclure que les écarts initiaux provenant de l'exagération du vent n'ont pas augmenté la grandeur de la déviation latérale moyenne.

La déviation longitudinale moyenne a été de 59^m.

Il est donc inutile de s'imposer, relativement au vent, des conditions qui peuvent devenir gênantes dans le service, et l'avantage que l'on prétend obtenir en donnant aux boulets creux un diamètre supérieur à celui des boulets massifs est tout à fait illusoire.

Mais ces considérations ne concernent que les canons à âme lisse, et il faut se garder de les étendre aux canons rayés.

§ 4. — Tables des déviations latérales moyennes des projectiles sphériques.

Les Tables suivantes ont été déduites de la formule donnée dans le § 2.

DÉVIATIONS DES PROJECTILES SPHÉRIQUES. 333

Bouche à feu...	BOULETS MASSIFS DE 36. Poids.... 17kg,9 Diamètre... 1dm,692		BOULETS MASSIFS DE 30. Poids.... Diamètre...					BOULETS MASSIFS DE 12. Poids.... 6kg,093 Diamètre . 1dm,173	
	Canon de 36.	Caronade de 36.	Canon de 30 n° 1.	Canon de 30 n° 1.	Canon de 30 n° 2.	Canons n°s 1, 2, 3 et 4.	Canon n° 4. Obusier de 16cm.	Caronade de 30. 15kg,1 1dm,196	Canon de 12.
Charge en kilog.	6,00	4,5	2,0	5,0	3,75	3,75	2,5	2,0	1,6	2,0	1,5
Vitesse initiale du boulet.	494m	466m	311m	485m	455m	446m	397m	367m	315m	500m	467m
Distance.	Déviation.	Déviation.	Déviation.	Déviation.	Déviation.	Déviation.	Déviation.	Déviation.	Déviation.	Déviation.	Déviation.
m	m	m	m	m	m	m	m	m	m	m	m
600	0,9	1,0	1,2	1,0	1,1	1,1	1,2	1,4	1,6	1,3	1,4
800	1,7	1,8	2,2	1,9	2,0	2,1	2,4	2,6	3,1	2,6	2,8
1000	2,8	3,0	3,6	3,0	3,3	3,4	3,9	4,3	5,2	4,2	4,7
1200	4,2	4,5	5,5	4,6	5,1	5,2	6,0	6,6	8,1	6,6	7,2
1400	6,0	6,5	7,9	6,6	7,3	7,5	8,6	9,7	11,8	9,4	10,4
1600	8,2	8,8	11,0	9,0	10,1	10,4	12,0	13,5	16,6	13,2	14,5
1800	10,8	11,7	14,7	12,0	13,5	13,9	16,1	18,2	22,6	17,7	19,7
2000	14,0	15,2	19,2	15,5	17,6	18,2	21,1	23,9	30,0	23,2	25,9
2200	17,7	19,3	24,6	19,7	22,5	23,1	27,0	30,8	38,9	»	»
2400	23,1	24,1	30,0	24,6	28,2	29,2	34,1	38,9	49,6	»	»

On a pu réunir quelques bouches à feu dans une même colonne, les vitesses correspondantes n'offrant que de très légères différences.

PREMIÈRE PARTIE. — CHAPITRE IX.

Bouche à feu.	BOULETS CREUX de 22cm ensabotés. Poids..... 7kg,0 Diamètre.. 2dm,202		BOULETS CREUX DE 17cm ensabotés. Poids..... 13kg,9 Diamètre.. 1dm,602		BOULETS CREUX DE 16cm ensabotés. Poids..... .... Diamètre..					BOULETS CREUX DE 12cm ensabotés. Poids..... 4kg,310 Diamètre.. 1dm,183	
	Obusier de 22cm n° 1.		Canon de 36.	Caronade de 36.	Canon de 30 n° 1.	Canon de 30 n° 2.	Canons n°s 1, 2, 3 et 4.	Canon n° 4. Obusier de 16cm.	Caronade de 30.	Canon de 12.	Obusier de campagne.
Charge en kilog...	3,50		4,5	2,0	3,75	3,75	2,50	2,00	1,6	1,50	0,27
Vitesse initiale...	382m		520m	353m	516m	500m	462m	425m	360m	548m	244m
Distance.	Déviation.		Déviation.	Déviation.	Déviation.	Déviation.	Déviation.	Déviation.	Déviation.	Déviation.	Déviation.
m	m		m	m	m	m	m	m	m	m	m
600	1,0		1,1	1,6	1,3	1,3	1,5	1,6	2,0	1,9	5,7
800	2,7		2,2	3,1	2,4	2,4	2,8	3,1	3,9	3,6	12,2
1000	4,5		3,6	5,3	4,0	4,1	4,6	5,3	6,4	6,1	22,8
1200	6,9		5,4	8,2	6,2	6,3	7,2	8,1	10,3	9,6	38,7
1400	10,0		7,8	11,9	8,9	9,0	10,4	11,8	15,3	14,1	»
1600	13,9		10,7	16,8	12,3	12,6	14,6	16,0	21,7	20,1	»
1800	18,8		14,3	22,8	16,6	16,9	19,7	22,6	29,5	27,6	»
2000	24,8		18,7	30,3	21,7	22,7	26,1	29,9	40,0	36,9	»

§ 5. — Comparaison des déviations latérales et des déviations verticales. — Observations faites à bord du bâtiment-école de Toulon.

Jusqu'à présent, les déviations longitudinales des boulets sphériques n'ont été l'objet d'aucune étude, mais les déviations verticales ont donné lieu à quelques recherches.

En général, les déviations verticales sont supérieures aux déviations latérales ; mais, quand le tir est très surbaissé, la différence des moyennes est extrêmement faible et de nature à être négligée.

C'est ce qui résulte, par exemple, des tirs exécutés à Metz, en 1846, avec un canon de 16, contre des réseaux en ficelles (Chapitre VII, § 10) :

OBSERVATIONS.	DISTANCE.		
	200ᵐ.	400ᵐ.	600ᵐ.
Déviation verticale moyenne............	0,31	0,85	1,31
Déviation latente moyenne............	0,28	0,72	1,29

On doit à M. Lewal, capitaine de frégate, longtemps employé à l'école des matelots-canonniers, une suite de nombreuses observations dont il a consigné les résultats dans un Ouvrage publié en 1863, sous le titre de *Traité pratique d'Artillerie navale*.

Voici la manière dont il expose les procédés qu'il a suivis :
« ... Le bâtiment-école était à voiles ; il faisait la plus grande partie de ses tirs devant une falaise située dans la rade des îles d'Hyères, au lieu appelé *la Badine*. Cette falaise, composée de roches schisteuses et d'un relief assez irrégulier, avait sa crête supérieure à peu près horizontale et élevée de 20ᵐ au-dessus du rivage de la mer. Le but sur lequel on tirait était habituellement un ballon de toile (d'un diamètre

compris entre $0^m,6$ et $1^m,8$), et monté sur une hampe ou une saillie de rocher peinte en blanc. Il était, dans tous les cas, contigu à la falaise, et son élévation au-dessus de la mer variait de 2^m à 4^m. Le choc des boulets contre la falaise était donc assez apparent pour qu'on jugeât des écarts par rapport au but.

» Pour les écarts en hauteur, l'appréciation était facile : l'œil juge aisément des rapports d'éloignement dans un espace restreint, limité par deux lignes droites parallèles, distantes entre elles de 20^m comme celles que présentaient l'horizon de la mer et la crête de la falaise.

» Avec un peu d'habitude, il est facile de constater que tel boulet a frappé à $\frac{1}{2}, \frac{1}{3}, \frac{1}{4}, \frac{1}{5}$ de la hauteur de la falaise, et, à mesure que l'éducation de l'œil se fait, il peut apprécier des distances de plus en plus petites.

» Pour les écarts en direction, la difficulté est plus grande; mais certains détails des roches, certaines marques apparentes viennent en aide à l'observateur. En comparant à l'avance leur écartement du but à la hauteur de la falaise, on parvient à se faire une idée assez nette des écarts latéraux des projectiles. L'exactitude est, toutefois, un peu moindre que pour les écarts verticaux.

» Ce n'est qu'après m'être exercé pendant une année à estimer les déviations que j'ai commencé à recueillir les chiffres qui figurent dans mon travail.

» Je notais toutes les circonstances du tir et leurs variations. J'appréciais les écarts latéraux en mètres et les hauteurs des points de chute en fractions de celle de la falaise. L'élévation du but étant connue, il était facile d'obtenir les déviations verticales.

» Au bout d'une quarantaine de tirs, j'avais ainsi des observations sur plusieurs milliers de coups tirés dans des circonstances très diverses. »

DÉVIATIONS DES PROJECTILES SPHÉRIQUES.

Résultats moyens des observations.

OBSERVATIONS.	DÉVIATION MOYENNE		DISTANCE moyenne.
	latérale.	verticale.	
Canon de 30 n° 1, boulets massifs, charges $3^{kg},75$ et $2^{kg},5$...	$5^m,83$	$4^m,46$	1100^m
Canons de 30 n° 2, *idem*........	$5,32$	$4,14$	1100
Caronade de 30, boulets massifs, charge $1^{kg},60$.....................	$6,76$	$5,06$	1100
Obusier de 22^{cm} n° 1, boulets creux, charge $3^{kg},5$..................	$6,07$	$4,61$	1000

La déviation verticale se montre ici inférieure à la déviation latérale; mais M. Lewal fait observer que généralement on abaissait un peu la direction du tir, en sorte que le point réellement visé se trouvait au-dessous du centre du ballon. Un nombre considérable de boulets, 24 pour 100, a ricoché sur la mer avant de rencontrer la falaise; il n'en a pas été tenu compte dans la formation du Tableau précédent, qui ne concerne que les coups où la falaise a été atteinte de plein fouet.

Ainsi, quand les boulets s'élevaient au-dessus du point visé, les valeurs assignées à leurs déviations verticales devaient être un peu trop faibles, et, quant à ceux qui passaient au-dessous, leurs déviations se trouvaient écartées, dès qu'elles surpassaient la hauteur du point au-dessus du niveau de la mer.

Les valeurs des déviations verticales moyennes étaient donc réellement supérieures à celles qui leur sont attribuées dans le Tableau.

Les déviations latérales offrent une anomalie, car le tir du 30 n° 1 ne doit pas avoir moins de justesse que celui du 30 n° 2. Quoi qu'il en soit, en comparant leurs valeurs à celles que donne la formule du § 2, on a les résultats suivants :

Bouches à feu.	Rapport de la déviation latérale moyenne observée a la déviation calculée.
Canon de 30 n° 1	1,298
Canon de 30 n° 2	1,169
Caronade de 30	1,006
Obusier de 22^{cm}	1,127
Rapport moyen	1,15

On devait s'attendre à ce que les déviations observées dans des tirs d'exercice, et avec des moyens d'appréciation aussi imparfaits, surpasseraient celles qui sont indiquées par la formule ; toutefois, elles s'en écartent assez peu.

CHAPITRE X.

INFLUENCE DES AGITATIONS DE L'AIR SUR LE MOUVEMENT DES PROJECTILES SPHÉRIQUES.

§ 1. — Considérations générales.

Dans le cours de ce Chapitre,

V représentera la vitesse initiale du projectile,
α l'angle de départ,
X la portée dans l'air calme,
T la durée du trajet dans l'air calme.

Les valeurs de X et de T étant toujours déterminées par celles de V et de α, on peut, par suite, poser

$$X = F(\alpha, V),$$
$$T = \varphi(\alpha, V) = f(\alpha, V, X),$$

attendu que la portée X est elle-même une fonction de α et de V.

Lorsque l'atmosphère est agitée, on peut supposer qu'une vitesse égale et opposée à celle du vent est, au moment où le boulet sort du canon, imprimée à toutes les parties du système; les positions relatives de ces dernières ne sont pas changées, mais l'air est ramené au calme.

Qu'on imagine, au point de départ du projectile, trois axes de coordonnées rectangulaires, Ox, Oy, Oz, dont l'un soit vertical.

La vitesse initiale du mobile peut être remplacée par ses composantes V_1, V_2, V_3, suivant les trois axes. Lorsque l'air est calme, la connaissance de ces composantes suffit pour déterminer complètement la trajectoire.

Si donc x, y, z désignent les coordonnées de la position du projectile au bout du temps t, on peut poser

$$x = f_1(t, V_1, V_2, V_3),$$
$$y = f_2(t, V_1, V_2, V_3),$$
$$z = f_3(t, V_1, V_2, V_3).$$

Quand l'atmosphère est agitée, on y rétablit le calme en imprimant, au moment où le projectile sort du canon, à toutes les parties du système, une vitesse égale et opposée à celle du vent. Rien ne s'oppose, d'ailleurs, à ce que les axes de coordonnées conservent leur fixité.

Généralement la direction du vent est oblique relativement à l'horizon, et sa vitesse est très faible, comparée à celle que l'explosion communique au projectile. Soient W_1, W_2, W_3 ses composantes suivant les trois axes. Par suite du mouvement général imprimé au système, le projectile possède, au moment où il sort du canon, une vitesse dont les composantes suivant les axes sont

$$V_1 + W_1, \quad V_2 + W_2, \quad V_3 + W_3.$$

Les coordonnées de la position où il se trouve au bout du temps t sont, par conséquent, données par les équations

$$x = f_1(t, V_1 + W_1, V_2 + W_2, V_3 + W_3),$$
$$y = f_2(t, V_1 + W_1, V_2 + W_2, V_3 + W_3),$$
$$z = f_3(t, V_1 + W_1, V_2 + W_2, V_3 + W_3),$$

ou, en développant et négligeant les termes où la somme des exposants de W_1, W_2, W_3 est supérieure à l'unité,

$$(1) \begin{cases} x = f_1(t, V_1, V_2, V_3) + \dfrac{df_1}{dV_1} W_1 + \dfrac{df_1}{dV_2} W_2 + \dfrac{df_1}{dV_3} W_3, \\ y = f_2(t, V_1, V_2, V_3) + \dfrac{df_2}{dV_1} W_1 + \dfrac{df_2}{dV_2} W_2 + \dfrac{df_2}{dV_3} W_3, \\ z = f_3(t, V_1, V_2, V_3) + \dfrac{df_3}{dV_1} W_1 + \dfrac{df_3}{dV_2} W_2 + \dfrac{dV_3}{df_3} W_3. \end{cases}$$

Mais, au moment de la sortie du projectile, le canon reçoit une vitesse dont les composantes suivant les axes sont W_1, W_2, W_3. Il en résulte que, si x_1, y_1, z_1 désignent les coordonnées de la position où il se trouve au bout du temps t,

$$(2) \quad \begin{cases} x_1 = tW_1, \\ y_1 = tW_2, \\ z_1 = tW_3. \end{cases}$$

Les systèmes d'équations (1) et (2) déterminent les portions relatives du boulet et du canon au bout d'un temps quelconque t.

Il est visible que l'on serait parvenu aux mêmes expressions si l'on avait considéré l'influence de chacune des vitesses W_1, W_2, W_3 prise isolément et sans s'inquiéter des deux autres, et faisant ensuite la somme des résultats.

Cette remarque est importante.

La vitesse du vent peut toujours être décomposée en trois autres dont deux horizontales, l'une parallèle, l'autre perpendiculaire au plan de tir, la troisième verticale et généralement dirigée de haut en bas. Il suffit donc d'étudier séparément les effets de ces trois composantes.

En d'autres termes, la question générale est ramenée à rechercher :

1° L'influence d'un vent horizontal parallèle au plan de tir ;

2° Celle d'un vent horizontal perpendiculaire au plan de tir ;

3° Celle d'un vent vertical agissant généralement de haut en bas.

Mais il ne faut pas oublier que ces conséquences supposent que la vitesse du vent est très petite relativement à la vitesse initiale du projectile.

§ 2. — Influence d'un vent horizontal parallèle au plan de tir.

Pour fixer les idées, on peut supposer que le vent vient de l'arrière. Soit W sa vitesse. On ramène le calme dans l'atmosphère en imprimant à toutes les parties du système une vitesse égale à W_1 et dirigée de l'avant vers l'arrière.

La composante verticale de la vitesse initiale du projectile est égale à $V \sin \alpha$; mais la composante horizontale devient $V \cos \alpha - W_1$. L'angle de départ est donc changé; et, en le désignant par α_1, on a

$$\tan \alpha_1 = \frac{V \sin \alpha}{V \cos \alpha - W_1}.$$

De plus, si V_1 représente la vitesse initiale,

$$V_1^2 = V^2 \sin^2 \alpha + (V \cos \alpha - W_1)^2,$$
$$V_1^2 = V^2 - 2 V W_1 \cos \alpha + W_1^2.$$

La vitesse du vent étant toujours fort petite relativement à celle du boulet, on peut, sans inconvénient, supprimer le dernier terme ou le multiplier par $\cos^2 \alpha$. Dans ce dernier cas, on a

$$V_1 = V - W_1 \cos \alpha.$$

A cette vitesse V_1 et à l'angle de départ α_1 correspond dans l'air devenu calme une portée X' qu'on peut calculer par l'équation

$$X' = F(\alpha_1, V_1);$$

et, si T_1 désigne la durée du trajet,

$$T_1 = f(\alpha_1, V_1, X').$$

Mais, pendant ce temps T_1, le canon parcourt, de l'avant vers l'arrière, un espace égal à $W_1 T_1$, de sorte qu'au moment de la chute la distance qui le sépare du boulet est égale à $X' + W_1 T_1$. Si donc X_1 désigne la portée, on a

$$X_1 = X' + W_1 T_1.$$

Lorsque le vent vient de l'avant, des raisonnements analogues conduisent à des équations qui ne diffèrent des précédentes qu'en ce que $-W_1$ y remplace W_1, ce qui revient à considérer comme positive la vitesse d'un vent venant de l'arrière, et comme négative celle d'un vent venant de l'avant.

§ 3. — Suite. — Application numérique.

Pour faire des applications de ces formules, il faudrait avoir l'expression générale de T. Les expériences faites sur les boulets sphériques ne fournissent aucune donnée à cet égard.

Lorsqu'on substitue à la trajectoire réelle la courbe du troisième degré, on obtient, en supposant la résistance de l'air dirigée suivant la tangente, l'équation

$$T = \frac{2}{\cos \alpha} \frac{1}{3V} \frac{1}{3KV^2} \left[(1 + 3KV^2 X)^{\frac{3}{2}} - 1 \right]$$

(Chapitre VII, § 17), qui, comme on le verra plus tard, s'accorde d'une manière satisfaisante avec les résultats obtenus avec les projectiles ogivaux. Il semble assez naturel d'en faire l'application aux boulets sphériques. Dans le cas actuel, les quantités α, V et X doivent être remplacées par α_1, V_1 et X'.

Données du calcul.

Boulets massifs de 30. { Diamètre....... $a = 0^m,1596$
Poids.......... $p = 15^{kg},1$
Vitesse initiale.. $V = 400^m$

Angle de départ........................ $\alpha = 10°$
Vitesse du vent dirigée de l'arrière vers
l'avant.............................. $W_1 = 10^m$

Calcul de α_1.

Formule : $\tang\alpha_1 = \dfrac{V\sin\alpha}{V\cos\alpha - W_1}$.

$\log V = 2,60206$
$\log\cos\alpha = 0,99335 - 1$
$\overline{\log V\cos\alpha = 2,59541}$
$V\cos\alpha = 393,9$ $\log V = 2,60206$
$W_1 = 10,0$ $\log\sin\alpha = 0,23967 - 1$
$\overline{V\cos\alpha - W_1 = 383,9}$ $\overline{\log V\sin\alpha = 1,84173}$
$\log(V\cos\alpha - W_1) = 2,58422\ldots\ldots\ldots\ldots\; 2,58422$

$\log\tang\alpha_1 = 0,25751 - 1$
$\alpha_1 = 10°,15'$

Calcul de V_1.

Formule : $V_1 = V - W_1\cos\alpha$.

$\log W_1\cos\alpha = 0,99335$
$W_1\cos\alpha = 9,85$
$V_1 = 400 - 9,85 = 390,15$

Calcul de X'.

Formule :
$$X' = \dfrac{1}{2K_1 V_1^2}\left[\sqrt{\left(1 + 2K_1 V_1^2\,\dfrac{2V_1^2\sin 2\alpha_1}{g}\right)} - 1\right],$$
$$10^{10} K_1 = \dfrac{257000}{V_1^{\frac{2}{5}}\dfrac{p}{a^2}}.$$

$\left.\begin{array}{l}\log V_1 = 2,59124\\ \log V_1^{\frac{2}{5}} = 1,03650\\ \log\dfrac{p}{a^2} = 2,77292\end{array}\right\}$

$\log 257\,000 = 5,40983$

$\overline{\log\dfrac{p}{a^2}V_1^{\frac{2}{5}} = 3,80942}\ldots\ldots\ldots\ldots\ldots\;\; 3,80942$

$\overline{\log 10^{10} K_1 = 1,60051}$
$\log K_1 = 0,60051 - 9$
$\log V_1^2 = 5,18248$
$\overline{\log K_1 V_1^2 = 0,78299 - 4}$

$2\alpha_1 = 20°30'$

$\log \sin 2\alpha_1 = 0,54433 - 1$

$\log V_1^2 = 5,18248$

$\log V_1^2 \sin 2\alpha_1 = 4,72681$

$\log g = 0,99167$ $\qquad\qquad\qquad \log K_1 V_1^2 = 0,78299 - 4$

$\log \dfrac{V_1^2 \sin 2\alpha_1}{g} = 3,73514$ $\qquad\qquad \log 2 = 0,30103$

$\log 2 = 0,30103$ $\qquad\qquad\qquad \log 2 K_1 V_1^2 = 0,08402 - 3$

$\log \dfrac{2 V_1^2 \sin 2\alpha_1}{g} = 4,03617 \ldots\ldots\ldots\ldots\ldots\ldots\quad 4,03617$

$\qquad\qquad\qquad\qquad\qquad \log 2 K_1 V_1^2 \dfrac{2 V_1^2 \sin 2\alpha_1}{g} = 1,12019$

$\log 2 K_1 V_1^2 = 0,08402 - 3 \qquad 2 K_1 V_1^2 \dfrac{2 V_1^2 \sin 2\alpha_1}{g} = 13,19$

$\log \dfrac{1}{2 K_1 V_1^2} = 2,91598 \qquad 2 K_1 V_1^2 \dfrac{2 V_1^2 \sin 2\alpha_1}{g} + 1 = 14,19$

$\qquad\qquad\qquad\qquad\qquad \log 14,19 = 1,15198$

$\qquad\qquad\qquad\qquad\qquad \log \sqrt{14,19} = 0,57599$

$\qquad\qquad\qquad\qquad\qquad \sqrt{14,19} = 3,766$

$\qquad\qquad\qquad\qquad\qquad \sqrt{14,19} - 1 = 2,766$

$\qquad\qquad\qquad\qquad\qquad \log 2,766 = 0,44185$

$\qquad\qquad\qquad\qquad\qquad \log \dfrac{1}{2 K_1 V_1^2} = 2,91518$

$\qquad\qquad\qquad\qquad\qquad \log X' = 3,35703$

$\qquad\qquad\qquad\qquad\qquad X' = 2275^{\text{m}}$

Calcul de T_1.

Formule : $T_1 = \dfrac{2}{\cos \alpha_1} \dfrac{1}{3 V_1} \dfrac{1}{3 K_1 V_1^2} \left[(1 + 3 K_1 V_1^2 X')^{\frac{3}{2}} - 1 \right]$

$$\log K_1 V_1^2 = 0,78299 - 4$$
$$\log 3 = 0,47712$$
$$\log 3 K_1 V_1^2 = \overline{0,26011} - 3 \ldots\ldots\ldots\ldots\ldots\ldots\ldots\ 0,26011$$
$$\log X' = 3,35703 \qquad\qquad \log V_1 = 2,59124$$
$$\log 3 K_1 V_1^2 X' = \overline{0,61714} \qquad \log(V_1 3 K_1 V_1^2) = 0,85135$$
$$3 K_1 V_1^2 X' = 4,141 \qquad\qquad \log 3 = 0,47712$$
$$1 + 3 K_1 V_1^2 X' = 5,141 \qquad \log(3 V_1 3 K_1 V_1^2) = \overline{0,32847}$$
$$\log(1 + 3 K_1 V_1^2 X') = 0,71105 \qquad \log\cos\alpha_1 = 0,99301$$
$$\log(1 + 3 K_1 V_1^2 X')^{\frac{3}{2}} = 1,06657 \qquad \log(\cos\alpha_1 3 V_1 3 K_1 V_1^2) = \overline{0,32148}$$
$$(1 + 3 K_1 V_1^2 X')^{\frac{3}{2}} = 11,66 \qquad\qquad \log 2 = 0,30103$$
$$\log \frac{\cos\alpha_1 3 V_1 3 K_1 V_1^2}{2} = \overline{0,02045}$$
$$(1 + 3 K_1 V_1^2 X')^{\frac{3}{2}} - 1 = 10,66 \qquad \log \frac{2}{\cos\alpha_1 3 V_1 3 K_1 V_1^2} = 0,97955$$
$$\log(1 + 3 K_1 V_1^2 X')^{\frac{3}{2}} - 1 = 1,02776 \qquad \ldots\ldots\ldots\ldots\ldots\ 1,02776$$
$$\log T_1 = \overline{1,00731}$$
$$T_1 = 10^s,17$$
$$W_1 T_1 = 102^m$$
$$X_1 = X' + W_1 T_1 = 2275 + 102 = 2377^m$$

On a trouvé (Ch. VII, § 14) que la portée dans l'air calme était de 2284^m. L'augmentation de portée due au vent de 10^m venant de l'arrière est donc égale à 93^m.

§ 4. — Influence d'un vent horizontal perpendiculaire au plan de tir.

La figure ci-jointe représente le plan horizontal qui passe par le point de départ O.

OA trace du plan de tir;

OB perpendiculaire à OA dans le plan horizontal.

Soit W_2 la vitesse du vent horizontal perpendiculaire au plan de tir et venant, par exemple, de la gauche.

On rétablit le calme dans l'atmosphère en imprimant à toutes les parties du système une vitesse égale et opposée à W_2. Aucun changement n'est apporté à la composante verti-

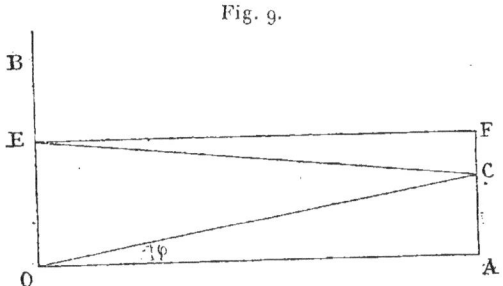

Fig. 9.

cale $V\sin\alpha$ de la vitesse initiale; mais la vitesse horizontale est la résultante des deux vitesses $V\cos\alpha$ et W_2; elle est donc égale à
$$\sqrt{V^2\cos^2\alpha + W_2^2}.$$

Par suite, si l'on désigne par V_2 la nouvelle vitesse initiale, on a
$$V_2^2 = V^2 + W_2^2.$$

Soit α_2 le nouvel angle de départ, il est clair que
$$\tang\alpha_2 = \frac{V\sin\alpha}{\sqrt{V^2\cos^2\alpha + W_2^2}}.$$

Le projectile se meut dans un plan vertical dont la trace OC est dirigée suivant la diagonale du rectangle construit sur les longueurs qui représentent les vitesses $V\cos\alpha$ et W_2. Désignant par φ l'angle AOC, on a
$$\tang\varphi = \frac{W_2}{V\cos\alpha}.$$

Soit C le point de chute, la portée OC, désignée par X'', est donnée par l'équation
$$X'' = F(\alpha_2, V_2).$$

Abaissant CA perpendiculaire sur OA, il est visible que

$$CA = X'' \sin \varphi,$$
$$OA = X'' \cos \varphi.$$

Pendant la durée T_2 du trajet, le plan de tir, en vertu du mouvement imprimé au système, parcourt, de droite à gauche, un espace égal à $W_2 T_2$; et ainsi la trace OA se trouve, au moment de la chute, transportée parallèlement à elle-même dans la position EF, en supposant $OE = W_2 T_2$, de sorte que le canon est au point E.

La portée est donc alors représentée par la longueur EC; en la désignant par X_2, on a

$$X_2^2 = \overline{EF}^2 + \overline{FC}^2 = \overline{AO}^2 + \overline{FC}^2.$$

FC est la déviation produite par le vent; or $FC = FA - CA$. Cette déviation est alors égale à

$$W_2 T_2 - X'' \sin \varphi;$$

par suite

$$X_2^2 = X''^2 \cos^2 \varphi + (W_2 T_2 - X'' \sin \varphi)^2.$$

On obtient la valeur de T par l'équation

$$T_2 = f(\alpha_2, V_2, X'').$$

Observant qu'en général la quantité W_2^2 est négligeable devant V_2^2, les quantités α_2, V_2, X'' peuvent, sans erreur sensible, être considérées comme respectivement égales à α, V, X. X_2 peut donc être considéré comme étant à peu près égal à X, c'est-à-dire que l'on peut négliger l'influence qu'un vent perpendiculaire au plan de tir exerce sur la portée.

On a aussi à très peu près $T_2 = T$, et l'expression de la déviation devient

$$W_2 T - X \sin \varphi;$$

INFLUENCE DES AGITATIONS DE L'AIR.

or
$$\tan \varphi = \frac{W_2}{V \cos \alpha};$$

donc
$$\sin \varphi = \frac{W_2}{\sqrt{V^2 \cos^2 \alpha + W_2^2}}$$

ou
$$\sin \varphi = \frac{W_2}{V \cos \alpha}.$$

En négligeant W_2^2 à côté de $V^2 \cos^2 \alpha$, la déviation a donc pour valeur

$$W_2 \left(T - \frac{X}{V \cos \alpha} \right).$$

Cette expression est nécessairement positive, car le premier des termes renfermés dans la parenthèse est la durée du trajet réelle, le second celle qui aurait lieu si le projectile conservait constamment la même vitesse horizontale.

§ 5. — Suite. — Application numérique.

Données du calcul. — *Les mêmes qu'au § 3.*

Vitesse du vent perpendiculaire au plan du tir $W_2 = 10^m$. La déviation a pour valeur

$$W_2 \left(T - \frac{X}{V \cos \alpha} \right).$$

Le calcul de T s'effectue par la formule

$$T = \frac{2}{\cos \alpha} \frac{1}{3V} \frac{1}{3KV^2} \left[(1 + 3KV^2 X)^{\frac{3}{2}} - 1 \right],$$

en prenant $X = 2284^m$ (Chap. VII, § 14) de la même manière qu'au § 3. On trouve ainsi

$$T = 10^s,1.$$

On a ensuite

$$\log X = 3{,}35872$$
$$\log V = 2{,}60206$$
$$\log \frac{X}{V} = 0{,}75666$$
$$\log \cos \alpha = 0{,}99335 - 1$$
$$\log \frac{X}{V \cos \alpha} = 0{,}76331$$
$$\frac{X}{V \cos \alpha} = 5{,}8$$
$$T - \frac{X}{V \cos \alpha} = 4{,}2$$

La déviation latérale due au vent a donc une valeur égale à 42^{m}.

§ 6. — Influence d'un vent vertical.

Il reste à s'occuper de la composante W_3, qui paraît généralement dirigée de haut en bas. Il est bien clair qu'alors elle ne peut que diminuer la portée.

La figure ci-jointe représente le plan de tir. O est le point de départ, OA une horizontale, OB une verticale.

Fig. 10.

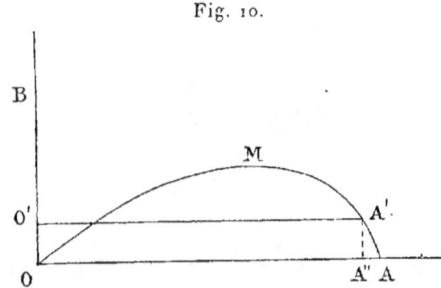

Pour établir le calme dans l'atmosphère, il faut imprimer au système une vitesse verticale égale à W_3 et dirigée de bas en haut.

La composante verticale de la vitesse initiale du projectile devient par suite $V \sin\alpha + W_3$, tandis que la composante horizontale reste égale à $V \cos\alpha$; de sorte que, en appelant α_3 l'angle de départ, on a

$$\tang \alpha_3 = \frac{V \sin\alpha + W_3}{V \cos\alpha};$$

et, en désignant par V_3 la vitesse initiale,

$$V_3^2 = (V \sin\alpha + W_3)^2 + V^2 \cos^2\alpha,$$

ou

$$V_3^2 = V^2 + 2VW_3 \sin\alpha + W_3^2,$$

d'où, en raison de la petitesse de W_3 relativement à V,

$$V_3 = V + W \sin\alpha.$$

Les valeurs de α_3 et de V_3 permettent de former l'équation de la trajectoire OMA décrite par le projectile et de calculer la valeur de OA. La vitesse W_3 imprimée au système étant, dans l'hypothèse actuelle, dirigée de bas en haut, α_3 et V_3 sont respectivement supérieurs à α et V; et, par suite, la longueur OA est plus grande que la portée dans l'air calme, tant que l'angle sous lequel on tire ne surpasse pas celui qui donne la plus grande portée.

Mais pendant que le projectile parcourt la trajectoire OMA, l'horizontale OA, animée de la vitesse verticale W_3, s'élève. Soit $O'A'$ la position qu'elle occupe au moment où elle est rencontrée par le projectile. La distance $O'A'$ représente alors la portée.

Le calcul de $O'A'$ entraînerait dans de grandes longueurs; mais, si l'on veut simplement avoir une idée de l'influence que peut exercer la composante verticale du vent, on peut procéder de la manière suivante :

OO' est égal au produit de W_3 par la durée du trajet. Admettant que cette dernière n'est pas sensiblement altérée par le vent, on peut la calculer, comme si l'air était calme, par la formule

$$T = f(\alpha, V, X).$$

Il est clair que l'action d'un vent vertical dirigé de bas en haut ne peut qu'abréger la durée du trajet; cette valeur de T est donc un peu trop grande, et, par suite, il en est de même de la valeur de OO'.

Abaissant du point A' une perpendiculaire A'A" sur OA, on forme un petit triangle AA'A" dont le côté AA' n'est pas une ligne droite, mais sa courbure est tellement petite qu'on ne commettra qu'une faible erreur en n'y ayant pas égard. L'angle A'AA" est alors égal à l'angle de chute Ω correspondant à la trajectoire OMA, et qu'on peut calculer puisqu'on connaît α_3 et V_3.

On a ainsi

$$AA'' = A'A'' \cot\Omega = W_3 T \cot\Omega;$$

enfin

$$O'A' = OA - AA'' = OA - W_3 T \cot\Omega.$$

Dans le calcul précédent, on a commis deux erreurs; la première, en augmentant la valeur de OO', diminue nécessairement la portée; la seconde, en remplaçant l'arc AA' par sa tangente au point A, l'augmente au contraire. Les deux erreurs sont donc de sens opposés.

§ 7. — Suite. — Application numérique.

Données du calcul les mêmes que dans le § 3.
Vitesse du vent verticale et dirigée de bas en haut $W_3 = 4^m$.

Calcul de α_3.

Formule : $\tang \alpha_3 = \dfrac{V \sin \alpha + W_3}{V \cos \alpha}$.

INFLUENCE DES AGITATIONS DE L'AIR.

$$\log V = 2,60206$$
$$\log \sin \alpha = 0,23967 - 1$$
$$\overline{\log V \sin \alpha = 1,84173}$$
$$V \sin \alpha = 69,46$$

$\log V = 2,60206 \qquad V \sin \alpha + W_3 = 73,46$
$\log \cos \alpha = 0,99335 - 1 \quad \log(V \sin \alpha + W_3) = 1,86605$
$\overline{\log V \cos \alpha = 2,59541} \ldots\ldots\ldots\ldots\ldots\ldots 2,59541$

$$\log \tan \alpha_3 = 0,27064 - 1$$
$$\alpha_3 = 10°34'$$

Calcul de V_3.

Formule $V_3 = V + W_3 \sin \alpha$.

$$\log W_3 = 0,60206$$
$$\log \sin \alpha = 0,23967 - 1$$
$$\overline{\log W_3 \sin \alpha = 0,84173 - 1}$$
$$W_3 \sin \alpha = 0,7$$
$$W_3 = 400,7$$

Calcul de OA.

Formule :
$$OA = \frac{1}{2 K_3 V_3^2}\left[\sqrt{\left(1 + 2 K_3 V_3^2 \frac{2 V_3^2 \sin 2\alpha_3}{g}\right)} - 1\right],$$
$$10^{10} K_3 = \frac{257000}{V_3^{\frac{2}{5}} \frac{p}{a^2}}.$$

Effectuant les calculs comme au § 3, on trouve $OA = 2365$.

Calcul de Ω.

Ω se calcule par la formule

$$\frac{\tan \Omega}{\tan \alpha} = 1 + \frac{K V^2 X}{1 + K V^2 X},$$

dans laquelle il faut prendre $\alpha = \alpha_3$, $K = K_3$, $V = V_3$,

I.

$X = OA$. Les calculs s'effectuent comme au Chapitre VII, § 14, et l'on obtient

$$\Omega = 16°37'.$$

Calcul de AA''.

Formule : $AA'' = W_3 T \cot\Omega$.

On a trouvé (§ 5)
$$T = 10'',1.$$
Donc
$$W_3 T = 40,4$$
$$\log W_3 T = 1,60638$$
$$\log \cot\Omega = 0,52516$$
$$\log AA'' = 2,13154$$
$$AA'' = 135^m.$$

Or, on a
$$O'A' = OA - AA'' = 2365 - 135,$$
$$O'A' = 2230^m.$$

La portée dans l'air calme étant de 2284^m (Chapitre VII, § 14), il en résulte qu'un vent vertical dirigé de haut en bas, dont la vitesse est égale à 4^m, diminue la portée de 54^m environ.

CHAPITRE XI.

TIR A DEUX BOULETS SPHÉRIQUES.

§ 1. — Vitesses initiales des projectiles.

Le tir à deux boulets, fréquemment employé dans la marine, a été à Gâvre, en 1838, l'objet de plusieurs expériences.

On a opéré sur trois bouches à feu différentes : un canon de 30 n° 1, un canon obusier de 30, enfin une caronade de 30.

Diamètre moyen des boulets............ $159^{mm},4$
Poids moyen........................ $15^{kg},086$

Poudre du Pont-de-Buis 1837.

Le premier boulet touchait la gargousse et se trouvait en contact immédiat avec le second ; ce dernier était arrêté par un valet annulaire dans la caronade et par un valet cylindrique dans les deux autres bouches à feu.

La fonte de fer jouissant d'une certaine élasticité, il est assez clair que les deux projectiles ne doivent pas être animés de la même vitesse initiale ; c'est ce que l'on a vérifié en mesurant leurs pénétrations dans un massif en bois de chêne.

Afin d'éviter la confusion des empreintes, la bouche à feu était placée à 100^m du massif.

La vitesse, au moment du choc, a été déduite de la pénétration à l'aide de la formule (2) du Chapitre III, § 6, et, pour obtenir la vitesse au sortir de la bouche à feu, on s'est servi de la formule donnée dans le Chapitre II, § 5.

356   PREMIÈRE PARTIE. — CHAPITRE XI.

BOUCHES À FEU.	CHARGE de la bouche à feu.	NOMBRE de coups.	ÉPAISSEUR du massif.	BOULETS en contact avec la charge.			BOULET le plus éloigné de la charge.			RAPPORT des vitesses initiales.	VITESSE initiale moyenne.
				Pénétration moyenne.	Vitesse au moment du choc.	Vitesse initiale.	Pénétration moyenne.	Vitesse au moment du choc.	Vitesse initiale.		
Canon n° 1.....	3,75^{kg}	3	1,60^m	0,752^m	261^m	276^m	1,07^m	346^m	369^m	0,75	321^m
Après cette expérience, le massif a été réparé.											
Canon-obusier.	2,0	2	1,03	0,535	205	215	0,775	267	282	0,76	248
Le massif a été réparé une seconde fois.											
Caronade......	1,60	2	0,78	0,500	195	206	0,650	235	248	0,83	227

Le boulet en contact avec la gargousse est toujours celui qui a la moindre vitesse. Dans le canon n° 1 et le canon-obusier, le rapport des deux vitesses initiales est à très peu près le même ; dans la caronade, il a une plus grande valeur ; toutefois, la différence n'est pas supérieure aux irrégularités inhérentes à de pareilles recherches.

Par suite, on peut admettre que le rapport des vitesses initiales des deux boulets est à peu près égal à $\frac{3}{4}$.

Quant aux valeurs absolues de ces vitesses, le procédé par lequel on est parvenu à les déterminer ne permet pas d'y joindre l'idée d'une exactitude : la résistance du bois est sujette à trop de variations. On obtiendra, sans doute, une approximation plus grande en regardant leur vitesse moyenne comme sensiblement égale à celle que la charge employée communiquerait à un projectile unique de même diamètre, mais d'un poids double. Dans le cas actuel, ce projectile pèserait $30^{kg},172$.

Soient

V sa vitesse,
V_1 la vitesse du boulet qui touche la gargousse,
V_2 celle de l'autre.

Posant, d'après ce qu'on vient de dire,

$$\frac{V_1 + V_2}{2} = V,$$

et admettant, conformément à ce qui précède, que

$$V_1 = \tfrac{3}{4} V_2,$$

on obtient

$$V_1 = \tfrac{6}{7} V \quad V_2 = \tfrac{8}{7} V.$$

Les formules établies dans le Chapitre Ier fournissent le moyen de calculer la valeur de V. La poudre employée dans les expériences précédentes provenant du Pont-de-Buis, il faut recourir à celles qui sont données dans le § **23**. On obtient ainsi les résultats ci-après :

	VALEUR de V.	VALEUR de V_1.	VALEUR de V_2.
Canon n° 1................	312^m	267^m	357^m
Canon-obusier.	247	211	282
Caronade.................	218	187	249

Pour le canon-obusier, ces vitesses s'accordent à très peu près avec celles qui ont été trouvées précédemment ; pour les deux autres bouches à feu, les différences sont plus fortes.

§ 2. — Trajectoires des projectiles. — Courbes moyennes.

C'est évidemment sur la courbe moyenne entre les trajectoires décrites par les deux projectiles que le tir doit être réglé. Pour arriver à la détermination de cette courbe, chaque bouche à feu a été placée successivement à diverses distances d'un écran en planches qui avait 13^m de hauteur sur 30^m de largeur. Une horizontale tracée sur l'écran passait par le point où il était percé par le prolongement de l'axe de la pièce. A chaque coup, on relevait les positions des centres des trous formés par les deux projectiles et on en déduisait : 1° l'ordonnée de la courbe moyenne rapportée au prolongement de l'axe de la pièce ; 2° l'écart horizontal et l'écart vertical des centres des deux trous.

On tirait six coups à chaque distance.

TIR A DEUX BOULETS SPHÉRIQUES.

BOUCHES A FEU et charges.	DISTANCE de la pièce à l'écran.	INCLINAISON de la bouche à feu.	ORDONNÉE de la courbe moyenne.	ÉCART DES CENTRES des deux trous	
				horizontal.	vertical.
	m	°	m	m	m
Canon n° 1. Charge.......... 3^{kg},50	50	0	− 0,13	0,31	0,21
	100	0	− 0,50	0,59	0,49
	150	0	− 0,66	0,63	1,23
	200	1	− 2,14	0,95	1,38
	250	1	− 3,62	0,72	2,82
	300	1.30'	− 4,89	1,44	2,86
	350	1.50	− 7,57	1,61	3,36
	400	1.50	−10,06	2,03	4,19
Canon-obusier. Charge.......... 2^{kg},0	50	1.10	− 0,01	0,22	0,20
	100	1.10	− 0,34	0,70	0,61
	150	1.10	− 1,52	0,50	0,86
	200	1.10	− 2,73	1,42	1,92
	250	1.10	− 4,59	1,22	1,99
	300	1.40	− 6,86	1,21	1,69
	350	2	−10,23	1,51	3,32
	400	2.15	−12,86	2,96	3,52
Caronade. Charge.......... 1^{kg},6	50	2	+ 0,57	0,15	0,40
	100	2	− 0,68	0,30	0,45
	150	2	− 0,53	0,45	0,76
	200	2	− 1,28	1,09	0,65
	250	2	− 2,73	1,54	0,90
	300	2	− 5,29	2,30	1,34

Toutes les ordonnées sont rapportées au prolongement de l'axe de la pièce.

Soient, maintenant,

y_1 l'ordonnée de la trajectoire du boulet en contact avec la charge,
y_2 celle de l'autre,
α_1 et α_2 les angles que les tangentes au point de départ font avec l'axe de la pièce.

Les équations des deux trajectoires sont, vu la petitesse

de ces angles,

$$y_1 = x \tang \alpha_1 - \frac{g\,x^2}{2}\left(\frac{1}{V_1^2} + K_1 x\right),$$

$$y_2 = x \tang \alpha_2 - \frac{g\,x^2}{2}\left(\frac{1}{V_2^2} + K_2 x\right).$$

Les valeurs des constantes K_1 et K_2 dépendent des vitesses V_1 et V_2.

Soit encore y l'ordonnée de la courbe moyenne,

$$y = \frac{y_1 + y_2}{2};$$

donc

$$y = x\,\frac{\tang \alpha_1 + \tang \alpha_2}{2} - \frac{g\,x^2}{2}\left[\frac{1}{2}\left(\frac{1}{V_1^2} + \frac{1}{V_2^2}\right) + \frac{K_1 + K_2}{2} x\right].$$

Les angles α_1 et α_2 étant très petits, on a à très peu près

$$\tang\left(\frac{\alpha_1 + \alpha_2}{2}\right) = \frac{\tang \alpha_1 + \tang \alpha_2}{2}.$$

De plus, la demi-somme des nombres K_1 et K_2 peut sans inconvénient être remplacée par le nombre K correspondant à la vitesse V. Enfin, de ce que $V_1 = \frac{6}{7}V$ et $V_2 = \frac{8}{7}V$, il est facile de conclure que $\frac{1}{2}\left(\frac{1}{V_1^2} + \frac{1}{V_2^2}\right) = \frac{1}{(0,97\,V)^2}$ à très peu près. De là, il résulte que l'équation de la courbe moyenne peut être présentée sous la forme

$$(1) \qquad y = x\,\tang\frac{\alpha_1 + \alpha_2}{2} - \frac{g\,x^2}{2}\left[\frac{1}{(0,97\,V)^2} + K x\right],$$

le nombre K étant déterminé par l'une des formules données dans le Chapitre VI, § 18, et, par exemple, par la suivante :

$$(2) \qquad 10^{10}\frac{p}{a^2} K = \frac{257000}{V^{\frac{2}{5}}}.$$

TIR A DEUX BOULETS SPHÉRIQUES.   361

Il est important d'examiner jusqu'à quel point l'équation (1) s'accorde avec les données de l'expérience.

Or, d'après le § 1, on a

Pour le canon n° 1 .... V = 312   et, par suite, 10^{10} K = 43,6
Pour le canon-obusier .... V = 247   » 10^{10} K = 47,9
Pour la caronade .... V = 218   » 10^{10} K = 50,3

Il est, dès lors, facile de former pour chaque distance la valeur du deuxième terme du second membre de l'équation (1), de sorte qu'on obtient immédiatement celle du premier, $x \tang \frac{\alpha_1 + \alpha_2}{2}$, en prenant pour y le nombre positif ou négatif donné par l'observation.

Prenant la moyenne entre toutes les valeurs de

$$\tang \frac{\alpha_1 + \alpha_2}{2}$$

trouvées de cette manière, et l'introduisant dans l'équation, on peut alors à toute distance calculer l'ordonnée et la comparer à celle qui résulte de l'expérience.

DISTANCE.	CANON $\tang \frac{\alpha_1+\alpha_2}{2} = 0,0098$.		CANON-OBUSIER $\tang \frac{\alpha_1+\alpha_2}{2} = 0,00392$.		CARONADE $\tang \frac{\alpha_1+\alpha_2}{2} = 0,01734$.	
	Ordonnée calculée.	Excès sur l'expérience.	Ordonnée calculée.	Excès sur l'expérience.	Ordonnée calculée.	Excès sur l'expérience.
m	m	m	m	m	m	m
50	- 0,13	0	0,04	- 0,06	- 0,61	-- 0,04
100	- 0,56	-- 0,06	- 0,51	- 0,17	0,61	-- 0,07
150	- 1,23	- 0,55	- 1,41	- 0,11	0,03	-- 0,50
200	2,28	0,14	2,89	- 0,16	- 0,13	0,12
250	- 3,43	-- 0,19	- 4,59	0	2,93	-- 0,20
300	5,36	0,47	6,90	- 0,04	-- 5,36	- 0,07
350	7,12	0,45	9,73	- 0,50		
400	- 9,88	- 0,18	-13,08	- 0,22		

Les moyennes n'étant prises que sur six coups, on ne doit pas s'étonner de la grandeur de quelques différences. Ce genre de tir, d'ailleurs, est assez irrégulier.

362   PREMIÈRE PARTIE. — CHAPITRE XI.

On peut donc se servir des équations (1) et (2) pour déterminer la courbe moyenne et, par suite, pour former la Table de tir; mais il est nécessaire qu'une expérience fasse connaître l'angle $\frac{a_1 + a_3}{2}$.

§ 3. — Écart horizontal des projectiles.

Les écarts horizontaux rapportés dans le premier Tableau du § 2 présentent des irrégularités qui auraient disparu si les épreuves avaient été plus multipliées; mais rien dans les faits observés ne s'oppose à ce qu'on puisse les regarder comme à peu près proportionnels aux distances.

Soit donc e l'écart correspondant à la distance x; on peut écrire

$$e = hx,$$

h désignant une constante qu'il s'agit de déterminer.

En y remplaçant e et x par les données de l'expérience, on obtient pour chaque bouche à feu une suite d'équations. En traitant ces dernières par la méthode des moindres carrés, afin de mieux s'accorder avec les résultats fournis par les plus grandes distances, on trouve les nombres ci-après :

	Rapport moyen de l'écart horizontal à la distance.
Canon n° 1	0,00465
Canon-obusier	0,00559
Caronade	0,00614

On voit que le rapport de l'écart horizontal à la distance croît à mesure que la longueur de l'âme devient moindre.

§ 4. — Écart vertical des projectiles.

L'écart vertical des deux projectiles est la valeur numérique de la différence $y_2 - y_1$.

Or
$$y_2 - y_1 = x(\tang\alpha_2 - \tang\alpha_1) + \frac{gx^2}{2}\left(\frac{1}{V_1^2} - \frac{1}{V_2^2}\right)$$
$$+ \frac{gx^3}{2}(K_1 - K_2).$$

Les angles étant très petits, on peut remplacer

$$\tang\alpha_2 - \tang\alpha_1 \quad \text{par} \quad \tang(\alpha_2 - \alpha_1);$$

comme, d'ailleurs, $V_1 = \frac{6}{7}V$ et $V_2 = \frac{8}{7}V$, le deuxième terme du second membre revient à $2,921\frac{x^2}{V^2}$, en sorte que

$$y_2 - y_1 = x\tang(\alpha_2 - \alpha_1) + 2,921\frac{x}{V^2} + \frac{gx^2}{2}(K_1 - K_2).$$

Le terme $\frac{gx^2}{2}(K_1 - K_2)$ est positif; on obtient les valeurs de K_1 et de K_2, en remplaçant successivement V par V_1 et par V_2 dans l'équation (2), § 2. On peut s'assurer ainsi que le plus souvent ce terme est tout à fait négligeable.

Lorsque le boulet le plus éloigné de la gargousse est celui qui sort sous le plus grand angle, le terme $x\tang(\alpha_2 - \alpha_1)$ est également positif; et cette circonstance est celle qui s'est présentée le plus souvent dans le canon n° 1; car, en introduisant dans l'équation les données de l'expérience, on trouve pour $\tang(\alpha_2 - \alpha_1)$ une valeur moyenne égale à $+0,000768$.

Le contraire a eu lieu pour les deux autres bouches à feu; aussi les écarts ont-ils été moindres. En calculant les valeurs moyennes de $\tang(\alpha_2 - \alpha_1)$, on les trouve égales à $-0,0022$ pour le canon-obusier et à $-0,00747$ pour la caronade.

La différence des angles variant d'un coup à l'autre, le tir offre de grandes irrégularités, et il n'est, en général, employé qu'autant que la distance ne surpasse pas 400^m ou 500^m.

CHAPITRE XII.

TIR A MITRAILLE.

§ 1. — Considérations générales.

Dans le tir à mitraille, les diverses trajectoires décrites par les balles forment une gerbe dont il faut déterminer la forme et les dimensions. Il est clair qu'on y parviendra si, par une suite d'expériences, on obtient l'étendue et la situation d'un certain nombre de sections faites par des plans perpendiculaires au plan de tir; et, pour cela, il suffit de tirer à diverses distances contre un écran en planches et d'observer chaque fois les positions des trous formés par les balles; il est essentiel que ces dernières rencontrent toujours l'écran de plein fouet.

On ne fait usage du tir à mitraille que sous un petit angle de projection; dès lors, on peut bien admettre que, dans les divers changements que subit cet angle, la forme de la gerbe et sa position relativement à l'axe du canon n'éprouvent pas de variations sensibles.

C'est en se conformant à ces considérations qu'on a exécuté à Gâvre, en 1837, 1838 et 1840, une assez longue série d'expériences; l'écran avait 30^m de largeur et 13^m de hauteur; les positions des trous formés par les balles étaient toujours rapportées à deux axes, l'un horizontal, l'autre vertical, tracés sur l'écran et passant par le point où ce dernier était rencontré par le prolongement de l'axe de la pièce.

Quatre bouches à feu différentes ont été employées : un canon de 30 n° 1, un canon-obusier de 30, une caronade de 30, enfin un obusier de 22^{cm} n° 1. La poudre provenait du Pont-de-Buis.

La section faite dans la gerbe à une distance donnée, par un plan vertical perpendiculaire au plan du tir, étant supposée inscrite dans un rectangle à côtés alternativement horizontaux et verticaux, la base horizontale de ce rectangle est ce qu'on appelle *dispersion horizontale;* la hauteur du même rectangle est la *dispersion verticale.*

§ 2. — Description des mitrailles.

Les mitrailles employées dans l'ancienne Artillerie de la Marine sont de l'espèce dite *grappes de raisin;* les balles en fonte de fer sont réunies autour d'une tige en fer forgé, fixée sur un plateau circulaire du même métal; un sac de toile les enveloppe, et un transfilage bien serré assure la stabilité du système.

Les balles sont calibrées au moyen de deux lunettes dont les diamètres diffèrent de 1^{mm}; on les désigne généralement par le diamètre de la plus grande; ainsi, par exemple, les balles dites de 56^{mm} ont un diamètre moyen égal à $55^{mm},5$.

Il y a deux sortes de grappes pour les bouches à feu de 30; les unes sont composées de 15 balles de 56^{mm}; les autres de 120 balles de 28^{mm}; dans les premières, les balles forment trois rangs, et, dans les secondes, six. Le diamètre de la tige est de 38^{mm}; l'extrémité engagée dans le plateau est prismatique et a 24^{mm} de côté; l'autre est terminée par une tête cylindrique d'un diamètre égal à 52^{mm}. Le plateau a 13^{mm} d'épaisseur et 160^{mm} de diamètre. Le poids moyen des grappes est de $13^{kg},45$.

Poids moyen des balles de 56^{mm} ...... 637^{gr}
   »   de 28^{mm} ...... 79^{gr}

Les grappes destinées aux obusiers de 22^{cm} ont un plateau de 22^{cm} de diamètre et de 13^{mm} d'épaisseur; mais elles sont encore de deux sortes: les unes sont composées de dix boulets de 4 disposés sur deux rangs; le diamètre de la tige est de

57^{mm}; le poids moyen des boulets est de $1^{kg},96$ et leur diamètre de $80^{mm},8$. Le poids de ces grappes est égal à $26^{kg},31$.

Les grappes de la seconde espèce sont formées de 48 balles de 47^{mm} disposées en trois couches; la tige a 35^{mm} de diamètre; le poids moyen des balles est de 375^{gr} et celui des grappes est de $23^{kg},08$.

Dans le tir, le plateau prend une légère courbure dont la concavité est tournée vers la volée de la pièce; les balles avec lesquelles il se trouve en contact y laissent des empreintes dont la forme est celle d'une calotte sphérique; entre ces empreintes, la courbure est plus prononcée, de sorte que le contour du plateau prend une forme ondulée.

§ 3. — Vitesses des balles.

On conçoit que les diverses balles qui composent une grappe doivent, au sortir de la bouche à feu, avoir des vitesses fort inégales; il serait intéressant de connaître au moins leur vitesse moyenne; mais c'est ce dont jusqu'à présent on ne s'est guère occupé.

En 1838, quelques expériences ont été faites à Gâvre, en vue de déterminer les pénétrations des balles dans le bois de chêne. La bouche à feu était placée à 50^m du massif, afin d'éviter la confusion des empreintes.

BOUCHE A FEU.	CHARGE.	MITRAILLE.	PÉNÉTRATION moyenne.	NOMBRE des coups.
Canon obusier de 30.	$2,0$ kg	15 balles de 50^{mm}	$0,192$ m	1
		120 balles de 28	$0,085$	1
Obusier de 22^{mm}	$1,0$	48 balles de 47	$0,216$	1
Après ces trois expériences, le massif a été réparé.				
Canon de 30 n° 1	$3,67$	15 balles de 50^{mm}	$0,244$	1
Obusier de 22^{cm}	$1,0$	10 boulets de 4	$0,376$	1
Canon de 30 n° 1	$3,67$	120 balles de 28^{mm}	$0,121$	1

TIR A MITRAILLE.

Calculant la vitesse au moment du choc, au moyen de l'équation (2) du Chapitre III, § 6, puis se servant de l'une des formules du Chapitre II, § 5, pour obtenir la vitesse au sortir de la bouche à feu, on obtient les résultats ci-après :

BOUCHE A FEU.	CHARGE.	MITRAILLE.	VITESSE INITIALE moyenne.
Obusier de 22°......	4,0 kg	10 boulets de 4.	273 m
		48 balles de 47^{mm}.	288
Canon de 30 n° 1....	3,67	15 balles de 56	267
		120 balles de 28	293
Canon-obusier de 30.	2,0	15 balles de 56	224
		120 balles de 28	225

Il est bien clair que ces évaluations numériques ne doivent pas être regardées comme très approximatives.

Dans le canon-obusier de 30, les vitesses des balles de 56^{mm} et de 28^{mm} se montrent presque égales ; il n'en est pas tout à fait de même dans le canon de 30 n° 1 ; mais là différence, quoique assez notable, n'est pas telle qu'elle ne puisse être attribuée au peu de précision que comportent de pareilles recherches ; et si, dans l'obusier de 22^{cm}, les balles de 47^{mm} ont une vitesse un peu supérieure à celle des boulets de 4, il ne faut pas oublier que leur grappe est plus légère (§ 2).

De cette remarque, il résulte que, lorsque le poids de la grappe reste le même, le diamètre des balles peut éprouver de très grandes variations sans que leur vitesse initiale soit sensiblement altérée.

Dans les cas ordinaires, on obtiendra une approximation suffisante en regardant la vitesse moyenne des balles comme à peu près égale aux deux tiers de celle d'un boulet qui aurait même poids que la grappe et même diamètre que le plateau.

Le calcul fait dans cette hypothèse reproduit, en effet, à très peu près les nombres indiqués dans le Tableau précédent.

La suppression du plateau ou l'affaiblissement de son épaisseur amènerait une diminution dans la vitesse des balles. La grappe de 48 balles de 47^{mm} employée dans l'obusier de 22^{cm} était d'abord montée sur un sabot conique en bois garni latéralement et sur la grande base d'une feuille de tôle de 2^{mm} d'épaisseur; un écrou fixait à ce sabot la tige de la grappe. Les abaissements des balles sont devenus moins forts lorsque le sabot a été remplacé par le plateau.

		DISTANCE DE L'ÉCRAN à la bouche à feu.				REMARQUES.
		50^m.	100^m.	150^m.	200^m.	
Abaissement moyen des balles au-dessous de l'axe de la pièce............	grappes à sabot...	$0^m,15$	$0^m,72$	$1^m,83$	$3^m,72$	Chaque nombre est déduit de 3 coups.
	grappes à plateau.	$0^m,04$	$0^m,50$	$1^m,37$	$2^m,76$	

La charge était de $4^{kg},0$.

La substitution du plateau au sabot a donc amené une augmentation dans la portée et, par conséquent, dans la vitesse initiale.

L'épaisseur qu'il convient de donner au plateau dépend, d'ailleurs, du poids de la mitraille et du nombre de points d'appui que lui présente cette dernière. On a cherché à employer dans l'obusier de 22^{cm} une grappe composée de six boulets de 6 disposés sur deux rangs; les plateaux de 13^{mm} d'épaisseur, reconnus suffisants pour les autres grappes, ont tous été brisés; il a fallu porter l'épaisseur à 18^{mm}, et les déchirures ont encore été nombreuses.

§ 4. — Trajectoire moyenne des balles.

C'est sur la courbe moyenne entre toutes les trajectoires des balles que le tir doit être réglé; il faut donc chercher à la déterminer.

TIR A MITRAILLE.

Soient

$V_1, V_2, V_3, \ldots$ les vitesses initiales des différentes balles,
$y_1, y_2, y_3, \ldots$ leurs ordonnées à la distance x et rapportées à l'axe de la pièce prolongé,
$\alpha_1, \alpha_2, \alpha_3, \ldots$ les angles que les tangentes au point de départ font avec l'axe du canon.

Les équations des diverses trajectoires sont

$$y_1 = x \tang \alpha_1 - \frac{gx^2}{2}\left(\frac{1}{V_1^2} + K_1 x\right),$$
$$y_2 = x \tang \alpha_2 - \frac{gx^2}{2}\left(\frac{1}{V_2^2} + K_2 x\right),$$
$$\ldots\ldots\ldots\ldots\ldots\ldots\ldots\ldots\ldots\ldots$$

Les valeurs des constantes $K_1, K_2, K_3, \ldots$ dépendent de $V_1, V_2, V_3, \ldots$.

Soient y l'ordonnée de la courbe moyenne; n le nombre des balles.

$$y = \frac{y_1 + y_2 + y_3 + \ldots}{n}.$$

Soient encore

$$V = \frac{V_1 + V_2 + V_3 + \ldots}{n},$$
$$\alpha = \frac{\alpha_1 + \alpha_2 + \alpha_3 + \ldots}{n},$$

V la vitesse initiale moyenne; α la quantité moyenne dont les angles de départ surpassent l'inclinaison du canon.

La petitesse des angles $\alpha_1, \alpha_2, \alpha_3, \ldots$, permet de substituer $\tang \alpha$ à $\frac{\tang \alpha_1 + \tang \alpha_2 + \ldots}{n}$; de même, au lieu de $\frac{K_1 + K_2 + K_3 + \ldots}{n}$, on peut prendre le nombre K correspondant à la vitesse moyenne V et déterminé par l'une des équations du Chapitre VI, § 18, la suivante, par exemple,

$$10^{10} \frac{p}{a^2} K = \frac{257000}{V^{\frac{2}{5}}}.$$

En faisant alors

$$\frac{1}{U^2} = \frac{1}{n}\left(\frac{1}{V_1^2} + \frac{1}{V_2^2} + \frac{1}{V_3^2} + \ldots\right),$$

l'équation de la courbe moyenne devient

$$y = x \tan\alpha - \frac{g x^2}{2}\left(\frac{1}{U^2} + Kx\right).$$

La valeur de U est un peu inférieure à celle de la vitesse moyenne V; mais, vu le peu de précision qu'exige le tir à mitraille, il est permis de négliger la différence; dès lors, si l'on connaît à peu près l'angle α, on a toutes les données nécessaires pour construire la courbe avec une approximation suffisante.

On peut faire l'application de ce procédé aux grappes de dix boulets de 4 employées dans l'obusier de 22^{cm}, à la charge de 4^{kg}. D'après le § 3, $V = 273^m$; dès lors, $10^{10} K = 90,8$, et, en prenant $\alpha = 8'$, on s'accorde assez bien avec les données de l'expérience. On en jugera par le Tableau suivant :

DISTANCE.	ORDONNÉE calculée.	ORDONNÉE indiquée par l'expérience.	NOMBRE DE COUPS.
100^m	$-0,47^m$	$-0,53^m$	3
150	$-1,28$	$-1,31$	3
200	$-2,52$	$-2,17$	3
250	$-4,23$	$-4,41$	3
300	$-6,48$	$-6,54$	3

§ 5. — **Tir à boulet et mitraille.**

Le tir à boulet et mitraille, fréquemment employé dans la Marine, peut être exécuté de deux manières différentes en

TIR A MITRAILLE.

mettant tour à tour le boulet et la grappe en contact avec la gargousse.

Ces deux modes de chargement ont été comparés dans des expériences faites à Gâvre en 1838.

BOUCHES A FEU et charges.	DISTANCE.	LE BOULET en contact avec la gargousse.			LA MITRAILLE en contact avec la gargousse.		
		Ordonnée du boulet.	Ordonnée de la trajectoire moyenne des balles.	Nombre de coups.	Ordonnée du boulet.	Ordonnée de la trajectoire moyenne des balles.	Nombre de coups.
	m	m	m		m	m	
Canon de 36 n° 1. Charge, 3^{kg},75.	50	—0,59	—0,53	3	—0,16	—0,18	3
	100	0,47	1,24	3	0,80	0,64	6
	150	—1,08	2,13	6	—1,21	—1,38	7
	200	—2,14	—6,73	3	—2,28	—2,93	6
Canon-obusier de 30. Charge, 2^{kg},0.	50	—0,10	0,38	3	0,03	—0,01	3
	100	—0,60	—1,49	6	—0,56	—0,31	6
	150	1,16	—3,73	4	1,50	—1,15	6
	200	//	//	//	—2,96	—2,96	6
Caronade de 30. Charge, 1^{kg},6.	50	—0,60	+0,01	3	—0,51	—0,40	3
	100	0,84	—1,94	6	—0,61	—0,45	6
	150	//	//	//	—0,79	—0,96	6

On voit que, lorsque la grappe se trouve en contact avec la gargousse, les balles dont les abaissements sont très rapides ne tardent pas à se séparer du boulet; elles doivent avoir, en effet, des vitesses fort inférieures à celles de ce dernier, conformément aux observations faites lors du tir à deux projectiles (Chap. XI, § 1); de plus, elles éprouvent une plus forte résistance de la part de l'air.

Mais, quand le boulet se trouve en contact avec la gargousse, sa vitesse subit une diminution, tandis que celle des balles est augmentée; par suite, la séparation ne s'opère que beaucoup plus tard.

Ce mode de chargement doit donc obtenir la préférence;

d'autres raisons qui sont exposées plus loin militent encore en sa faveur : aussi est-il prescrit par les règlements actuels, tandis qu'il était, au contraire, interdit par les instructions antérieures.

Quand on l'adopte, les ordonnées de la trajectoire du boulet se rapprochent beaucoup de celles de la courbe moyenne du tir à deux projectiles; il est facile de s'en assurer en consultant le dernier Tableau du Chapitre XI, § 2. Pour le canon et le canon-obusier, l'accord est aussi satisfaisant qu'on peut raisonnablement le désirer. La caronade seule présente une assez forte différence à la distance de 150^m.

Ainsi la même Table peut servir pour le tir à deux projectiles et pour le tir à boulet et mitraille; cette considération n'est pas sans importance dans la pratique.

Lorsque la grappe se trouve en contact avec la gargousse, le plateau est souvent déchiré; s'il échappe à la rupture, il prend une courbure très prononcée, dont la concavité est tournée vers les balles; celles-ci laissent sur lui de profondes empreintes. Comme il est fortement poussé en avant et que sa tige est retenue par le boulet, il s'avance le long de cette dernière; son trou central, trop petit pour donner passage à la tige, s'agrandit et devient rond, de carré qu'il était. La tête de la tige est souvent arrachée; enfin, il y a fréquemment des balles brisées.

Quand le boulet est en contact avec la gargousse, la courbure que prend le plateau est moins forte et sa convexité est tournée vers les balles; les empreintes de celles-ci sont plus faibles. Le trou central reste carré; mais la tige se sépare. Ce n'est que très rarement que le plateau est brisé.

§ 6. — Égalité de la dispersion dans tous les sens. — Indépendance de la dispersion et de la vitesse initiale. — Proportionnalité de la dispersion à la distance.

Il n'est guère de pays où le tir à mitraille n'ait été l'objet de quelques épreuves; mais, en général, on s'est borné à tirer à diverses distances contre des panneaux de 2^m de hauteur et à tenir note des balles qui les atteignaient, soit de plein fouet, soit après des ricochets. Cette façon de procéder est, d'ailleurs, justifiée par l'usage que l'on fait de ce genre de tir sur les champs de bataille.

Mais à Gâvre la gerbe entière traversait l'écran de plein fouet, et cette circonstance a permis de reconnaître la manière dont s'opère la dispersion.

Il fallait examiner d'abord si elle est la même dans le sens horizontal et dans le sens vertical, et si elle ne varie pas avec la vitesse initiale.

Canon de 30 n° 1; grappes de 15 balles de 56^{mm}.

DISTANCE.	CHARGE (KILOGRAMMES).							
	4,90.		3,67.		2,50.		1,0.	
	Dispersion		Dispersion		Dispersion		Dispersion	
	hori-zontale.	ver-ticale.	hori-zontale.	ver-ticale.	hori-zontale.	ver-ticale.	hori-zontale.	ver-ticale.
m 50	m 1,53	m 1,67	m 1,19	m 1,64	m 1,15	m 1,09	m 1,15	m 0,92
100	2,92	2,72	2,34	2,78	2,62	2,60	2,00	2,35
150	4,88	4,78	4,80	4,22	3,93	3,47	3,92	4,82
200	7,70	6,41	5,52	6,44	5,52	5,58	7,43	6,03
250	7,65	7,79	8,47	5,73	8,08	6,88	9,80	8,27
Nombre de coups par charge...	6		3		3		3	

Ce Tableau offre des irrégularités; mais la comparaison des deux dispersions horizontale et verticale n'indique nullement que l'une l'emporte sur l'autre; il n'en serait pas, sans doute, de même à de plus grandes distances : l'inégalité des vitesses entraînerait la supériorité de la dispersion verticale.

Quoi qu'il en soit, *dans les circonstances ordinaires que*

374 PREMIÈRE PARTIE. — CHAPITRE XII.

présente le tir, on peut admettre que la dispersion s'opère également dans tous les sens.

Prenant, en conséquence, à chaque distance une moyenne entre les deux dispersions horizontale et verticale, on obtient le Tableau ci-après :

DISTANCE.	CHARGE (KILOGRAMMES).			
	4,9.	3,67.	2,5.	1,00.
	Dispersion.	Dispersion.	Dispersion.	Dispersion.
m	m	m	m	m
50	1,60	1,12	1,12	1,04
100	2,82	2,56	2,66	2,16
150	4,83	4,51	3,39	4,37
200	7,05	5,98	5,55	6,73
250	7,72	7,10	7,48	9,03

Les irrégularités n'ont pas encore disparu; mais *la dispersion se montre tout à fait indépendante de la vitesse initiale.*

D'après cela, il est permis de prendre, à chaque distance, une moyenne entre les dispersions données par les diverses charges, en ayant égard, d'ailleurs, au nombre des coups par lesquels chacune est déterminée. De là, le Tableau suivant :

OBSERVATIONS.	DISTANCE (MÈTRES).				
	20.	100.	150.	200.	250.
Dispersion... (mètres)	1,30	2,60	4,39	6,67	7,61
Rapport de la dispersion à la distance........	0,026	0,026	0,0293	0,0333	0,0304

Ces résultats sont nécessairement affectés d'erreurs qu'on n'aurait pu faire disparaître qu'en multipliant beaucoup les épreuves; ils ne s'opposent nullement à ce qu'on puisse

TIR A MITRAILLE.

regarder la dispersion comme proportionnelle à la distance, du moins tant que cette dernière ne surpasse pas 250^m.

Représentant, en conséquence, par d le rapport de la dispersion à la distance et prenant une moyenne entre les cinq nombres précédents, on a

$$d = 0,029.$$

Les conséquences générales déduites de ces premiers essais ont été confirmées, ainsi qu'on va le voir, par la suite des expériences.

Canon de 30.

Charge, 3^{kg},67. — Grappes de 110 balles de 28^{mm}.

DISTANCE.	DISPERSION		DISPERSION moyenne.	RAPPORT de la dispersion moyenne à la distance.	NOMBRE de coups.
	horizontale.	verticale.			
m 50	m 3,57	m 3,01	m 3,29	0,0658	3
100	5,67	6,05	5,86	0,0586	3
150	9,95	9,81	9,88	0,0659	3

Valeur moyenne du rapport de la dispersion à la distance $d = 0,0634$.

Canon-obusier de 30.

Charge, 2ᵏᵍ,0.

	DISTANCE.	DISPERSION horizontale.	DISPERSION verticale.	DISPERSION moyenne.	RAPPORT de la dispersion moyenne à la distance.	NOMBRE de coups.
	m	m	m	m		
Grappes de 15 balles de 56ᵐᵐ..........	50	1,41	1,42	1,41	0,0282	3
	100	3,07	2,87	2,97	0,0297	3
	150	4,70	4,43	4,56	0,0304	3
	200	6,37	6,98	6,67	0,0333	3
	250	8,93	9,35	9,14	0,0366	3
Grappes de 120 balles de 28ᵐᵐ..........	50	2,50	2,83	2,66	0,0532	3
	100	6,17	7,26	6,71	0,0671	3
	150	9,58	8,75	9,16	0,0611	3

Pour la grappe de 15 balles de 56ᵐᵐ....... $d = 0,0316$
» 120 balles de 28ᵐᵐ....... $d = 0,0604$

Caronade de 30.

Charge, 1ᵏᵍ,60.

	DISTANCE.	DISPERSION horizontale.	DISPERSION verticale.	DISPERSION moyenne.	RAPPORT de la dispersion moyenne à la distance.	NOMBRE de coups.
	m	m	m	m		
Grappes de 15 balles de 56ᵐᵐ..........	50	2,12	2,10	2,11	0,0422	3
	100	4,53	4,43	4,48	0,0448	3
	150	7,00	6,53	6,76	0,0450	3
Grappes de 120 balles de 28ᵐᵐ..........	50	3,70	3,40	3,55	0,0710	3
	100	8,10	7,20	7,65	0,0765	3
	150	11,33	11,77	11,55	0,0770	3

Pour les grappes de 15 balles de 56ᵐᵐ...... $d = 0,0440$
» 120 balles de 28ᵐᵐ...... $d = 0,0748$

Obusier de 22.
Charge, 4^{kg}.

	DISTANCE	DISPERSION horizontale	DISPERSION verticale	DISPERSION moyenne	RAPPORT de la dispersion moyenne à la distance	NOMBRE de coups
	m	m	m	m		
Grappes de 48 balles de 47^{mm}	50	1,82	1,98	1,90	0,0380	3
	100	3,67	3,50	3,58	0,0358	3
	150	6,17	5,78	5,97	0,0398	3
	200	8,33	8,82	8,57	0,0428	3
Grappe de 64 balles de 47^{mm}	50	2,03	1,98	2,00	0,0400	3
	100	4,48	4,53	4,50	0,0450	3
	150	7,07	6,35	6,71	0,0447	3
Grappe de 10 boulets de 4	100	2,26	2,31	2,28	0,0228	3
	150	3,45	3,66	3,55	0,0233	3
	200	4,90	4,60	4,75	0,0237	3
	250	6,52	6,08	6,30	0,0252	3
	300	6,67	6,44	6,55	0,0218	3
	350	8,62	8,62	8,62	0,0246	3

Pour les grappes de 48 balles de 47^{mm}............... d 0,0391
»   64   »   .... d 0,0432
»   10 Boulets de 4................. d 0,0235

La proportionnalité de la dispersion à la distance se soutient assez bien pour les boulets de 4 jusqu'à 350^m.

Il faut encore citer les expériences sur le tir à boulet et mitraille, § 5.

PREMIÈRE PARTIE. — CHAPITRE XII.

MITRAILLE.	BOUCHES A FEU.	DISTANCE.	LA MITRAILLE en contact avec la gargousse.				LE BOULET en contact avec la gargousse.			
			Dispersion horizontale.	Dispersion verticale.	Dispersion moyenne.	Rapport de la dispersion moyenne à la distance.	Dispersion horizontale.	Dispersion verticale.	Dispersion moyenne.	Rapport de la dispersion moyenne à la distance.
		m	m	m	m		m	m	m	
Grappes de 15 balles de 56ᵐᵐ.........	Canon de 30 n° 1 (charge, 2ᵏᵍ,75).	50	2,45	2,31	2,38	0,0476	1,17	1,21	1,19	0,0238
		100	5,40	4,66	5,03	0,0503	2,90	2,62	2,76	0,0276
		150	9,40	7,86	8,63	0,0575	4,04	3,92	3,98	0,0265
		200	10,57	8,78	9,67	0,0483	5,17	4,80	4,98	0,0249
	Canon-obusier (charge, 2ᵏᵍ,00).	50	3,51	3,57	3,54	0,0708	1,51	1,53	1,52	0,0304
		100	8,07	8,33	8,20	0,0820	3,89	3,17	3,63	0,0303
		150	11,25	8,07	9,66	0,0644	4,19	4,52	4,30	0,0300
		200					6,87	6,55	6,71	0,0335
	Caronade (charge, 1ᵏᵍ,6).	50	4,07	3,79	3,93	0,0786	2,38	2,17	2,37	0,0474
		100	8,95	8,59	8,77	0,0877	4,25	4,53	4,34	0,0434
		150					6,03	6,33	6,19	0,0413
Grappes de 120 balles de 28ᵐᵐ.........	Canon-obusier (charge, 2ᵏᵍ,0).	50					3,86	3,79	3,82	0,0764
		100					7,33	7,38	7,55	0,0755
		150					10,63	12,05	11,34	0,0755
	Caronade (charge, 1ᵏᵍ,6).	50					5,00	5,24	5,12	0,1024
		100					9,78	8,09	8,93	0,0893

Prenant, comme précédemment et pour chaque tir, la valeur moyenne du rapport de la dispersion à la distance, on obtient les résultats ci-après :

MITRAILLE.	BOUCHE A FEU.	LA GRAPPE en contact avec la gargousse.	LE BOULET en contact avec la gargousse.
Grappe de 15 balles de 56^{mm}..........	Canon n° 1. Canon-obusier. Caronade.	$d = 0,0509$ $d = 0,0724$ $d = 0,0831$	$d = 0,0257$ $d = 0,0310$ $d = 0,0440$
Grappes de 120 balles de 28^{mm}..........	Canon-obusier. Caronade.		$d = 0,0758$ $d = 0,0958$

De l'ensemble général des faits qui viennent d'être exposés, on peut tirer les conclusions suivantes :

La dispersion s'opère également dans tous les sens; elle est indépendante de la vitesse initiale et proportionnelle à la distance.

Cette proportionnalité doit faire considérer la dispersion comme le résultat des écarts initiaux; il faut donc que ces derniers se produisent indifféremment dans tous les sens et soient à peu près les mêmes, quelle que soit la charge.

Mais l'exactitude des conclusions est nécessairement limitée à une certaine distance. Ainsi qu'on l'a déjà dit, par suite de l'inégalité des vitesses, la dispersion verticale doit finir par l'emporter sur la dispersion horizontale; de plus, les effets des forces déviatrices, masqués d'abord par la grandeur des écarts initiaux, doivent plus tard devenir sensibles et faire croître la dispersion plus rapidement que la distance. La proportionnalité se maintient d'autant plus longtemps que les projectiles ont un plus grand diamètre; on a vu que, pour les boulets de 4, elle subsistait encore à 350.^{m}.

§ 7. — Influence du plateau sur la dispersion.

Le plateau, en fer forgé, interposé entre la poudre et les balles diminue la dispersion.

La grappe de 48 balles de 47^{mm}, employée dans l'obusier de 22^{cm}, était d'abord montée sur un sabot en bois (§ 3); et, alors, aux distances de 50^m, 100^m, 150^m et 200^m, elle a donné des dispersions moyennes respectivement égales à $2^m,18$; $4^m,77$; $6^m,30$ et $11^m,51$; de sorte que le rapport moyen de la dispersion à la distance était $0,0478$. Ce rapport s'est réduit à $0,0391$ quand la grappe a été placée sur un plateau (§ 6).

Les grappes destinées à la caronade étaient autrefois montées sur des culots en fonte de fer dont la forme s'adaptait à celle du raccordement de la chambre. Chaque fois que le culot était brisé, et cela arrivait fréquemment, la dispersion devenait très grande; par suite, le tir offrait beaucoup d'irrégularité.

L'interposition d'un boulet entre la gargousse et la grappe fortifie le plateau et, par suite, peut amener une diminution dans la dispersion; c'est ce qui est arrivé dans le canon n° 1 pour la grappe de 15 balles de 56^{mm}; mais dans les deux autres bouches à feu la dispersion est restée à peu près la même.

Les grappes de 120 balles de 28^{mm} ont donné des résultats contraires; l'introduction du boulet a paru augmenter la dispersion; mais les expériences relatives à ces grappes ont présenté de l'incertitude; quelques balles n'atteignaient pas l'écran ou ne le rencontraient qu'après des ricochets.

En prenant des moyennes entre les résultats des tirs exécutés, les uns sans boulet, les autres avec un boulet touchant la gargousse, on a le Tableau suivant :

OBSERVATIONS.	GRAPPE de 15 balles de 56^{mm}.	GRAPPE de 128 balles de 28^{mm}.
Canon n° 1............	$d = 0,0274$	$d = 0,0634$
Canon-obusier.........	$d = 0,0314$	$d = 0,0681$
Caronade.............	$d = 0,0440$	$d = 0,0853$

§ 8. — **Augmentation de la dispersion quand on oppose un obstacle au mouvement des balles. — Influence de la position du boulet dans le tir à boulet et à mitraille.**

Un corps placé dans la bouche à feu en avant des balles augmente la dispersion.

Un essai a été fait en 1840, en vue de supprimer le sac de toile et le transfilage de la grappe de dix boulets de 4. Les boulets étaient pressés entre deux plateaux en fer forgé de 13^{mm} d'épaisseur et réunis par une tige centrale; trois cercles en fer feuillard les maintenaient latéralement. Le rapport de la dispersion à la distance est devenu égal à 0,0264, tandis qu'il n'est que de 0,0235 pour la grappe ordinaire à un seul plateau (§ 7).

Les expériences sur le tir à boulet et à mitraille ont offert un résultat singulièrement remarquable. On a varié l'ordre du chargement, en mettant successivement en contact avec la gargousse d'abord la mitraille, puis le boulet. Dans le premier cas, la dispersion s'est toujours montrée à peu près double de ce qu'elle était dans le second. Pour s'en convaincre, il suffit de jeter les yeux sur le dernier Tableau du § 6.

Ainsi, un simple changement dans la position du boulet suffit pour faire varier la dispersion dans le rapport de 2 à 1.

La position du boulet près de la gargousse réduit donc de moitié la dispersion; on a vu d'ailleurs (§ 5) qu'elle avait l'avantage d'éloigner la limite à laquelle la trajectoire du boulet se sépare complètement de celle des balles; elle permet, par suite, d'employer le tir à de plus grandes distances : aussi est-elle prescrite par les règlements.

Mais quelquefois le but est extrêmement rapproché et offre une certaine étendue; c'est alors la grappe qui doit être mise en contact avec la gargousse.

En général, on augmente la dispersion toutes les fois qu'on apporte quelque obstacle au mouvement des balles; c'est, par exemple, ce qui est arrivé lorsqu'en 1840 on a voulu substituer au sac de toile et à son transfilage un réseau en fil de fer.

§ 9. — Influence du nombre et du diamètre des balles.

Dans une même bouche à feu, la dispersion est à peu près proportionnelle à la racine cubique du nombre des balles qui composent la grappe; en sorte que, N désignant le nombre des balles, le rapport $\dfrac{d}{\sqrt[3]{N}}$ est sensiblement constant.

C'est du moins ce qui résulte du Tableau suivant, qui résume les expériences exécutées sur l'obusier de 22^{cm} :

NATURE DE LA GRAPPE.	VALEUR de d.	VALEUR DE $\dfrac{d}{\sqrt[3]{N}}$.	VALEUR moyenne.
Grappe de 10 boulets de 4....	0,0235	0,01091	
» 48 balles de $4\frac{7}{10}^{mm}$..	0,0391	0,01076	0,01082
» 64 balles de $4\frac{7}{10}^{mm}$..	0,0432	0,01080	

On peut encore comparer les grappes de 120 balles de 28^{mm} aux grappes de 15 balles de 56^{mm}. Si le principe précédent est exact, la dispersion des premières doit être double de celle des secondes; et c'est, en effet, ce qu'il est facile de vérifier en examinant le Tableau qui termine le § 7.

En général, quand le poids de la grappe reste le même, la dispersion est en raison inverse du diamètre des balles.

§ 10. — Influence de la longueur de l'âme sur la dispersion.

Le rapprochement des résultats donnés par le canon n° 1, le canon-obusier et la caronade de 30, montre que la dispersion croît à mesure que la longueur de l'âme devient moindre. Il est naturel alors de comparer entre elles les longueurs qui, dans les trois bouches à feu, sont parcourues par les balles.

L'espace qui reste dans le canon n° 1, en avant de la gargousse, quand on emploie la charge de $3^{kg},75$, est de $2^m,430$; dans le canon-obusier, la longueur de la partie cylindrique est égale à $1^m,788$, et dans la caronade à $1^m,093$. En retranchant de ces trois longueurs l'épaisseur du plateau ou 13^{mm}, on a les espaces parcourus par les balles quand le plateau touche la gargousse, savoir : $2^m,417$, $1^m,775$, $1^m,080$.

Dans le cas où un boulet se trouve placé entre la gargousse et la grappe, ces longueurs doivent encore être réduites de $0^m,160$.

Lorsque, comme on l'a fait dans le § 7, on confond les résultats des deux espèces de tirs, il faut prendre des moyennes entre les longueurs correspondantes ainsi déterminées.

Cela posé, la dispersion paraît être en raison inverse de la racine carrée de la longueur parcourue par les balles dans l'intérieur de la bouche à feu; en sorte qu'en désignant par L cette longueur, le produit $d\sqrt{L}$ est sensiblement constant, en supposant, toutefois, que les autres circonstances qui influent sur la dispersion restent les mêmes. On en jugera par le Tableau suivant :

GRAPPES DE 15 BALLES DE 56^{mm}.			VALEUR de $d\sqrt{L}$.	VALEUR moyenne.
Tir sans boulet, ou avec boulet en contact avec la gargousse.	Canon n° 1.	$d = 0,0274$ $L = 2^m 337$	0,0419	
	Canon-obusier.	$d = 0,0314$ $L = 1,695$	0,0409	0,0423
	Caronade.	$d = 0,0440$ $L = 1,000$	0,0440	
Tir à mitraille et boulet, la grappe en contact avec la gargousse.	Canon n° 1.	$d = 0,0509$ $L = 2,417$	0,0791	
	Canon-obusier.	$d = 0,0724$ $L = 1,775$	0,096	0,0873
	Caronade.	$d = 0,0831$ $L = 1,080$	0,0864	

§ 11. — Expression générale de la dispersion.

Des expériences plus multipliées deviendraient nécessaires, s'il s'agissait d'obtenir pour la dispersion une expression d'une grande exactitude; mais le peu de précision du tir à mitraille empêchera toujours de les entreprendre, et l'on est assez disposé à se contenter à cet égard de simples aperçus.

Si l'on regarde, d'après ce qui précède, la dispersion comme étant à la fois proportionnelle à la racine cubique du nombre N des balles et en raison inverse de la racine carrée de la longueur L qu'elles parcourent dans l'âme, on est conduit, par le principe de la similitude, à admettre pour une bouche à feu d'un diamètre quelconque A l'expression générale

$$d = H \frac{\sqrt[3]{N}\sqrt{A}}{\sqrt{L}},$$

H étant un coefficient dont les expériences exécutées sur les grappes de 15 balles de 56^{mm} permettent de déterminer la valeur. Alors $N = 15$; le calibre du canon est $0^m,1647$; celui des deux autres bouches à feu est un peu moindre, mais la différence est sans importance; il en résulte que le produit $\sqrt[3]{N}\sqrt{A}$ diffère extrêmement peu de l'unité, et que la

TIR A MITRAILLE. 385

valeur de H est sensiblement égale à la valeur moyenne de $d\sqrt{L}$, donnée dans le § 10.

Ainsi, lorsque le tir s'effectue sans boulet ou que le boulet se trouve en contact avec la gargousse,

$$H = 0,0423.$$

Mais on peut encore se servir, pour déterminer H, des expériences exécutées sur l'obusier de 22^{cm}; alors $A = 0^m,2233$, $L = 1,991$, et la valeur moyenne de $\dfrac{d}{\sqrt[3]{N}}$ est $0,01082$ (§ 9); par suite, $H = 0,0323$.

Cette valeur est inférieure à la précédente; mais une circonstance tend à atténuer l'importance de la différence. Le diamètre du cylindre circonscrit au groupe des balles de 56^{mm} n'est que de 149^{mm} et laisse ainsi dans le canon de 30 un vent de $15^{mm},7$; tandis que le cylindre circonscrit aux boulets de 4 a un diamètre égal à $218^{mm},6$; en sorte que, dans l'obusier de 22^{cm}, le vent n'est que de $4^{mm},7$. Ainsi, la similitude n'existe pas dans les deux systèmes.

§ 12. — Expériences exécutées en 1844 sur un obusier de 27^{cm}.

En 1844, on s'est occupé du tir à mitraille de l'obusier de 27^{cm}.

La grappe se composait de dix boulets disposés en deux couches autour d'une tige centrale.

Diamètre des boulets.....................	$0^m,098$
» de la tige...........................	$0^m,070$
» du plateau.....................	$0^m,710$
Épaisseur du plateau.....................	$0^m,025$
Poids moyen des boulets..................	$3^{kg},491$
Poids total de la grappe..................	$53^{kg},00$

Dans les essais antérieurs on n'avait donné au plateau qu'une épaisseur de 18^{mm}; mais elle avait été reconnue insuffisante.

I. 25

A la toile dite *rondelette*, employée jusqu'alors pour la confection du sac, on avait substitué une toile beaucoup plus forte, dite *à doublage supérieur*. Le transfilage était très résistant.

Un fait fort inattendu se produisit dans les premières épreuves; le plateau et les boulets restaient groupés jusqu'à une certaine distance, 100^m environ, au delà de laquelle la séparation s'opérait d'une manière fort irrégulière.

Ce n'était donc qu'à cette distance que le sac se trouvait déchiré; il sortait de la bouche à feu à peu près intact, ce qui s'explique non seulement par l'excellente qualité de la toile, mais encore par les faibles vitesses des balles, la charge de l'obusier n'étant que de 5^{kg}, et aussi par la grande résistance du plateau; le tir ne laissait sur ce dernier que de très légères empreintes.

Le moyen de remédier à cet état de choses s'offrait en quelque sorte de lui-même. Après avoir introduit la grappe dans la bouche à feu et avant de la pousser jusqu'à la charge, on coupait le transfilage et on ouvrait le sac, qui alors ne pouvait plus faire obstacle à la séparation des boulets; puis on plaçait le valet annulaire et on faisait agir le refouloir. La tir a repris alors sa régularité ordinaire, et le rapport de la dispersion à la distance est devenu égal à 0,0252.

CHAPITRE XIII.

RÉSISTANCE DES CANONS EN FONTE DE FER AU TIR
DES BOULETS SPHÉRIQUES.

---

§ 1. — **Manière dont s'opère la rupture d'un canon en fonte de fer.**

Les ruptures des canons en fonte de fer sont trop fréquentes pour qu'il ne soit pas d'un haut intérêt d'étudier les circonstances dans lesquelles elles se produisent.

Le boulet n'a généralement éprouvé qu'un très faible déplacement lorsque la tension des gaz atteint sa plus grande valeur; elle s'affaiblit dès que son mouvement leur permet de se répandre dans un espace plus étendu, bien que la combustion continue de donner de nouveaux produits.

On sait qu'un corps solide est un assemblage de molécules maintenues à certaines distances les unes des autres par des forces qui, dans l'état de repos, se font mutuellement équilibre.

Les molécules qui forment les parois de l'âme reçoivent immédiatement l'action des gaz développés par l'explosion; elles s'éloignent légèrement de l'axe du canon et transmettent la pression aux molécules situées dans leur voisinage; celles-ci agissent de même sur les suivantes, et le mouvement se propage dans toute la masse.

La pression ne se maintient pas assez longtemps pour que, pendant sa durée, l'équilibre s'établisse de nouveau entre les molécules.

Celles qui sont placées sur une circonférence de cercle dont le centre se trouve sur l'axe, s'éloignant simultanément de ce dernier, s'écartent nécessairement les unes des autres, mais cet écartement est d'autant plus petit que le rayon de la circonférence est plus grand. En effet, pour qu'il fût constamment le même, il faudrait que toutes les circonférences, et par suite leurs rayons, prissent des accroissements proportionnels à leurs longueurs primitives; en sorte que pendant l'explosion le canon acquerrait une augmentation d'épaisseur, ce qui est inadmissible. Il est évident que le mouvement, en se propageant de l'intérieur à l'extérieur, tend à rapprocher les particules placées sur un même rayon.

Ainsi les molécules situées sur une circonférence dont le centre est sur l'axe sont d'autant moins écartées les unes des autres que cette circonférence a un plus grand rayon. C'est donc à la paroi même de l'âme que cet écartement est le plus grand; de là, il décroît jusqu'à la surface extérieure.

Par conséquent, c'est sur la paroi de l'âme que les altérations du métal sont le plus à craindre.

Si la pression ne dépassait pas une certaine limite, dès qu'elle aurait cessé, les molécules, après quelques vibrations, reprendraient leurs positions primitives, de sorte que l'explosion n'aurait nullement altéré le canon.

Mais si une suite de coups identiques finit par mettre une bouche à feu hors de service, il faut bien que chaque coup ait produit une altération particulière. Cette altération, pour être imperceptible, n'en est pas moins réelle.

Ainsi, après chaque explosion, les molécules ne reprennent pas exactement les positions qu'elles avaient auparavant, et le diamètre de l'âme s'agrandit peu à peu. Cet agrandissement est peu sensible dans le canon en fonte de fer, cette substance offrant une grande résistance à l'extension; il est, au contraire, très rapide dans les canons en bronze.

L'écartement des molécules peut devenir tel que leur action mutuelle soit détruite, et alors il y a rupture. Cet accident est particulièrement à craindre pour la fonte.

Il y a donc une tendance à la rupture dans chaque plan méridien; mais elle est surtout menaçante dans le plan qui passe par l'axe de la lumière, à cause de la solution de continuité qu'il présente. Par suite, c'est dans ce plan et à l'orifice intérieur de la lumière que la rupture commence à se manifester; une fente se forme et s'agrandit à chaque coup.

La résistance de la culasse, dans le voisinage de laquelle la lumière se trouve placée, s'oppose à cet agrandissement; et c'est du côté de la volée que la fente s'étend avec plus de facilité. De là, il résulte qu'en éloignant la lumière du fond de l'âme, on accélérerait la rupture longitudinale de la bouche à feu.

La pression que les gaz exercent sur le fond de l'âme tend à l'entraîner vers l'arrière; les molécules ainsi pressées s'écartent légèrement de leurs voisines plus rapprochées de la volée, puis les entraînent, et le mouvement de recul se propage dans toute la masse.

On conçoit que cet écartement, qui précède l'établissement général du mouvement, puisse devenir une cause de rupture. Cette cause serait même très dangereuse si l'on supprimait la surface de raccordement du fond de l'âme et des parois latérales (§ 3). C'est évidemment dans le voisinage du fond de l'âme qu'elle agit avec le plus d'énergie; l'orifice intérieur de la lumière, placé en cet endroit, favorise, d'ailleurs, la formation d'une fente transversale.

C'est ainsi qu'on reconnaît l'existence d'une seconde ligne de rupture, qui n'est autre chose que le cercle passant par le centre de l'orifice intérieur de la lumière.

En résumé, à partir de cet orifice, deux fentes tendent à se former, l'une suivant la génératrice supérieure de l'âme, l'autre suivant la section perpendiculaire à cette génératrice; la première tend surtout à se propager vers l'avant; mais la seconde doit généralement s'étendre également à droite et à gauche, sauf les différences qui peuvent résulter des variations que présente parfois la constitution du métal.

Lorsque deux petites fentes initiales sont ainsi formées, elles s'ouvrent à chaque coup et se ferment immédiatement après; mais le courant de fluide qui les traverse, en s'échappant par la lumière, en détache des particules et leur donne bientôt dans leurs parties inférieures une certaine largeur. Ainsi s'explique naturellement la formation des pointes que l'on ne tarde pas à apercevoir à l'orifice intérieur de la lumière. Deux sont dirigées dans le plan perpendiculaire à l'axe du canon, l'une à droite et l'autre à gauche, et présentent, en général, des longueurs à peu près égales; la troisième se prolonge en avant suivant la génératrice supérieure de l'âme; une quatrième, toujours plus petite, se montre quelquefois vers l'arrière. Ces pointes ne sont que la conséquence des fentes qui les ont précédées.

L'existence de ces fentes a été mise hors de doute par des tronçonnages opérés sur des canons de 30 qui avaient été soumis à Gâvre à de très longues épreuves. Sur la surface lisse de chaque tronçon, la fente ne se manifestait que par un filet excessivement délié; mais, exposé au choc d'un mouton, le tronçon se brisait suivant le prolongement du filet; la fente primitive se distinguait alors du reste de la cassure par la teinte noirâtre dont elle était affectée et qui était occasionnée par les particules que les gaz y avaient déposées en la traversant.

Il est facile maintenant de se rendre compte des circonstances qui accompagnent la rupture finale d'une bouche à feu en fonte de fer. L'action des gaz écarte l'une de l'autre les deux faces de la fente longitudinale qui a pris naissance à l'orifice intérieur de la lumière et la prolonge en avant et en arrière; mais la partie antérieure de l'âme n'a que peu souffert du tir, par suite de l'affaiblissement de la force élastique des gaz au moment où ils la traversent; ce n'est donc qu'avec difficulté que la fente s'étend vers l'avant. Les parties du canon déjà séparées et continuellement écartées l'une de l'autre ont une tendance à se rompre latéralement; des ruptures transversales se produisent, et généralement la volée reste intacte, elle tombe sur le sol sans prendre de mouvement vers l'avant.

Ordinairement la fente transversale formée à l'orifice intérieur de la lumière est assez avancée pour que la culasse se détache; elle est alors projetée vers l'arrière.

La lumière est rapidement dégradée par le tir; et c'est, en général, par l'agrandissement du canal qu'on juge du nombre de coups que la bouche à feu a déjà supportés et du service qu'on peut encore lui faire subir.

L'emploi d'un grain de lumière priverait de ce moyen d'appréciation et n'empêcherait pas la formation des fentes; il augmenterait, au contraire, la solution de continuité qui leur donne naissance.

§ 2. — Influence du mode de chargement sur la rupture.

La destruction de la bouche à feu est très prompte, lorsque la gargousse, ayant le diamètre réglementaire à peu près égal aux $\frac{946}{1000}$ du calibre, est poussée jusqu'au fond de l'âme et se trouve en contact immédiat avec le projectile; en général, quatre cents coups à la charge de 5^{kg} et à boulets massifs suffisent pour déterminer la rupture d'un canon de 30 n° 1.

Mais il n'en est plus de même lorsqu'un valet mou en étoupe est interposé entre la gargousse et le projectile. Dans les expériences exécutées à Gâvre en 1847 sur les canons de 30 n° 1, ce valet avait 16^{cm} de diamètre, 11^{cm} de longueur et pesait environ 400^{gr}. Les bouches à feu ont supporté plus de deux mille coups à boulets massifs et à la charge de 5^{kg}, sans qu'aucune rupture se soit produite. Les lumières avaient acquis des dimensions énormes; la forme cylindrique avait disparu et la section de moindre étendue se trouvait à environ 20^{mm} de la surface extérieure. Le Tableau suivant, formé en prenant les résultats moyens des observations, peut donner une idée de la marche progressive des dégradations.

NOMBRE de coups.	DIAMÈTRE de la sonde traversant la lumière.	ORIFICE EXTÉRIEUR. Dimension		ORIFICE INTÉRIEUR. Distance	
		perpendiculaire à l'axe du canon.	parallèle à l'axe du canon.	des deux pointes dirigées perpendiculairement à l'axe du canon.	de la pointe antérieure à la partie postérieure de l'orifice.
	mm	mm	mm	mm	mm
0	5,6	5,6	5,6	5,6	5,6
100	6,9	7	7	15	13
200	8,2	9	9	24	18
300	9,5	11	11	31	24
400	10,8	14	13	36	26
500	12,1	17	16	40	29
600	13,4	21	19	46	32
700	14,7	25	23	53	37
800	16,0	30	28	60	42
900	»	36	33	68	47
1000	»	45	39	77	53
1100	»	56	46	84	57
1200	»	65	54	91	63
1300	»	79	65	98	70
1400	»			103	75
1500	»			108	80
1600	»			112	85
1700	»			117	89
1800	»			119	91
1900	»			121	93
2000	»			122	94

Le tronçonnage a fait reconnaître l'existence des fentes signalées dans le § 1 ; leur profondeur, prise à partir de la surface agrandie du canal de la lumière, atteignait 30^{mm} et même 40^{mm}.

Au-dessus de l'emplacement occupé par le projectile dans le chargement, l'âme présentait une foule de sillons légèrement sinueux et dirigés dans le sens des génératrices.

En avant de cet emplacement l'âme était intacte.

Il résulte de ces faits que le valet mou en étoupe, placé entre la gargousse et le projectile, assure la sécurité du tir;

en cédant à l'action des gaz, il leur fournit un espace dans lequel ils se répandent, ce qui les empêche d'acquérir les tensions dangereuses qui déterminent les ruptures, et cependant leur pression moyenne se trouve augmentée; la vitesse initiale devient, en effet, un peu plus grande, comme on a pu le voir dans le Chapitre Ier, § 28.

Mais, dans le tir, l'étoupe prend feu et, dans un combat sous le vent, des débris enflammés seraient rejetés sur le bâtiment.

C'est à raison de cela que les valets en algue marine ont été substitués aux valets en étoupe; ils ont les mêmes dimensions et à peu près le même poids que ces derniers; mais, formés de torons très serrés, ils n'offrent pas la même souplesse, et leurs effets sont un peu différents. La vitesse du projectile est moindre (Ch. Ier, § 29).

L'artillerie de terre emploie les bouchons de foin qui, à Gâvre, ont donné, quant à la conservation des bouches à feu, les mêmes résultats que les valets en étoupe. L'usage est de leur donner une longueur égale à leur diamètre.

Un mode de chargement qui, tout en étant conservateur, dispenserait de placer à bord des bâtiments une matière à la fois inerte et encombrante, obtiendrait certainement dans la marine la préférence sur tous les autres.

C'est le but que M. Delvigne a cherché à atteindre en proposant le chargement dont il a été question dans le Chapitre Ier, § 30. Le feu étant mis par l'avant de la charge, les premiers gaz développés agissent immédiatement sur le projectile, dont l'inertie est, par suite, graduellement vaincue; le vide ménagé à l'arrière de la gargousse empêche les tensions dangereuses; les grains de poudre écartés les uns des autres sont plus facilement atteints par la flamme, et la combustion est plus complète.

Des expériences comparatives ont été faites à Ruelle en 1847 sur deux canons de 18 forés au calibre de 30. Pour l'un, on employait le chargement à bouchons de foin de 16^{cm} de longueur; pour l'autre, on se servait du chargement de M. Delvigne; la longueur du vide à l'arrière était de 8^{cm}, et le feu était mis à l'aide d'un brin de mèche qui traversait la lumière, passait par-dessus la gargousse, dont il était parfaitement isolé, et aboutissait à l'avant de la charge.

Les résultats ont été favorables au chargement proposé par M. Delvigne.

Un autre essai a été fait à Gâvre, en 1847, sur un canon de 30 n° 1 neuf. La lumière avait été bouchée par une tige en fer introduite par l'intérieur de l'âme, maintenue dans sa partie inférieure par une tête et dans sa partie supérieure au moyen d'un écrou. Une nouvelle lumière, dont le centre se trouvait à 360^{mm} du fond de l'âme, avait été percée perpendiculairement à l'axe du canon.

Les boulets étaient massifs et la charge de 5^{kg}; le vide à l'arrière avait 8^{cm} de longueur.

Une observation importante a été faite pendant le tir; après chaque coup, il ne restait dans l'âme aucun débris de gargousse.

Au 288e coup, le canon a éclaté. Le renfort était fendu suivant le plan méridien passant par les deux lumières, la surface de rupture traversait la culasse, mais en se recourbant vers la droite, de manière à devenir à peu près tangente au bouton; en avant elle se prolongeait un peu au delà des tourillons et s'arrêtait à une rupture transversale; la volée intacte comme à l'ordinaire. Une seconde rupture transversale se trouvait en arrière des tourillons.

Après 40 coups, l'orifice intérieur de la lumière avait déjà pris la forme d'une étoile à quatre pointes; l'écartement des deux pointes perpendiculaires à l'axe du canon était alors égal à 9^{mm}; il s'est accru graduellement et est devenu égal à 14^{mm} après 280 coups.

Les deux pointes dirigées dans le sens des génératrices étaient beaucoup plus prononcées et surtout plus aiguës; leur écartement était de 18^{mm} après 40 coups et de 38^{mm} après 160. A la suite du 200e coup, chaque pointe se prolongeait sous la forme d'un filet extrêmement délié et légèrement sinueux; la longueur totale du filet était de 75^{mm};

après le 280ᵉ coup, elle était devenue égale à 110^{mm}, mais les deux parties du filet en avant et en arrière de l'orifice avaient des longueurs fort inégales; l'étendue de la première était à peu près double de celle de la seconde. L'existence d'une longue fente longitudinale qui menaçait la pièce d'une prochaine destruction se trouvait clairement indiquée.

Le déplacement de la lumière est sans doute la cause à laquelle il faut attribuer la rupture prématurée du canon; son éloignement du fond de l'âme favorise, en effet, la formation de la fente longitudinale; mais cet éloignement deviendrait obligatoire, si l'on voulait introduire le mode de chargement dans la pratique.

§ 3. — Observations sur la construction des bouches à feu en fonte de fer.

Des faits qui précèdent, il résulte que la résistance d'une bouche à feu en fonte de fer dépend principalement de l'épaisseur que présente le métal autour de l'emplacement occupé par le chargement.

Dans les canons de 30 n° 1, modèle 1820, l'épaisseur prise sur le plan au fond de l'âme et sans tenir compte de la surface annulaire qui raccorde ce plan avec le cylindre est de 188^{mm}. Dans le modèle de 1849, elle est portée à 195^{mm},6 : le rapport de cette épaisseur au calibre est donc 1,1876; le renfort est formé de deux troncs de cône : le premier, qui s'arrête à 523^{mm} du fond de l'âme, s'écarte peu de la forme cylindrique, l'inclinaison des génératrices sur l'axe n'est que de 1°25′; dans le second, dont la longueur est de 536^{mm}, cette inclinaison est de 3°12′. L'épaisseur comprise entre le fond de l'âme et le collet du bouton de culasse est de 251^{mm}.

Les modifications apportées au modèle de 1820 n'ont pas augmenté le poids de la bouche à feu, parce que la volée a été allégée; on sait que cette partie n'est jamais altérée par le tir; à son extrémité antérieure l'épaisseur a été réduite à 67^{mm},6.

Les mêmes errements ont été suivis en 1856, lorsqu'il s'est agi de rectifier le tracé des canons de 36; au fond de l'âme l'épaisseur a été augmentée, et la première partie du renfort est devenue presque cylindrique; en même temps la volée a été affaiblie.

Dans la construction d'une bouche à feu nouvelle, les dimensions des canons existants, qui ont à supporter les mêmes efforts et dont la résistance a été reconnue satisfaisante, doivent naturellement servir de guides. On passe d'un calibre à un autre, au moyen du principe de la similitude; les erreurs ne sont à craindre que dans le cas où les calibres présentent une grande différence.

La forme de la partie postérieure de l'âme demande une attention particulière; si le cylindre se prolongeait jusqu'au plan du fond, une rupture transversale serait imminente: en effet, deux molécules placées près de l'arête de jonction, l'une sur le plan, l'autre sur la paroi cylindrique, seraient poussées par les gaz dans des directions faisant entre elles un angle droit. On écarte ce danger en raccordant le plan et le cylindre au moyen d'une surface annulaire engendrée par un quart de cercle tangent à l'un et à l'autre; l'usage est de donner au rayon de cet arc une longueur égale au quart du calibre.

NOTES.

NOTE 1.

SIMILITUDE MÉCANIQUE.

§ 1.

La théorie de la similitude mécanique, due à Newton, est d'un grand secours dans la résolution des questions qui demandent le concours de l'expérience, et, comme l'a remarqué M. Jullien, elle se déduit presque immédiatement du principe de l'homogénéité des équations.

Deux systèmes de points matériels en mouvement sont dits semblables lorsqu'on passe du premier au second en multipliant les dimensions linéaires, les masses, les temps, les vitesses et les forces par des facteurs constants λ, μ, θ, ε et φ, sans apporter aucun changement aux angles que les droites qui joignent les points font entre elles et avec les directions des forces.

Un point matériel du premier système se transforme ainsi en un point du second; ce sont les *points homologues*. Le rapport de leurs masses est μ.

La droite qui joint deux points du premier système et celle qui, dans le second, joint leurs homologues, sont appelées *lignes homologues*. Le rapport de leurs longueurs est λ.

Lorsque l'on commence à compter le temps, la similitude géométrique existe entre les deux systèmes; on la retrouve plus tard en comparant l'état du premier système au bout du temps t et celui du second après le temps θ. Ce sont les *états homologues* des deux systèmes. Le rapport des vitesses des points homologues est alors égal à ε; celui des forces qui les sollicitent est φ.

Mais les facteurs λ, μ, θ, $\varkappa$ et φ ne peuvent pas être choisis arbitrairement; il faut que leur introduction dans les équations du mouvement du premier système ne les empêche pas de subsister, puisque alors elles doivent donner le mouvement du second.

Ces équations, supposées établies d'une manière générale, sont indépendantes des unités de longueur, de masse et de temps; elles ne cessent pas d'exister quand on divise respectivement ces unités par λ, μ et θ. Il est clair que cela revient à multiplier les longueurs par λ, les masses par μ et les temps par θ. Reste à savoir ce que deviennent les vitesses et les forces.

Quant un point parcourt une longueur s pendant le temps t, la vitesse v qu'il possède au bout de ce temps est égale à $\dfrac{ds}{dt}$, expression qui se transforme en $\dfrac{\lambda}{\theta}\dfrac{ds}{dt}$, puisque la longueur ds est multipliée par λ et l'instant dt par θ. Ainsi les vitesses sont multipliées par $\dfrac{\lambda}{\theta}$.

Si la force f est capable d'imprimer à une masse m, pendant l'instant dt, un accroissement de vitesse égal à dv, on a $f = m\dfrac{dv}{dt}$. La masse m est multipliée par μ, l'instant dt par θ, et, d'après ce qu'on vient de voir, la vitesse dv l'est par $\dfrac{\lambda}{\theta}$; l'expression $m\dfrac{dv}{dt}$ devient par suite $\dfrac{\mu\lambda}{\theta^2}m\dfrac{dv}{dt}$ ou $\dfrac{\mu\lambda}{\theta^2}f$. Les forces sont donc multipliées par $\dfrac{\mu\lambda}{\theta^2}$.

Ainsi les trois facteurs λ, μ et θ déterminent complètement les deux autres; il faut, et c'est en cela que consiste le théorème de Newton, que

$$\varkappa = \frac{\lambda}{\theta}, \quad \varphi = \frac{\mu\lambda}{\theta^2}.$$

L'élimination de θ donne

$$\varphi = \frac{\mu\varkappa^2}{\lambda}.$$

Les points matériels peuvent former dans chaque groupe plusieurs corps solides, liquides ou gazeux; il est clair qu'alors les corps composés par les points homologues sont de même nature. Le rapport de leurs dimensions linéaires est λ.

On peut, dans ce cas, au lieu du rapport des masses, prendre celui de leurs densités. En le désignant par ρ, on a

$$\mu = \lambda^2 \rho \quad \text{et, par suite,} \quad \varphi = \rho \lambda^2 s^2.$$

Ainsi, quand deux systèmes sont semblables, les forces qui, dans les positions homologues, sollicitent les points homologues, sont proportionnelles aux carrés des vitesses et des dimensions linéaires, ainsi qu'aux densités.

Il y a une observation à faire. Pour que deux corps satisfassent à toutes les conditions de la similitude, il faut qu'on puisse les considérer comme composés d'un même nombre de points matériels semblablement disposés, chaque point de l'un devant avoir son homologue dans l'autre; mais il est bien clair que cela ne peut donner lieu à aucune difficulté, lorsqu'on admet la continuité de la matière, comme on le fait du reste dans tous les Traités de Mécanique rationnelle.

§ 2.

Considérons le cas particulier de deux corps solides semblables et tels que le rapport des densités de leurs éléments homologues ait une valeur constante ρ.

Si la similitude mécanique existe et si, dans les positions homologues, les points homologues possèdent la même vitesse, $s = 1$, et par suite $\theta = \lambda$ et $\varphi = \rho \lambda^2$, de sorte que le rapport des temps homologues est le même que celui des dimensions linéaires, et les forces sont proportionnelles aux carrés de ces mêmes dimensions, ainsi qu'aux densités.

Ces circonstances peuvent-elles se présenter quand les deux solides se meuvent dans deux milieux de même nature et ne sont soumis qu'aux forces provenant des résistances de ces milieux?

Pour qu'il en soit ainsi, il faut évidemment que les solides et les milieux dans lesquels ils se meuvent forment deux systèmes tels que l'on passe du premier au second en multipliant simultanément les longueurs et les temps par λ, les densités par ρ et les forces par $\rho \lambda^2$.

Par conséquent, le même rapport doit exister entre les densités des milieux et entre celles des deux solides.

Ainsi, si ces deux corps se meuvent dans un même milieu, la similitude ne peut avoir lieu qu'autant que leurs éléments homologues possèdent la même densité.

Dans ce cas, $\rho = 1$ et $\varphi = \lambda^2$; il faut donc encore que les forces qui agissent sur les éléments homologues soient proportionnelles aux carrés des dimensions linéaires.

Or, les seules forces qui puissent entrer dans les équations du mouvement sont les pressions ou tractions provenant des actions moléculaires. Si l'on admet, suivant l'usage, la continuité de la matière, la pression ou traction doit rester sensiblement constante, tant en direction qu'en grandeur, dans une étendue infiniment petite; et l'on est par suite conduit à regarder celle que supporte un petit élément plan comme étant proportionnelle à la grandeur de cet élément. C'est ainsi qu'on agit dans la mécanique des fluides; alors la pression est toujours supposée perpendiculaire à l'élément sur lequel elle est exercée; mais, dans un milieu d'une autre nature, elle peut faire avec cet élément un angle très différent de l'angle droit.

Rien ne s'oppose donc à ce que les forces qui, dans les états homologues, agissent sur les éléments homologues, soient proportionnelles aux carrés de leurs dimensions linéaires. La similitude est alors possible, et si elle est établie au commencement du mouvement, elle subsistera pendant toute sa durée. On passera du premier système au second en multipliant les longueurs et les temps par λ, et les forces par λ^2; il n'y aura aucun changement à apporter aux vitesses, non plus qu'aux densités. Les volumes des parties du milieu qui prendront part aux mouvements des deux corps seront proportionnels à ceux de ces derniers.

Le mouvement pourra faire varier la densité du milieu; mais, dans les états homologues, elle sera toujours la même autour des éléments homologues.

Lorsque le rapport ρ, supposé le même pour les deux corps et pour les milieux dans lesquels ils se meuvent, n'est pas égal à l'unité, la similitude ne peut exister qu'autant que, toutes choses égales d'ailleurs, les pressions ou tractions sont proportionnelles aux densités.

§ 3.

Souvent, avant de construire une machine, on veut procéder à des essais en opérant sur un modèle de faibles dimensions. Il est clair qu'alors la similitude mécanique doit être établie entre les deux appareils. Les équations

$$\varkappa = \frac{\lambda}{\theta}, \quad \varphi = \rho \lambda^2 \varkappa^2$$

expriment les conditions auxquelles il faut satisfaire; mais la nature des forces que l'on met en jeu oppose des obstacles à leur réalisation. Ce doit être dans chaque cas l'objet d'une discussion particulière.

NOTE II.

PROBABILITÉ DES RÉSULTATS MOYENS DES OBSERVATIONS [1].

---

§ 1. — Notions préliminaires.

En général, toute épreuve entreprise en vue de déterminer une grandeur est entachée de quelque erreur ou écart.

On supposera dans tout ce qui va suivre que chaque écart, quelle que soit sa grandeur, peut être indifféremment positif ou négatif, c'est-à-dire par excès ou par défaut.

La moyenne arithmétique des valeurs numériques des écarts est ce qu'on appelle l'*écart moyen*. On le désignera par γ.

Le *carré moyen des écarts* est la moyenne arithmétique des carrés de tous les écarts. On le représentera par Γ^2.

---

[1] Cette Note est la reproduction d'un Mémoire inséré dans le tome III du *Mémorial de l'Artillerie et de la Marine* (année 1875), et publié ensuite séparément.

Soient
$$x_1, x_2, x_3, \ldots, x_m$$
les valeurs numériques des divers écarts; m leur nombre.

Lorsque ces valeurs sont également possibles, en sorte qu'elles se présentent le même nombre de fois dans une suite indéfinie d'épreuves,
$$\gamma = \frac{x_1 + x_2 + x_3 + \ldots + x_m}{m},$$
$$\Gamma^2 = \frac{x_1^2 + x_2^2 + x_3^2 + \ldots + x_m^2}{m},$$

ou, suivant une notation usitée,
$$\gamma = \frac{\Sigma(x)}{m}, \qquad \Gamma^2 = \frac{\Sigma(x^2)}{m}.$$

§ 2. — Concours de plusieurs causes à la production des écarts. — Théorème concernant le carré moyen des écarts.

Souvent deux causes indépendantes l'une de l'autre concourent simultanément à la production des écarts.

Soient
$$x'_1, \quad x'_2, \quad x'_3, \quad \ldots \quad x'_{m'},$$
$$x''_1, \quad x''_2, \quad x''_3, \quad \ldots, \quad x''_{m''}$$

les valeurs numériques des écarts que produiraient ces deux causes, si elles agissaient séparément; Γ'^2 et Γ''^2 les carrés moyens de ces écarts. Les valeurs numériques étant supposées également possibles,
$$\Gamma'^2 = \frac{\Sigma(x'^2)}{m'}, \qquad \Gamma''^2 = \frac{\Sigma(x''^2)}{m''}.$$

Les deux causes agissant simultanément, chaque écart dû à l'une d'elles vient se joindre successivement à chacun des écarts produits par l'autre.

Dans les hypothèses admises, ces accouplements, dont le nombre est $m'm''$, sont également possibles et, dans une suite indéfinie d'épreuves, ils se reproduisent le même nombre de fois.

PROBABILITÉ DES RÉSULTATS MOYENS DES OBSERVATIONS. 403

L'accouplement des deux termes x'_1 et x''_2 donne lieu à un écart dont la valeur est égale à leur somme ou à leur différence, suivant que les deux causes agissent dans le même sens ou dans des sens opposés. Dans le premier cas le carré de l'écart est $x'^2_1 + 2x'_1 x''_1 + x''^2_1$, et dans le second $x'^2_1 - 2x'_1 x''_1 + x''^2_1$. La somme des carrés de ces deux écarts est donc $2(x'^2_1 + x''^2_1)$.

Le même terme x'_1 se joignant de la même manière à chacun des termes de la seconde suite, le nombre des écarts devient $2m''$ et la somme de leurs carrés est

$$2m''x'^2_1 + 2(x''^2_1 + x''^2_2 + x''^2_3 + \ldots + x''^2_{m''}),$$

ou

$$2m'x'^2_1 + 2\Sigma(x''^2).$$

Les autres termes x'_2, x'_3, $x'_{m'}$ de la première suite s'accouplant de même avec chacun des termes de la seconde, le nombre des écarts s'élève à $2m'm''$, et la somme de leurs carrés est

$$2m''(x'^2_1 + x'^2_2 + x'^2_3 + \ldots + x'^2_{m'}) + 2m'\Sigma(x''^2),$$

ou

$$2m''\Sigma(x'^2) + 2m'\Sigma(x''^2).$$

Divisant cette somme par $2m'm''$, on obtient le carré moyen des écarts Γ^2 ainsi :

$$\Gamma^2 = \Gamma'^2 + \Gamma''^2.$$

Il est aisé d'étendre ce résultat à un nombre quelconque de causes perturbatrices, indépendantes les unes des autres et agissant simultanément; Γ'^2, Γ''^2, Γ'''^2, … désignant les carrés moyens des écarts qui leur correspondent,

$$\Gamma^2 = \Gamma'^2 + \Gamma''^2 + \Gamma'''^2 + \ldots$$

En général, le nombre des écarts que peut produire une cause perturbatrice est infini, et leur possibilité varie suivant leur grandeur numérique. Le théorème que l'on vient d'établir n'en subsiste pas moins. Il suffit, pour s'en assurer, de faire croître indéfiniment les nombres m', m'', m''', …, et de supposer en même temps que, parmi les écarts de chaque suite, il s'en trouve plusieurs qui deviennent égaux.

Ainsi, *lorsque plusieurs causes perturbatrices indépendantes les unes des autres concourent simultanément à la production des écarts, le carré moyen de ces derniers est égal à la somme des carrés moyens des écarts qu'elles produiraient si elles agissaient séparément.*

Lorsque toutes ces causes sont équivalentes,

$$\Gamma' = \Gamma'' = \Gamma''' = \ldots,$$

et, en désignant leur nombre par n, on a

$$\Gamma^2 = n\Gamma'^2.$$

Soient maintenant $\gamma', \gamma'', \gamma''', \ldots$ les écarts moyens que produiraient les causes perturbatrices agissant isolément, et γ l'écart moyen résultant de leur concours. Lorsque les rapports $\dfrac{\Gamma^2}{\gamma^2}, \dfrac{\Gamma'^2}{\gamma'^2}, \dfrac{\Gamma''^2}{\gamma''^2}, \ldots$ sont égaux, on peut, dans l'équation précédente, remplacer $\Gamma^2, \Gamma'^2, \Gamma''^2, \ldots$ par $\gamma^2, \gamma'^2, \gamma''^2, \ldots$ et l'on a

$$\gamma^2 = \gamma'^2 + \gamma''^2 + \gamma'''^2 + \ldots.$$

Alors le carré de l'écart moyen est égal à la somme des carrés des écarts moyens que produiraient isolément les diverses causes. Quand, de plus, elles sont équivalentes,

$$\gamma^2 = n\gamma'^2.$$

§ 3. — Hypothèses et formules fondamentales.

Admettons qu'on exécute une suite indéfinie d'épreuves, en sorte que leur nombre, désigné par N, soit infiniment grand.

Soient $-X$ et X (la lettre X représentant une quantité positive) les limites extrêmes entre lesquelles sont compris les écarts qui se produisent.

En divisant le nombre de fois qu'un écart x apparaît dans cette suite d'épreuves par le nombre N de ces dernières, on a la probabilité de rencontrer cet écart dans une seule épreuve.

Cette probabilité est toujours infiniment petite : on peut donc a représenter par $\varphi(x)\,dx$ (¹).

Le nombre de fois que l'écart x apparaît dans la suite des épreuves est par conséquent égal à $N\varphi(x)\,dx$.

La probabilité d'un écart est supposée ne dépendre que de sa grandeur numérique; ainsi les écarts $-x$ et x ont la même probabilité $\varphi(x)\,dx$.

Le nombre des écarts qui ont une même valeur numérique x est donc égal à $2N\varphi(x)\,dx$.

La fonction $\varphi(x)$, dans laquelle chaque écart ne figure que par sa grandeur numérique, est supposée continue, en ce sens qu'elle n'a qu'une seule valeur pour chaque valeur de x et qu'elle n'éprouve qu'une variation infiniment petite, lorsque x prend un accroissement infiniment petit. Les dérivées $\varphi'(x)$, $\varphi''(x)$, ... peuvent être discontinues.

L'expression algébrique de $\varphi(x)$ reste entièrement arbitraire; elle peut même varier dans l'intervalle de zéro à X; elle n'est pas assujettie à la condition de conserver la même valeur quand on y change x en $-x$, puisque chaque écart n'y entre que par sa valeur numérique; si elle présentait des valeurs au delà de la limite X on n'y aurait pas égard.

La probabilité d'avoir dans une épreuve un écart d'une valeur numérique égale à x ou, en d'autres termes, un écart égal soit à x, soit à $-x$, est évidemment

$$2\varphi(x)\,dx.$$

Par conséquent, celle d'avoir un écart numériquement inférieur ou égal à x est

$$2\int_0^x \varphi(x)\,dx.$$

Cette probabilité se change en certitude quand $x = X$; il faut donc que

$$2\int_0^X \varphi(x)\,dx = 1.$$

(¹) Plus rigoureusement $\varphi(x)\,dx$ représente la probabilité d'obtenir un écart compris entre x et $x + dx$.

NOTE II.

L'expression $2N\varphi(x)\,dx$ représentant le nombre des écarts numériquement égaux à x, la somme de ces écarts est égale à $2Nx\varphi(x)\,dx$, et la somme des valeurs numériques de tous les écarts qui se produisent dans la suite des épreuves est $2N\int_0^X x\varphi(x)\,dx$. Divisant cette somme par le nombre N des épreuves, on a l'écart moyen; donc

$$\gamma = 2\int_0^X x\varphi(x)\,dx.$$

De même $2Nx^2\varphi(x)\,dx$ représente la somme des carrés des écarts égaux à x^2, et par conséquent $2N\int_0^X x^2\varphi(x)\,dx$ est la somme des carrés de tous les écarts. En la divisant par N, on a le carré moyen; donc

$$\Gamma^2 = 2\int_0^X x^2\varphi(x)\,dx.$$

Quel que soit le lieu géométrique de l'équation $y = \varphi(x)$, on n'a à s'occuper que de la partie de la courbe comprise entre les abscisses $x = 0$ et $x = X$. L'intégrale $\int_0^X \varphi(x)\,dx$ donne donc la valeur de l'aire comprise entre la courbe et l'axe des abscisses; il en résulte que cette aire est égale à $\frac{1}{2}$.

L'abscisse du centre de gravité de cette aire, laquelle est donnée par l'expression générale $\dfrac{\int_0^X x\varphi(x)\,dx}{\int_0^X \varphi(x)\,dx}$, se trouve égale à $2\int_0^X x\varphi(x)\,dx$, et par conséquent à l'écart moyen γ.

Cette courbe est appelée *courbe des probabilités des écarts*.

§ 4. — Application à la loi de probabilité des écarts :

$$\frac{a}{\sqrt{\pi}} e^{-a^2 x^2}.$$

Pour application des formules générales, soit

$$\varphi(x) = c^2 e^{-a^2 x^2},$$

e désignant la base des logarithmes népériens. Aucune limite n'est imposée aux écarts; de sorte que $X = \infty$. Dès lors

$$\int_0^X \varphi(x) \, dx = c^2 \int_0^\infty e^{-a^2 x^2} \, dx.$$

L'intégrale $\int_0^\infty e^{-a^2 x^2} \, dx$ est connue; elle est égale à $\frac{\sqrt{\pi}}{2a}$. Ainsi

$$\int_0^X \varphi(x) \, dx = \frac{c^2 \sqrt{\pi}}{2a}.$$

Cette intégrale devant être égale à $\frac{1}{2}$, il faut que $c^2 = \frac{a}{\sqrt{\pi}}$. Par conséquent,

$$\varphi(x) = \frac{a}{\sqrt{\pi}} e^{-a^2 x^2};$$

par suite,

$$\int x \varphi(x) \, dx = \frac{a}{\sqrt{\pi}} \int x e^{-a^2 x^2} \, dx;$$

or

$$\int_0^x x e^{-a^2 x^2} \, dx = \frac{1}{2 a^2} (1 - e^{-a^2 x^2});$$

par suite

$$\int_0^\infty x e^{-a^2 x^2} \, dx = \frac{1}{2 a^2} \quad \text{et} \quad \int_0^\infty x \varphi(x) \, dx = \frac{1}{2 a \sqrt{\pi}}.$$

Par conséquent,

$$= \frac{1}{a \sqrt{\pi}}.$$

NOTE II.

On a de même

$$\int x^2 \varphi(x)\, dx = \frac{a}{\sqrt{\pi}} \int x^2 e^{-a^2 x^2}\, dx;$$

or

$$\int_0^x x^2 e^{-a^2 x^2}\, dx = -\frac{x e^{-a^2 x^2}}{2 a^2} + \frac{1}{2 a^2} \int_0^x e^{-a^2 x^2}\, dx,$$

donc

$$\int_0^\infty x^2 e^{-a^2 x^2}\, dx = \frac{1}{2 a^2} \int_0^\infty e^{-a^2 x^2}\, dx = \frac{\sqrt{\pi}}{4 a^3}.$$

Par conséquent,

$$\int_0^\infty x^2 \varphi(x)\, dx = \frac{1}{4 a^2},$$

$$\Gamma^2 = \frac{1}{2 a^2} \quad \text{et} \quad \Gamma = \frac{1}{a \sqrt{2}}.$$

Ainsi

$$\frac{\Gamma}{\gamma} = \frac{\sqrt{\pi}}{\sqrt{2}} = 1,2523,$$

et

$$a = \frac{1}{\gamma \sqrt{\pi}} = \frac{1}{\Gamma \sqrt{2}}.$$

La probabilité d'avoir, à une épreuve, un écart numériquement égal à x est

$$\frac{2 a}{\sqrt{\pi}} e^{-a^2 x^2}\, dx,$$

et celle d'avoir un écart d'une valeur numérique égale ou inférieure à x, par conséquent compris entre $-x$ et x, est

$$\frac{2 a}{\sqrt{\pi}} \int_0^x e^{-a^2 x^2}\, dx.$$

La courbe des probabilités des écarts a pour équation

$$y = \frac{a}{\sqrt{\pi}} e^{-a^2 x^2};$$

PROBABILITÉ DES RÉSULTATS MOYENS DES OBSERVATIONS. 409

on en tire
$$\frac{dy}{dx} = -\frac{2a^3}{\sqrt{\pi}} x e^{-a^2 x^2},$$
$$\frac{d^2y}{dx^2} = -\frac{2a^3}{\sqrt{\pi}} e^{-a^2 x^2}(1 - 2a^2 x^2).$$

C'est quand $x = 0$ que l'ordonnée y atteint sa plus grande valeur; la tangente en ce point est parallèle à l'axe des abscisses, et dans le voisinage la concavité de la courbe est tournée vers cet axe; plus loin il y a un point d'inflexion, et le sens de la courbure change. La courbe a pour asymptote l'axe des abscisses.

L'expression de $\frac{d^2y}{dx^2}$ montre que l'abscisse du point d'inflexion est égale à $\frac{1}{a\sqrt{2}}$ et par conséquent à r.

Une loi de probabilité qui ne laisse aucune limite aux écarts semble d'abord inadmissible; mais la rapidité avec laquelle la courbe se rapproche de son asymptote fait disparaître cet inconvénient.

§ 5. — Moyenne arithmétique des résultats des observations.

Lorsque plusieurs épreuves entreprises en vue de déterminer une grandeur ω ont donné des résultats différents $\omega_1, \omega_2, \omega_3, \ldots, \omega_n$, on est naturellement porté à penser que les écarts par excès ou par défaut se compensent à peu près, surtout si le nombre n des épreuves est considérable, de sorte qu'on prend pour ω la moyenne arithmétique des résultats, et l'on a

$$\omega = \frac{\omega_1 + \omega_2 + \omega_3 + \ldots + \omega_n}{n}.$$

Cela revient à déterminer ω de telle sorte que la somme des carrés des différences $\omega - \omega_1, \omega - \omega_2, \omega - \omega_3, \ldots$ soit un minimum. En effet, en différentiant par rapport à ω la somme

$$(\omega - \omega_1)^2 + (\omega - \omega_2)^2 + \ldots + (\omega - \omega_n)^2,$$

et égalant la différentielle à zéro, on a

$$\omega_1 + \omega_2 + \omega_3 + \ldots + \omega_n - n\omega = 0.$$

Il est clair qu'on ne peut jamais compter sur une parfaite compensation des écarts positifs et des écarts négatifs. La valeur donnée par la moyenne arithmétique ne doit donc pas être regardée comme exacte. En s'appuyant sur le théorème démontré dans le § 2, on peut trouver l'expression du carré moyen des écarts dont elle peut être entachée.

Lorsqu'on fait la somme des résultats de n observations, les divers écarts possibles se groupent absolument de la même manière que dans le § 2, et les choses se passent comme s'il n'y avait qu'une épreuve soumise aux influences de n causes perturbatrices indépendantes les unes des autres. Toutes ces causes étant d'ailleurs équivalentes, la somme des carrés moyens des écarts qu'elles produisent est représentée par $n\Gamma^2$. Tel est donc le carré moyen des écarts dont peut être affectée la somme des résultats des n observations; mais, pour arriver à la moyenne arithmétique, on divise cette somme et par conséquent chaque écart par n; les carrés des écarts sont donc divisés par n^2, et l'expression précédente devient $\dfrac{\Gamma^2}{n}$.

Tel est donc le carré moyen des écarts dont peut être affectée la moyenne arithmétique. En le désignant par Γ_n^2, on a

$$\Gamma_n^2 = \frac{\Gamma^2}{n}.$$

§ 6. — Probabilité de la moyenne arithmétique, formule générale de Laplace.

La question à résoudre est la suivante :

Lorsqu'on fait un nombre n d'observations, quelle est la probabilité d'avoir une somme d'écarts qui ne dépasse pas certaines limites ?

Partageant l'intervalle de zéro à X en m parties égales à dx, on peut former le polynôme

$$\varphi(m\,dx)\,dx\,.\,e^{-mdx.\alpha\sqrt{-1}}$$
$$+\varphi[(m-1)\,dx]\,dx\,.\,e^{-(m-1)dx.\alpha\sqrt{-1}}$$
$$+\ldots\ldots\ldots\ldots\ldots\ldots$$
$$+\varphi(dx)\,dx\,.\,e^{-dx.\alpha\sqrt{-1}}$$
$$+\varphi(0)\,dx\,.\,e^{0\alpha\sqrt{-1}}$$
$$+\varphi(dx)\,dx\,.\,e^{dx.\alpha\sqrt{-1}}$$
$$+\ldots\ldots\ldots\ldots\ldots\ldots$$
$$+\varphi[(m-1)\,dx]\,dx\,.\,e^{(m-1)dx.\alpha\sqrt{-1}}$$
$$+\varphi(m\,dx)\,dx\,.\,e^{mdx.\alpha\sqrt{-1}};$$

e représente la base des logarithmes népériens; m est un nombre entier infiniment grand; $m\,dx = X$. Chaque terme est de la forme

$$e^{\pm k\,dx.\alpha\sqrt{-1}}\varphi(k\,dx)\,dx.$$

L'exposant de e est le produit de $\alpha\sqrt{-1}$ par un certain écart $\pm k\,dx$ et le coefficient $\varphi(k\,dx)\,dx$ est la probabilité de rencontrer cet écart dans une épreuve. Le nombre k est entier.

La somme de deux termes également éloignés des extrêmes est de la forme

$$\left(e^{-kdx\alpha\sqrt{-1}} + e^{kdx\alpha\sqrt{-1}}\right)\varphi(k\,dx)\,dx,$$

ce qui revient à $2\cos(k\alpha\,dx)\varphi(k\,dx)\,dx$.

En négligeant le terme infiniment petit $\varphi(0)\,dx\,e^{0\alpha\sqrt{-1}}$, on peut donc mettre le polynôme sous la forme

$$2[\varphi(dx)\cos(\alpha\,dx)\,dx + \varphi(2\,dx)\cos(2\alpha\,dx)\,dx$$
$$+ \varphi(3\,dx)\cos(3\alpha\,dx)\,dx + \ldots + \varphi(m\,dx)\cos(m\alpha\,dx)\,dx].$$

La suite comprise entre les parenthèses est le développement de l'intégrale

$$2\int_0^X \varphi(x)\cos(\alpha x)\,dx,$$

Ainsi le polynôme est égal à

$$2\int_0^X \varphi(x)\cos(\alpha x)\,dx.$$

Cela posé, le développement de la puissance n de ce polynôme se compose de termes de la forme

$$\varphi(k_1 dx)\,dx\,\varphi(k_2 dx)\,dx\,\ldots\,\varphi(k_n dx)\,dx,$$
$$e^{(k_1 dx + k_2 dx + \ldots + k_n dx)\alpha\sqrt{-1}}.$$

Les n facteurs dont se compose le coefficient sont des probabilités d'avoir dans une épreuve l'un des écarts $k_1 dx, k_2 dx, \ldots, k_n dx$. Leur produit, d'après un principe connu ([1]), est la probabilité d'obtenir leur concours dans une série de n épreuves, auquel cas la somme des écarts est égale à

$$k_1 dx + k_2 dx + \ldots + k_n dx = l\,dx.$$

L'exposant de e devient alors $l\,dx\,\alpha\sqrt{-1}$. Il y a un certain nombre de termes qui reproduisent la même somme $l\,dx$. On peut les réunir en un seul qui sera nécessairement de la forme $A\,e^{l\,dx.\alpha\sqrt{-1}}$, et le coefficient A sera la probabilité d'obtenir dans n épreuves une somme d'écarts égale à $l\,dx$. Tous les termes dans lesquels le coefficient de $\sqrt{-1}$ offre la même valeur peuvent être de même réunis en un seul.

Le coefficient A est aussi celui de $e^{-l\,dx.\alpha\sqrt{-1}}$. Ainsi $2A$ est la probabilité d'avoir une somme d'écarts numériquement égale à $l\,dx$.

Lorsqu'on multiplie le développement par

$$\frac{e^{-l\,dx.\alpha\sqrt{-1}} + e^{l\,dx.\alpha\sqrt{-1}}}{2},$$

ou $\cos(l\alpha\,dx)$, A devient le terme indépendant de α. Quant aux autres termes, en réunissant ceux dans lesquels les exposants

---

([1]) La probabilité d'obtenir le concours de plusieurs événements est le produit de leurs probabilités respectives.

de e ne diffèrent que par les signes, on obtient des groupes de la forme
$$K\left(e^{-k\,dx.\alpha\sqrt{-1}} + e^{k\,dx.\alpha\sqrt{-1}}\right),$$
ce qui revient à
$$2K\cos(k\alpha\,dx),$$
k désignant un nombre entier. Par conséquent le développement du produit ainsi obtenu peut être présenté sous la forme
$$A + B\cos(\alpha\,dx) + C\cos(2\alpha\,dx) + D\cos(3\alpha\,dx) + \ldots$$

Multipliant par $d\alpha$ et intégrant entre les limites $\alpha = 0$ et $\alpha = \dfrac{\pi}{dx}$, on obtient simplement
$$\frac{A\pi}{dx}.$$

On a vu plus haut que le polynôme est égal à
$$2\int_0^X \varphi(x)\cos(\alpha x)\,dx;$$
on a donc
$$\frac{A\pi}{dx} = \int_0^{\frac{\pi}{dx}} d\alpha \cos(l\alpha\,dx)\left[2\int_0^X \varphi(x)\cos(\alpha x)\,dx\right]^n.$$

$\dfrac{\pi}{dx}$ est un nombre infiniment grand : on peut donc le remplacer par ∞ dans la limite supérieure de l'intégrale relative à α. Le nombre l peut être aussi infiniment grand et rien n'empêche de remplacer $l\,dx$ par x. On a ainsi
$$A = \frac{dx}{\pi}\int_0^\infty d\alpha \cos(\alpha x)\left[2\int_0^X \varphi(x)\cos(\alpha x)\,dx\right]^n.$$

Attendu qu'on a fait $l\,dx = x$, $2A$ est la probabilité d'avoir une somme d'écarts numériquement égale à x.

Si donc Π désigne la probabilité de rencontrer une somme

d'écarts numériquement comprise entre zéro et x ou, en d'autres termes, comprise entre $-x$ et x,

$$\Pi = \frac{2}{\pi}\int_0^x dx \int_0^\infty d\alpha \cos(\alpha x)\left[2\int_0^X \varphi(x)\cos(\alpha x)\,dx\right]^n,$$

ou

$$\Pi = \frac{2}{\pi}\int_0^\infty d\alpha\,\frac{\sin(\alpha x)}{\alpha}\left[2\int_0^X \varphi(x)\cos(\alpha x)\,dx\right]^n,$$

en effectuant la première intégration relative à x.

Telle est la formule remarquable obtenue par Laplace, dont on n'a fait ici que reproduire l'analyse en y apportant quelques légères modifications.

Cette formule donne la probabilité que l'écart de la moyenne arithmétique reste compris entre $-\dfrac{x}{n}$ et $\dfrac{x}{n}$ ([1]).

([1]) Lorsque dans la première expression de Π on fait $n=1$, on doit retrouver la probabilité d'obtenir, à une épreuve, un écart numériquement inférieur ou égal à x, laquelle est égale à $2\int_0^X \varphi(x)\,dx$.

Par conséquent,

$$\varphi(x) = \frac{2}{\pi}\int_0^\infty d\alpha \cos(\alpha x)\int_0^X \varphi(x)\cos(\alpha x)\,dx.$$

La somme des écarts étant nécessairement comprise entre $-nX$ et nX, la probabilité se change en certitude, et l'on doit avoir $\Pi = 1$, lorsque dans la seconde formule on fait $x = nX$. Il en résulte

$$\int_0^\infty d\alpha \sin(n\alpha X)\left[2\int_0^X \varphi(x)\cos(\alpha x)\,dx\right]^n = \frac{\pi}{2}.$$

Dans ce qui précède, on a supposé $\int_0^X \varphi(x)\,dx = \dfrac{1}{2}$. Cette condition étant remplie quand on fait $\varphi(x) = \dfrac{f(x)}{2\int_0^X f(x)\,dx}$, on peut remplacer $\varphi(x)$ par

§ 7. — Application à la loi de probabilité $\frac{a}{\sqrt{\pi}} e^{-a^2 x^2}$.

Soit maintenant, comme dans le § 4,

$$\varphi(x) = \frac{a}{\sqrt{\pi}} e^{-a^2 x^2}.$$

Alors $X = \infty$ et

$$\int_0^X dx \cos(\alpha x) \varphi(x) = \frac{a}{\sqrt{\pi}} \int_0^\infty dx \cos(\alpha x) e^{-a^2 x^2};$$

on sait que

$$\int_0^\infty dx \cos(\alpha x) e^{-a^2 x^2} = \frac{\sqrt{\pi}}{2a} e^{-\frac{\alpha^2}{4 a^2}}.$$

Par conséquent,

$$\int_0^X dx \cos(\alpha x) \varphi(x) = \frac{1}{2} e^{-\frac{\alpha^2}{4 a^2}}.$$

---

cette quantité. On a alors

$$f(x) = \frac{\pi}{2} \int_0^\infty d\alpha \cos(\alpha x) \int_0^X f(x) \cos(\alpha x) \, dx,$$

$$\int_0^\infty d\alpha \frac{\sin(n \alpha X)}{\alpha} \left[\frac{\int_0^X f(x) \cos(\alpha x) \, dx}{\int_0^X f(x) \, dx} \right]^n = \frac{\pi}{2}.$$

La seule condition imposée à la fonction $f(x)$ est la continuité entre zéro et X; n est un nombre entier positif.

Quand cette fonction se réduit à une constante, et que l'on fait en même temps $X = 1$, on a

$$\int_0^\infty d\alpha \frac{\sin(n\alpha)}{\alpha} \left(\frac{\sin \alpha}{\alpha} \right)^n = \frac{\pi}{2}.$$

Cette expression ne se trouve dans aucun traité de Calcul intégral. Quand on suppose $n = 1$, on a $\int_0^\infty \frac{\sin^2 \alpha}{\alpha^2} d\alpha = \frac{\pi}{2}$, formule connue.

NOTE II.

Substituant cette valeur dans la formule de Laplace, on a

$$\Pi = \frac{2}{\pi}\int_0^x dx \int_0^\infty d\alpha \cos(\alpha x) e^{-\frac{n\alpha^2}{4a^2}}.$$

Il est connu que

$$\int_0^\infty d\alpha \cos(\alpha x) e^{-\frac{n\alpha^2}{4a^2}} = \frac{a\sqrt{\pi}}{\sqrt{n}} e^{-\frac{a^2 x^2}{n}}.$$

par conséquent

$$(1) \qquad \Pi = \frac{2a}{\sqrt{\pi}\sqrt{n}}\int_0^x dx\, e^{-\frac{a^2 x^2}{n}};$$

c'est la probabilité que l'écart de la moyenne arithmétique reste compris entre $-\frac{x}{n}$ et $\frac{x}{n}$.

Lorsque $n = 1$, on retombe dans le cas d'une seule épreuve, et l'on retrouve, comme cela doit être,

$$\Pi = \frac{2a}{\sqrt{\pi}}\int_0^x e^{-a^2 x^2}\,dx.$$

La formule précédente suppose donc essentiellement que $\varphi(x) = \frac{a}{\sqrt{\pi}} e^{-a^2 x^2}$.

Cela posé, il est clair que l'expression

$$\Pi = \frac{2a}{\sqrt{\pi}\sqrt{n}}\int_0^{n\lambda} dx\, e^{-\frac{a^2 x^2}{n}}$$

donne la probabilité que l'écart de la moyenne arithmétique se trouve compris entre $-\lambda$ et λ. En faisant $\frac{x}{n} = x'$ et supprimant ensuite les accents, on a

$$(2) \qquad \Pi = \frac{2a\sqrt{n}}{\sqrt{\pi}}\int_0^\lambda dx\, e^{-na^2 x^2}.$$

Si $\varphi_n(x)$ représente la loi de probabilité des écarts de la moyenne arithmétique de n épreuves, on doit avoir

$$\Pi = 2\int_0^\lambda \varphi_n(x)\,dx.$$

Par conséquent,
$$\varphi_n(x) = \frac{a\sqrt{n}}{\sqrt{\pi}} e^{-na^2 x^2};$$

en sorte que, pour passer de l'expression de $\varphi(x)$ à celle de $\varphi_n(x)$, il suffit de changer a en $a\sqrt{n}$.

Par conséquent, si γ_n et Γ_n^2 représentent respectivement l'écart moyen et le carré moyen des écarts des moyennes arithmétiques prises sur n épreuves,

$$\gamma_n = \frac{1}{a\sqrt{\pi}\sqrt{n}} = \frac{\gamma}{\sqrt{n}} \quad \text{et} \quad \Gamma_n^2 = \frac{1}{2a^2 n} = \frac{\Gamma^2}{n}.$$

La seconde égalité n'est qu'un cas particulier du théorème démontré dans le § 5.

§ 8. — Application à la loi de probabilité $\dfrac{1}{\pi(1+x^2)}$.

Poisson a examiné le cas où
$$\varphi(x) = \frac{c^2}{1+x^2},$$

aucune limite n'étant d'ailleurs imposée aux écarts, $X = \infty$,

$$\int_0^x \varphi(x)\,dx = c^2 \int_0^x \frac{dx}{1+x^2} = c^2 \arctan x:$$

donc
$$\int_0^\infty \varphi(x)\,dx = c^2 \frac{\pi}{2}.$$

Cette intégrale devant être égale à $\dfrac{1}{2}$, il faut que $c^2 = \dfrac{1}{\pi}$.

Par conséquent,
$$\varphi(x) = \frac{1}{\pi} \frac{1}{1+x^2},$$
$$\int_0^x x\varphi(x)\,dx = \frac{1}{\pi}\int_0^x \frac{x\,dx}{1+x^2} = \frac{1}{2\pi} l(1+x),$$

la lettre l désignant un logarithme népérien. Donc
$$\int_0^\infty x\varphi(x)\,dx = \infty.$$

De même
$$\int_0^\infty x^2\varphi(x)\,dx = \infty.$$

L'écart moyen est donc infini, ainsi que le carré moyen des écarts.

Appliquant la formule de Laplace, on a d'abord
$$\int_0^X dx \cos(\alpha x)\varphi(x) = \frac{1}{\pi}\int_0^\infty \frac{\cos(\alpha x)}{1+x^2}\,dx.$$

On sait que
$$\int_0^\infty dx \frac{\cos(\alpha x)}{1+x^2} = \frac{\pi}{2} e^{-\alpha},$$

donc
$$\Pi = \frac{2}{\pi}\int_0^x dx \int_0^\infty d\alpha \cos(\alpha x) e^{-n\alpha};$$

or $d\alpha \cos(\alpha x) e^{-n\alpha}$ est la différentielle de
$$\frac{e^{-n\alpha}}{n^2+x^2}[x\sin(\alpha x) - n\cos(\alpha x)].$$

Par conséquent,
$$\Pi = \frac{2}{\pi}\int_0^x \frac{n\,dx}{n^2+x^2} = \frac{2}{\pi}\arctan\frac{x}{n}:$$

c'est la probabilité d'avoir pour la moyenne arithmétique un écart compris entre $-\frac{x}{n}$ et $\frac{x}{n}$.

PROBABILITÉ DES RÉSULTATS MOYENS DES OBSERVATIONS. 419

Faisant $\dfrac{x}{n} = x'$, on a

$$\Pi = \frac{2}{\pi} \arctan x'.$$

Telle est donc la probabilité d'avoir un écart compris entre $-x'$ et x'; on voit qu'elle est indépendante du nombre d'épreuves. Les chances d'erreur seraient donc absolument les mêmes pour un nombre quelconque d'observations et pour une seule.

§ 9. — Cas où la loi de probabilité des écarts est inconnue.

En général, dans les expériences que l'on a à exécuter, la loi de la probabilité des écarts est inconnue; de sorte qu'on ne peut faire usage de la formule de Laplace qu'en admettant relativement à la fonction $\varphi(x)$ quelque hypothèse, sauf à la déguiser sous le nom d'approximation.

Les faibles écarts sont ceux qui se présentent le plus souvent dans les observations; de là on est autorisé à conclure que la fonction $\varphi(x)$ décroît à mesure que x augmente.

L'intégrale

$$2\int_0^X dx \cos(\alpha x)\varphi(x)$$

est numériquement inférieure à

$$2\int_0^X dx\, \varphi(x),$$

et par conséquent à l'unité (§ 3). Il en résulte que

$$\left[2\int_0^X dx \cos(\alpha x)\varphi(x) \right]^n$$

n'a qu'une très faible valeur numérique lorsque le nombre n des épreuves est très grand. On peut même dire que cette valeur n'est réellement sensible qu'autant que α diffère peu de zéro. En conséquence, Laplace, en développant $\cos(\alpha x)$, s'arrête au second terme de la série et remplace $\cos(\alpha x)$ par $1 - \dfrac{\alpha^2 x^2}{2}$; ce qui donne

$$2 \int_0^X dx \cos(\alpha x) \varphi(x) = 2 \int_0^X dx\, \varphi(x) - \alpha^2 \int_0^X x^2 \varphi(x)\, dx;$$

or

$$2 \int_0^X dx\, \varphi(x) = 1 \quad \text{et} \quad 2 \int_0^X x^2 \varphi(x)\, dx = \Gamma^2;$$

par conséquent

$$2 \int_0^X dx \cos(\alpha x) \varphi(x) = 1 - \dfrac{\alpha^2 \Gamma^2}{2}.$$

Cette expression exclut nécessairement le cas où Γ^2 est infini, lequel s'est présenté dans l'exemple du § 8, mais qui vraisemblablement ne se rencontrera jamais dans la pratique; elle suppose de plus que la série qui forme le développement complet de l'intégrale est assez convergente pour que l'on puisse se contenter des deux premiers termes.

En continuant de supposer α peu différent de zéro, on a, à très peu près,

$$e^{-\frac{\alpha^2 \Gamma^2}{2}} = 1 - \dfrac{\alpha^2 \Gamma^2}{2}.$$

D'après cela, Laplace pose

$$2 \int_0^X dx \cos(\alpha x) \varphi(x) = e^{-\frac{\alpha^2 \Gamma^2}{2}}.$$

Lorsqu'on prend $\Gamma^2 = \dfrac{1}{2 a^2}$, cette équation devient

$$2 \int_0^X dx \cos(\alpha x) \varphi(x) = e^{-\frac{\alpha^2}{4 a^2}},$$

expression qui, comme on l'a vu dans le § 7, conduit à la formule

$$\Pi = \dfrac{2a}{\sqrt{\pi}\sqrt{n}} \int_0^x dx\, e^{-\frac{a^2 x^2}{n}},$$

PROBABILITÉ DES RÉSULTATS MOYENS DES OBSERVATIONS. 421

laquelle suppose la loi de probabilité $\varphi(x) = \dfrac{a}{\sqrt{\pi}} e^{-a^2 x^2}$. On sait d'ailleurs qu'alors on a en effet $\Gamma^2 = \dfrac{1}{2 a^2}$.

Ainsi l'approximation de Laplace revient à admettre que la loi de la probabilité des écarts est $\dfrac{a}{\sqrt{\pi}} e^{-a^2 x^2}$. Les raisonnements sur lesquels il s'appuie supposent que le nombre des écarts est très grand; ils perdent nécessairement de leur valeur quand ce nombre est restreint.

§ 10. — Argument de Gauss en faveur de la loi de probabilité $\dfrac{a}{\sqrt{\pi}} e^{-a^2 x^2}$.

Gauss a apporté à l'appui de la loi de probabilité,

$$\dfrac{a}{\sqrt{\pi}} e^{-a^2 x^2},$$

un argument d'un autre genre.

Soient
$$\omega_1, \omega_2, \omega_3, \ldots, \omega_n$$
les valeurs données par n observations entreprises en vue de déterminer une grandeur ω;
$$x_1, x_2, x_3, \ldots, x_n$$
les écarts correspondants, en sorte que
$$\omega - \omega_1 = x_1, \ \omega - \omega_2 = x_2, \ \omega - \omega_3 = x_3, \ \ldots, \ \omega - \omega_n = x_n.$$

D'après ce qui précède, les probabilités de rencontrer un de ces écarts dans une épreuve sont respectivement représentées par
$$\varphi(x_1) dx, \ \varphi(x_2) dx, \ \varphi(x_3) dx, \ \ldots, \ \varphi(x_n) dx.$$

La probabilité de leur concours est donnée par le produit
$$\varphi(x_1) \varphi(x_2) \varphi(x_3) \ldots \varphi(x_n) dx^n.$$

La valeur de ω qui assigne à ce concours la plus grande probabilité est celle qui donne le maximum du produit

$$\varphi(x_1)\varphi(x_2)\varphi(x_3)\ldots\varphi(x_n),$$

ou

$$\varphi(\omega - \omega_1)\varphi(\omega - \omega_2)\varphi(\omega - \omega_3)\ldots\varphi(\omega - \omega_n),$$

et qui, par conséquent, satisfait à l'équation

$$\frac{\varphi'(\omega - \omega_1)}{\varphi(\omega - \omega_1)} + \frac{\varphi'(\omega - \omega_2)}{\varphi(\omega - \omega_2)} + \frac{\varphi'(\omega - \omega_3)}{\varphi(\omega - \omega_3)} + \ldots + \frac{\varphi'(\omega - \omega_n)}{\varphi(\omega - \omega_n)} = 0,$$

ou

$$\frac{\varphi'(x_1)}{\varphi(x_1)} + \frac{\varphi'(x_2)}{\varphi(x_2)} + \frac{\varphi'(x_3)}{\varphi(x_3)} + \ldots + \frac{\varphi'(x_n)}{\varphi(x_n)} = 0.$$

Admettant que cette valeur soit précisément la moyenne arithmétique des résultats observés, la somme des écarts pris relativement à cette moyenne étant nulle, on doit avoir $x_1 + x_2 + x_3 + \ldots + x_n = 0$; et, en supposant $x_2 = x_3 = \ldots = x_n$, ce à quoi rien ne s'oppose, on a

$$x_1 = (1 - n)x_2.$$

L'équation précédente devient alors

$$\frac{\varphi'(x_1)}{\varphi(x_1)} = (1 - n)\frac{\varphi'(x_2)}{\varphi(x_2)},$$

et, en la divisant par l'équation ci-dessus,

$$\frac{\varphi'(x_1)}{x_1\varphi(x_1)} = \frac{\varphi'(x_2)}{x_2\varphi(x_2)},$$

ce qui indique que la valeur de $\dfrac{\varphi'(x)}{x\varphi(x)}$ est indépendante de celle de x. On peut donc écrire

$$\frac{\varphi'(x)}{x\varphi(x)} = H \quad \text{ou} \quad \frac{\varphi'(x)}{\varphi(x)} = Hx.$$

L'intégration donne
$$\varphi(x) = ce^{\frac{Hx^2}{2}}.$$

La fonction φ devant devenir nulle quand $x = \infty$, la constante H est nécessairement négative, et l'on peut poser $\dfrac{H}{2} = -a^2$. Observant que l'on doit avoir $2\int_0^x \varphi x\,dx = 1$, on trouve que $c = \dfrac{a}{\sqrt{\pi}}$ (§ 4) et, par conséquent,
$$\varphi(x) = \frac{a}{\sqrt{\pi}} e^{-a^2 x^2}.$$

Ainsi, pour que les écarts pris relativement à la moyenne arithmétique soient ceux dont le concours offre la plus grande probabilité, il faut que $\varphi(x) = \dfrac{a}{\sqrt{\pi}} e^{-a^2 x^2}$.

D'après cela, Gauss pense que cette loi doit être adoptée préférablement à toute autre.

Mais, bien que l'usage soit de prendre la moyenne arithmétique pour la valeur de la quantité que l'on cherche, il n'a été donné jusqu'à présent aucune raison d'admettre que cette moyenne jouisse de la propriété de donner les écarts les plus probables.

§ 11. — Adoption de la loi de probabilité
$$\frac{a}{\sqrt{\pi}} e^{-a^2 x^2}.$$

Quoi qu'il en soit, on s'accorde généralement à adopter l'hypothèse $\varphi(x) = \dfrac{a}{\sqrt{\pi}} e^{-a^2 x^2}$; du moins les formules qu'elle fournit sont les seules qu'on emploie.

On a vu dans le § 7 que la probabilité d'obtenir pour la moyenne arithmétique des résultats de n observations un écart compris entre $-\lambda$ et λ est alors donnée par la formule

(1) $$\Pi = \frac{2a\sqrt{n}}{\sqrt{\pi}} \int_0^\lambda dx\, e^{-na^2 x^2};$$

faisant $ax\sqrt{n}=t$, cette équation devient

$$\Pi = \frac{2}{\sqrt{\pi}} \int_0^{a\lambda\sqrt{n}} e^{-t^2} dt.$$

Le §12 contient une Table des valeurs de la fonction $\dfrac{2}{\sqrt{\pi}}\displaystyle\int_0^t e^{-t^2}dt$, au moyen de laquelle on obtient immédiatement la valeur de Π, quand celle de a est connue.

On peut remplacer a soit par $\dfrac{1}{\gamma\sqrt{\pi}}$, soit par $\dfrac{1}{\Gamma\sqrt{2}}$: on a alors les deux formules

$$(2) \qquad \Pi = \frac{2}{\sqrt{\pi}} \int_0^{\frac{\lambda\sqrt{n}}{\gamma\sqrt{\pi}}} e^{-t^2} dt,$$

$$(3) \qquad \Pi = \frac{2}{\sqrt{\pi}} \int_0^{\frac{\lambda\sqrt{n}}{\Gamma\sqrt{2}}} e^{-t^2} dt.$$

§ 12.

Valeurs de la fonction $\frac{2}{\sqrt{\pi}} \int_0^t e^{-t^2} dt$ *correspondant aux valeurs de t.*

t.	VALEUR DE $\frac{2}{\sqrt{\pi}} \int_0^t e^{-t^2} dt$.	DIFFÉRENCE.	t.	VALEUR DE $\frac{2}{\sqrt{\pi}} \int_0^t e^{-t^2} dt$.	DIFFÉRENCE.
0,00	0,000		0,26	0,287	
		11			10
0,01	0,011		0,27	0,297	
		12			11
0,02	0,023		0,28	0,308	
		11			10
0,03	0,034		0,29	0,318	
		11			11
0,04	0,045		0,30	0,329	
		11			10
0,05	0,056		0,31	0,339	
		12			10
0,06	0,068		0,32	0,349	
		11			10
0,07	0,079		0,33	0,359	
		11			10
0,08	0,090		0,34	0,369	
		11			10
0,09	0,101		0,35	0,379	
		11			10
0,10	0,112		0,36	0,389	
		12			10
0,11	0,124		0,37	0,399	
		11			10
0,12	0,135		0,38	0,409	
		11			10
0,13	0,146		0,39	0,419	
		11			9
0,14	0,157		0,40	0,428	
		11			10
0,15	0,168		0,41	0,438	
		11			9
0,16	0,179		0,42	0,447	
		11			10
0,17	0,190		0,43	0,457	
		11			1
0,18	0,201		0,44	0,466	
		11			9
0,19	0,212		0,45	0,475	
		11			10
0,20	0,223		0,46	0,485	
		10			9
0,21	0,233		0,47	0,494	
		11			9
0,22	0,244		0,48	0,503	
		11			9
0,23	0,255		0,49	0,512	
		11			8
0,24	0,266		0,50	0,520	
		10			9
0,25	0,276		0,51	0,529	
		11			9
0,26	0,287		0,52	0,538	

NOTE II.

t.	VALEUR DE $\frac{2}{\sqrt{\pi}}\int_0^t e^{-t^2}dt$.	DIFFÉRENCE	t.	VALEUR DE $\frac{2}{\sqrt{\pi}}\int_0^t e^{-t^2}dt$.	DIFFÉRENCE.
0,52	0,538		0,85	0,771	
		8			5
0,53	0,546		0,86	0,776	
		9			5
0,54	0,555		0,87	0,781	
		8			6
0,55	0,563		0,88	0,787	
		9			5
0,56	0,572		0,89	0,792	
		8			5
0,57	0,580		0,90	0,797	
		8			5
0,58	0,588		0,91	0,802	
		8			5
0,59	0,596		0,92	0,807	
		8			5
0,60	0,604		0,93	0,812	
		8			4
0,61	0,612		0,94	0,816	
		7			5
0,62	0,619		0,95	0,821	
		8			4
0,63	0,627		0,96	0,825	
		8			5
0,64	0,635		0,97	0,830	
		7			4
0,65	0,642		0,98	0,834	
		7			4
0,66	0,649		0,99	0,838	
		8			5
0,67	0,657		1,00	0,843	
		7			4
0,68	0,664		1,01	0,847	
		7			4
0,69	0,671		1,02	0,851	
		7			4
0,70	0,678		1,03	0,855	
		7			4
0,71	0,685		1,04	0,859	
		6			3
0,72	0,691		1,05	0,862	
		7			4
0,73	0,698		1,06	0,866	
		7			4
0,74	0,705		1,07	0,870	
		6			3
0,75	0,711		1,08	0,873	
		6			4
0,76	0,717		1,09	0,877	
		7			3
0,77	0,724		1,10	0,880	
		6			3
0,78	0,730		1,11	0,883	
		6			4
0,79	0,736		1,12	0,887	
		6			3
0,80	0,742		1,13	0,890	
		6			3
0,81	0,748		1,14	0,893	
		6			3
0,82	0,754		1,15	0,896	
		5			3
0,83	0,759		1,16	0,899	
		6			3
0,84	0,765		1,17	0,902	
		6			3
0,85	0,771		0,18	0,905	

PROBABILITÉ DES RÉSULTATS MOYENS DES OBSERVATIONS. 427

t.	VALEUR DE $\frac{2}{\sqrt{\pi}}\int_0^t e^{-t^2}dt$.	DIFFÉRENCE	t.	VALEUR DE $\frac{2}{\sqrt{\pi}}\int_0^t e^{-t^2}dt$.	DIFFÉRENCE.
1,18	0,905		1,51	0,967	
1,19	0,908	3	1,52	0,968	1
1,20	0,910	2	1,53	0,969	1
1,21	0,913	3	1,54	0,971	2
1,22	0,915	2	1,55	0,972	1
1,23	0,918	3	1,56	0,973	1
1,24	0,920	2	1,57	0,974	1
1,25	0,923	3	1,58	0,974	0
1,26	0,925	2	1,59	0,975	1
1,27	0,927	2	1,60	0,976	1
1,28	0,930	3	1,61	0,977	1
1,29	0,932	2	1,62	0,978	1
1,30	0,934	2	1,63	0,979	1
1,31	0,936	2	1,64	0,980	1
1,32	0,938	2	1,65	0,980	0
1,33	0,940	2	1,66	0,981	1
1,34	0,942	2	1,67	0,982	1
1,35	0,944	2	1,68	0,982	0
1,36	0,946	2	1,69	0,983	1
1,37	0,947	1	1,70	0,984	1
1,38	0,949	2	1,71	0,984	0
1,39	0,951	2	1,72	0,985	1
1,40	0,952	1	1,73	0,986	1
1,41	0,954	2	1,74	0,986	0
1,42	0,955	1	1,75	0,987	1
1,43	0,957	2	1,78	0,988	1
1,44	0,958	1	1,80	0,989	1
1,45	0,960	2	1,83	0,990	1
1,46	0,961	1	1,85	0,991	1
1,47	0,962	1	1,88	0,992	1
1,48	0,964	2	1,90	0,993	1
1,49	0,965	1	1,95	0,994	1
1,50	0,966	1	2,00	0,995	1
1,51	0,967	1			

§ 13. — Détermination du coefficient a.

Il ne suffit pas d'adopter l'hypothèse $\varphi(x) = \dfrac{a}{\sqrt{\pi}} e^{-a^2 x^2}$, il faut encore connaître la valeur du coefficient a ou, ce qui revient au même, celles de l'écart moyen γ et du carré moyen des écarts Γ^2; ces valeurs varient d'ailleurs avec le genre d'épreuves.

Généralement on ne peut les obtenir qu'au moyen des expériences mêmes. On évalue les écarts en comparant chacun des résultats trouvés à leur moyenne arithmétique; on forme ensuite la somme de ces écarts et celle de leurs carrés, on divise ces deux sommes par le nombre des épreuves, et on prend les quotients pour les valeurs de γ et de Γ^2.

Cette manière d'opérer suppose que la moyenne arithmétique diffère peu de la quantité que l'on cherche; de plus, le nombre des écarts possibles est réellement infini. Ce n'est donc qu'en multipliant beaucoup les expériences qu'on peut arriver à une approximation satisfaisante.

Mais on n'est pas toujours maître d'agir ainsi. Le plus souvent on est obligé de se borner à un nombre d'épreuves assez restreint. Les valeurs que l'on obtient pour l'écart moyen et le carré moyen des écarts sont alors fort douteuses, et les valeurs fournies par les formules ne sont pas de nature à inspirer une grande confiance; en leur accordant une certaine importance, on s'exposerait à des erreurs.

On peut chercher à apprécier la probabilité de valeurs ainsi obtenues pour l'écart moyen et le carré moyen des écarts. Le procédé qui se présente naturellement à l'esprit est identique à celui qu'on a employé pour la moyenne arithmétique.

S'il s'agit de l'écart moyen, on peut comparer chaque écart isolé à l'écart moyen considéré comme exact, prendre la moyenne de leurs différences ou de leurs carrés et les introduire dans les formules de probabilité.

On peut de même comparer le carré de chaque écart isolé au carré moyen des écarts considéré comme exact et introduire dans les formules la moyenne des différences ou de leurs carrés.

Mais l'incertitude qui règne relativement à la moyenne arithmétique rendra souvent cette détermination fort douteuse.

PROBABILITÉ DES RÉSULTATS MOYENS DES OBSERVATIONS. 429

Il y a encore une observation à faire. Les formules (2) et (3) du § 11 sont les conséquences immédiates de l'hypothèse $\varphi(x) = \dfrac{a}{\sqrt{\pi}} e^{-a^2 x^2}$, en vertu de laquelle $\dfrac{\Gamma^2}{\gamma^2} = \dfrac{\pi}{2}$; et elles ne s'accorderont entre elles qu'autant que les valeurs obtenues pour l'écart moyen et le carré moyen des écarts satisferont à cette relation. Il est bien clair qu'il n'en sera pas toujours ainsi.

Soient γ_1 et Γ_1^2 ces valeurs supposées suffisamment exactes, et posons d'abord, pour fixer les idées,

$$\frac{\Gamma_1^2}{\gamma_1^2} < \frac{\pi}{2} \quad \text{ou} \quad \frac{\Gamma_1}{\gamma_1} < \sqrt{\frac{\pi}{2}}.$$

Lorsqu'on emploie l'équation (3) en y remplaçant Γ par Γ_1, on admet nécessairement la loi de probabilité $\varphi(x) = \dfrac{a}{\sqrt{\pi}} e^{-a^2 x^2}$; on suppose donc implicitement $\gamma = \Gamma_1 \sqrt{\dfrac{\pi}{2}}$, valeur inférieure à γ_1; on assigne ainsi à l'écart moyen une valeur plus petite que celle qu'il a réellement; d'où il ne peut résulter qu'un accroissement de probabilité. On s'expose donc à trouver pour cette dernière une évaluation trop forte. Le § 15 en offrira un exemple.

Le contraire arrive quand on se sert de l'équation (2) en y remplaçant γ par γ_1; on suppose en effet alors $\Gamma = \gamma_1 \sqrt{\dfrac{\pi}{2}}$, valeur supérieure à la valeur réelle Γ_1; cette augmentation ne peut que diminuer la probabilité.

Lorsque le rapport $\dfrac{\Gamma_1}{\gamma_1}$ est supérieur à $\dfrac{\pi}{2}$, la plus grande probabilité est donnée par l'équation (2).

De ces considérations on est porté à conclure qu'en général la valeur de la probabilité doit être comprise entre les résultats que fournissent les deux formules. Toutefois, dans quelques circonstances, l'une et l'autre donneront des valeurs trop faibles. Si, par exemple, les écarts ont une limite finie X, il est clair qu'on devra avoir $\Pi = 1$ lorsqu'on supposera $\lambda = X$. Or les deux formules ne donnent $\Pi = 1$ que quand $\lambda = \infty$.

On voit qu'en général la recherche de la probabilité des résultats moyens des observations présente de grandes difficultés, et que les approximations déduites des formules seront souvent illusoires.

§ 14. — Écart probable.

Lorsque $\Pi = \dfrac{1}{2}$, l'équation (2) du § 11 devient

$$\frac{2}{\sqrt{\pi}} \int_0^{\frac{\lambda\sqrt{n}}{\gamma\sqrt{\pi}}} e^{-t^2} dt = \frac{1}{2},$$

et la table du § 12 montre que $\dfrac{\lambda\sqrt{n}}{\gamma\sqrt{\pi}} = 0,477$, d'où

$$\lambda = 0,845 \frac{\sqrt{n}}{\gamma}.$$

Cette valeur de λ est ce qu'on appelle assez improprement *l'écart probable*, parce que le nombre des écarts supérieurs est égal à celui des écarts inférieurs.

La détermination de cet écart, dont la probabilité est infiniment petite, exige que l'on connaisse assez exactement la valeur de l'écart moyen γ, et il ne faut pas oublier que l'expression précédente suppose

$$\varphi(x) = \frac{a}{\sqrt{\pi}} e^{-a^2 x^2}.$$

§ 15. — Hypothèse de l'égale probabilité des écarts.

Les faibles écarts sont en général beaucoup plus fréquents que les autres; on peut considérer le cas où tous les écarts offrent la même probabilité comme la limite que ceux que présente la pratique.

Alors $\varphi(x) = b$, la lettre b désignant une constante, et tous les écarts compris entre les limites extrêmes $-X$ et X sont également probables : $\displaystyle\int_0^X \varphi(x)\, dx = bX$.

Il faut donc que $b = \frac{1}{2X}$: ainsi

$$\varphi(x) = \frac{1}{2X}.$$

La courbe des probabilités devient une ligne droite parallèle à l'axe des abscisses et terminée au point dont l'abscisse est X.

Prenant, pour plus de simplicité, $X = 1$, on a

$$\varphi(x) = \frac{1}{2}, \quad \int_0^1 x\varphi(x)\,dx = \frac{1}{4}, \quad \int_0^1 x^2\varphi(x)\,dx = \frac{1}{6},$$

$$\gamma = \frac{1}{2}, \quad l^2 = \frac{1}{3};$$

d'où

$$\frac{l^2}{\gamma^2} = \frac{4}{3},$$

nombre inférieur à $\frac{\pi}{2}$.

En faisant, dans la formule générale de Laplace (§ 6) $\varphi(x) = \frac{1}{2}$, on a

$$\Pi = \frac{2}{\pi}\int_0^\infty d\alpha \, \frac{\sin(\alpha x)}{\alpha}\left[\int_0^1 dx\cos(\alpha x)\right]^n.$$

C'est la probabilité que l'écart de la moyenne de n observations reste compris entre $-\frac{x}{n}$ et $\frac{x}{n}$.

En effectuant la seconde intégration, on a

$$\Pi = \frac{2}{\pi}\int_0^\infty d\alpha\, \frac{\sin(\alpha x)}{\alpha}\left(\frac{\sin\alpha}{\alpha}\right)^n.$$

Faisant $\frac{x}{n} = \lambda$, la formule devient

(a) $$\Pi = \frac{2}{\pi}\int_0^\infty d\alpha\, \frac{\sin(n\alpha\lambda)}{\alpha}\left(\frac{\sin\alpha}{\alpha}\right)^n;$$

c'est la probabilité que l'écart de la moyenne arithmétique est compris entre $-\lambda$ et λ.

La question est ramenée à la recherche de l'intégrale qui forme le second membre de cette équation.

Laplace applique au cas actuel la formule (3) du § 11, en prenant $\Gamma^2 = \frac{1}{3}$, ce qui donne

$$(3)' \qquad \Pi = \frac{2}{\sqrt{\pi}} \int_0^{\frac{\sqrt{3}}{\sqrt{2}} \lambda \sqrt{n}} e^{-t^2} dt.$$

Il substitue ainsi l'hypothèse $\varphi(x) = \frac{a}{\sqrt{\pi}} e^{-a^2 x^2}$ à celle de l'égale probabilité des écarts, en déterminant a par l'équation $a = \frac{1}{\Gamma \sqrt{2}}$.

Mais, en acceptant la même substitution d'hypothèse, on pourrait déterminer a par la relation $a = \frac{1}{\gamma \sqrt{\pi}}$ et faire usage de l'équation (2) du § 11, qui, attendu que $\gamma = \frac{1}{2}$, donne

$$(2)' \qquad \Pi = \frac{2}{\sqrt{\pi}} \int_0^{\frac{2}{\sqrt{\pi}} \lambda \sqrt{n}} e^{-t^2} dt.$$

Lorsqu'on fait $\lambda = \frac{1}{n}$, la formule (a) devient

$$\Pi = \frac{2}{\pi} \int_0^\infty d\alpha \left(\frac{\sin \alpha}{\alpha} \right)^{n+1}$$

et donne la probabilité que l'écart de la moyenne est compris entre $-\frac{1}{n}$ et $\frac{1}{n}$.

On trouve dans le second volume du *Traité de Calcul différentiel et intégral* de M. Bertrand, page 203, une transformation de l'intégrale

$$\int_0^\infty d\alpha \left(\frac{\sin \alpha}{\alpha} \right)^{n+1},$$

par suite de laquelle, si n est impair,

$$\Pi = \frac{2(n+1)}{\pi} \int_0^\infty \frac{z^{n-1} dz}{(z^2+4)(z^2+16)\ldots[z^2+(n+1)^2]},$$

et si n est pair

$$\Pi = \frac{2(n+1)}{\pi} \int_0^\infty \frac{z^n dz}{(z^2+1)(z^2+9)\ldots[z^2+(n+1)^2]}.$$

Les applications sont faciles.

1° $n = 1$. La première formule donne

$$\Pi = \frac{4}{\pi} \int_0^\infty \frac{dz}{z^2+4} = 1.$$

Il n'y a qu'une épreuve, et l'écart est nécessairement compris entre -1 et 1.

2° $n = 2$. De la seconde formule on tire

$$\Pi = \frac{2 \cdot 3}{\pi} \int_0^\infty \frac{z^2 dz}{(z^2+1)(z^2+9)};$$

or

$$\int_0^z \frac{z^2 dz}{(z^2+1)(z^2+9)} = \frac{1}{8} \int_0^z \left(\frac{-1}{z^2+1} + \frac{9}{z^2+9} \right) dz$$
$$= \frac{1}{8} \left(-\arctan z + 3 \arctan \frac{z}{3} \right);$$

donc

$$\int_0^\infty \frac{z^2 dz}{(z^2+1)(z^2+9)} = \frac{\pi}{8},$$

et

$$\Pi = \frac{6}{8} = 0{,}75.$$

3° $n = 3$. La première formule donne

$$\Pi = \frac{2 \cdot 4}{\pi} \int_0^\infty \frac{z^2 dz}{(z^2+4)(z^2+16)},$$

I.

et
$$\int_0^z \frac{z^2\,dz}{(z^2+4)(z^2+16)} = \frac{1}{3}\int_0^z \left(\frac{-1}{z^2+4} + \frac{4}{z^2+16}\right) dz$$
$$= \frac{1}{3}\left(\frac{1}{2}\operatorname{arc\,tang}\frac{z}{2} + \operatorname{arc\,tang}\frac{z}{4}\right);$$

donc
$$\int_0^\infty \frac{z^2\,dz}{(z^2+4)(z^2+16)} = \frac{1}{6}\frac{\pi}{2},$$

et
$$\Pi = \frac{4}{6} = \frac{2}{3} = 0{,}667.$$

4° $n = 4$. La seconde formule donne
$$\Pi = \frac{2 \cdot 5}{\pi}\int_0^\infty \frac{z^4\,dz}{(z^2+1)(z^2+9)(z^2+25)},$$

$$\int_0^z \frac{z^4\,dz}{(z^2+1)(z^2+9)(z^2+25)}$$
$$= \frac{1}{384}\int_0^z \left(\frac{2}{z^2+1} - \frac{243}{z^2+9} + \frac{625}{z^2+25}\right)dz$$
$$= \frac{1}{384}\left(2\operatorname{arc\,tang} z - 81\operatorname{arc\,tang}\frac{z}{3} + 125\operatorname{arc\,tang}\frac{z}{5}\right),$$

$$\int_0^\infty \frac{z^2\,dz}{(z^2+1)(z^2+9)(z^2+25)} = \frac{46}{384}\frac{\pi}{2},$$
$$\Pi = \frac{115}{192} = 0{,}5994.$$

5° $n = 5$. De la première formule on tire
$$\Pi = \frac{2 \cdot 6}{\pi}\int_0^\infty \frac{z^4\,dz}{(z^2+4)(z^2+16)(z^2+36)}.$$

D'ailleurs,
$$\int_0^z \frac{z^4\,dz}{(z^2+4)(z^2+16)(z^2+36)}$$
$$= \frac{1}{120}\int_0^z \left(\frac{5}{z^2+4} - \frac{128}{z^2+16} + \frac{243}{z^2+36}\right)dz$$
$$= \frac{1}{120}\left(\frac{5}{2}\operatorname{arc\,tang}\frac{z}{2} - 32\operatorname{arc\,tang}\frac{z}{4} + \frac{81}{2}\operatorname{arc\,tang}\frac{z}{6}\right).$$

Par suite,
$$\int_0^\infty \frac{z^4\,dz}{(z^2+4)(z^2+16)(z^2+36)} = \frac{11}{120}\cdot\frac{\pi}{2},$$
et
$$\Pi = \frac{66}{120}\cdot\frac{11}{20} = 0,555.$$

Dans le Tableau suivant, ces résultats sont comparés à ceux que donnent les formules $(2)'$ et $(3')$.

Probabilité que l'écart de la moyenne arithmétique de n observations reste compris entre $-\frac{1}{n}$ *et* $\frac{1}{n}$.

VALEUR DE n.	FORMULE (a).	FORMULE (2').	FORMULE (3').
1	1,000	0,883	0,917
2	0,750	0,749	0,779
3	0,667	0,644	0,683
4	0,599	0,575	0,613
5	0,555	0,525	0,562

Lorsque $n=1$, la probabilité devient la certitude, et les formules $(2')$ et $(3')$ donnent des résultats beaucoup trop faibles. Pour chacune des autres valeurs de n, la probabilité réelle, celle qui est donnée par l'équation (a), est comprise entre les nombres fournis par les deux autres formules, conformément à ce qui a été dit dans le § 13.

§ 16. — Détermination d'une fonction linéaire de plusieurs variables. — Méthode des moindres carrés.

Souvent une quantité t se trouve être une fonction linéaire de plusieurs variables u, v, w, ..., en sorte que
$$t = A + Bu + Cv + Dw + \ldots,$$
et les coefficients A, B, C, D, ... ne peuvent être déterminés qu'en ayant recours à l'expérience.

On exécute alors une série d'épreuves dans lesquelles on cherche ce que devient la fonction t lorsque les variables u, v, w, ... prennent successivement les valeurs $u_1, v_1, w_1, \ldots, u_2, v_2, w_2, \ldots, u_3, v_3, w_3, \ldots$; mais les résultats $t_1, t_2, t_3, \ldots$ qu'on obtient sont affectés d'erreurs $x_1, x_2, x_3, \ldots$. Les véritables valeurs sont $t_1 + x_1, t_2 + x_2, t_3 + x_3, \ldots$, et en les substituant dans l'expression de la fonction t on a

$$(1) \quad \begin{cases} x_1 = -t_1 + A + Bu_1 + Cv_1 + Dw_1 + \ldots, \\ x_2 = -t_2 + A + Bu_2 + Cv_2 + Dw_2 + \ldots, \\ x_3 = -t_3 + A + Bu_3 + Cv_3 + Dw_3 + \ldots, \\ \ldots\ldots\ldots\ldots\ldots\ldots\ldots\ldots\ldots\ldots\ldots\ldots\ldots \end{cases}$$

Soient m le nombre des variables, u, v, w, ...; n celui des épreuves.

C'est au moyen des équations précédentes qu'il faut déterminer les $m+1$ coefficients A, B, C, D, ... On supposera $n > m+1$.

Chaque équation renferme un écart dont on ignore la grandeur et le sens.

Pour se débarrasser de ces écarts, il faut nécessairement recourir à quelque hypothèse.

Soit S la somme des carrés des écarts :

$$S = x_1^2 + x_2^2 + x_3^2 + \ldots;$$

par conséquent,

$$\begin{aligned} S = &(-t_1 + A + Bu_1 + Cv_1 + Dw_1 + \ldots)^2 \\ &+ (-t_2 + A + Bu_2 + Cv_2 + Dw_2 + \ldots)^2 \\ &+ (-t_3 + A + Bu_3 + Cv_3 + Dw_3 + \ldots)^2 \\ &+ \ldots\ldots\ldots\ldots\ldots\ldots\ldots\ldots\ldots\ldots\ldots \end{aligned}$$

Cette somme est réduite à sa moindre valeur, quand on détermine A, B, C, D, ... de manière à satisfaire aux équations

$$\frac{dS}{dA} = 0, \quad \frac{dS}{dB} = 0, \quad \frac{dS}{dC} = 0, \quad \frac{dS}{dD} = 0.$$

On a alors

$$(2) \begin{cases} 0 = -l_1 - l_2 - l_3 - \ldots + n\text{A} + \text{B}(u_1 + u_2 + u_3 + \ldots) \\ \quad + \text{C}(v_1 + v_2 + v_3 + \ldots) + \ldots, \\ 0 = -u_1 l_1 - u_2 l_2 - u_3 l_3 - \ldots + \text{A}(u_1 + u_2 + u_3 + \ldots) \\ \quad + \text{B}(u_1^2 + u_2^2 + u_3^2 + \ldots) + \text{C}(u_1 v_1 + u_2 v_2 + u_3 v_3 + \ldots) \\ \quad + \ldots \ldots \ldots \ldots \ldots \ldots \ldots \ldots \ldots \ldots \ldots \ldots \ldots \\ 0 = -v_1 l_1 - v_2 l_2 - v_3 l_3 - \ldots + \text{A}(v_1 + v_2 + v_3 + \ldots) \\ \quad + \text{B}(u_1 v_1 + u_2 v_2 + u_3 v_3 + \ldots) + \text{C}(v_1^2 + v_2^2 + v_3^2 + \ldots) \\ \quad + \ldots \ldots \ldots \ldots \ldots \ldots \ldots \ldots \ldots \ldots \ldots \ldots \ldots \end{cases}$$

On a ainsi un nombre d'équations égal à celui des inconnues et d'où les écarts ont disparu.

C'est en cela que consiste la méthode des moindres carrés.

Pour la justifier, Gauss admet la loi de probabilité $\dfrac{a}{\sqrt{\pi}} e^{-a^2 x^2}$, et fait observer qu'alors la probabilité au concours des n écarts $x_1, x_2, x_3, \ldots$ est

$$\left(\frac{a}{\sqrt{\pi}}\right)^n dx^n e^{-a^2(x_1^2 + x_2^2 + x_3^2 \ldots + x_n^2)}.$$

Dans l'ignorance où l'on est relativement aux écarts, Gauss pense qu'il convient de les remplacer par ceux dont le concours offre le plus de probabilité, et, d'après l'équation précédente, on satisfait à cette condition en les déterminant de façon que la somme $x_1^2 + x_2^2 + x_3^2 + \ldots + x_n^2$ devienne un minimum.

Le meilleur moyen d'apprécier la valeur de la méthode est d'examiner les hypothèses qu'elle entraîne.

Ces hypothèses sont les suivantes :

$$x_1 + x_2 + x_3 + \ldots + x_n = 0 \quad \text{ou} \quad \Sigma(x) = 0,$$
$$u_1 x_1 + u_2 x_2 + u_3 x_3 + \ldots + u_n x_n = 0 \quad \text{ou} \quad \Sigma(ux) = 0,$$
$$v_1 x_1 + v_2 x_2 + v_3 x_3 + \ldots + v_n x_n = 0 \quad \text{ou} \quad \Sigma(vx) = 0,$$
$$\ldots \ldots \ldots \ldots \ldots \ldots \ldots \ldots \ldots \ldots \ldots \ldots \ldots$$

En effet, en remplaçant $x_1, x_2, x_3, \ldots$ par leurs valeurs données par les équations (1), on retrouve les équations (2). La prolongation indéfinie des expériences finirait par réaliser ces diverses conditions; la somme des écarts deviendrait nulle, et si, à une épreuve, un système de valeurs de $u, v, w, \ldots$ produisait un écart égal à x, il s'en trouverait une autre dans laquelle le même système donnerait l'écart $-x$; on aurait donc

$$\sum(ux)=0, \quad \sum(vx)=0, \quad \sum(wx)=0.$$

Mais il est bien clair que, en général, on ne doit pas compter sur une pareille compensation. Le succès de la méthode dépend du nombre des épreuves : lorsque ce nombre est très restreint, comme il arrive le plus souvent, l'approximation des résultats qu'elle fournit devient au moins fort douteuse.

§ 17. — Suite. — Autre procédé.

Il est visible que, par l'emploi de la méthode des moindres carrés, l'influence des grandes valeurs de t sur la détermination des inconnues A, B, C devient prédominante. Ce sont en général celles qui inspirent le plus de confiance; toutefois il n'en est pas toujours ainsi. Souvent, d'ailleurs, la formule n'est qu'approximative, et l'on cherche à déterminer A, B, C de telle sorte qu'elle reproduise également bien les grandes et les petites valeurs.

Si l'on fait la somme de toutes les équations fournies par les expériences, après avoir préalablement réduit, dans chacune d'elles, le coefficient d'une même inconnue à l'unité, il est clair que, relativement à cette inconnue, toutes les équations seront employées de la même manière et concourront également à sa détermination. Opérant de la même manière pour chacune des inconnues, on obtiendra les égalités suivantes :

$$0 = -t_1 - t_2 - t_3 - \ldots + n\mathrm{A} + \mathrm{B}(u_1 + u_2 + u_3 + \ldots) \\ + \mathrm{C}(v_1 + v_2 + v_3 + \ldots) + \ldots,$$

$$0 = -\frac{t_1}{u_1} - \frac{t_2}{u_2} - \frac{t_3}{u_3} - \ldots + \mathrm{A}\left(\frac{1}{u_1} + \frac{1}{u_2} + \ldots\right) + n\mathrm{B} \\ + \mathrm{C}\left(\frac{v_1}{u_1} + \frac{v_2}{u_2} + \frac{v_3}{u_3} + \ldots\right) + \ldots,$$

$$o = -\frac{b_1}{\rho_1} - \frac{t_2}{\rho_2} - \frac{t_3}{\rho_3} - \ldots + A\left(\frac{1}{\rho_1} + \frac{1}{\rho_2} + \frac{1}{\rho_3} + \ldots\right)$$
$$+ B\left(\frac{u_1}{\rho_1} + \frac{u_2}{\rho_2} + \frac{u_3}{\rho_3} + \ldots\right) + nC + \ldots$$
$$\ldots\ldots\ldots\ldots\ldots\ldots\ldots\ldots\ldots\ldots\ldots\ldots\ldots\ldots$$

Aux hypothèses qui servent de base à la méthode des moindres carrés on substitue alors les suivantes

$$x_1 + x_2 + x_3 + \ldots + x_n = 0 \quad \text{ou} \quad \sum(\dot{x}) = 0,$$
$$\frac{x_1}{u_1} + \frac{x_2}{u_2} + \frac{x_3}{u_3} + \ldots + \frac{x_n}{u_n} = 0 \quad \text{ou} \quad \sum\left(\frac{x}{u}\right) = 0,$$
$$\frac{x_1}{\rho_1} + \frac{x_2}{\rho_2} + \frac{x_3}{\rho_3} + \ldots + \frac{x_n}{\rho_n} = 0 \quad \text{ou} \quad \sum\left(\frac{x}{\rho}\right) = 0,$$
$$\ldots\ldots\ldots\ldots\ldots\ldots\ldots\ldots\ldots\ldots\ldots\ldots\ldots\ldots$$

et les mêmes raisons peuvent être invoquées en leur faveur.

Les nombres qui, dans la méthode des moindres carrés, servent de multiplicateurs, sont, dans ce nouveau procédé, employés comme diviseurs.

§ 18. — Cas particulier.

Considérant en particulier le cas où, A étant nul, les variables u, ϱ, w sont réduites à une seule, en sorte que

$$t = Bu,$$

et désignant toujours par $t_1, t_2, t_3, \ldots, t_n$ les valeurs que l'observation assigne à la fonction t lorsque u devient successivement $u_1, u_2, u_3, \ldots u_n$, et par $x_1, x_2, x_3, \ldots, x_n$ les erreurs dont elles sont affectées, il est clair que

$$t_1 + x_1 = Bu_1,$$
$$t_2 + x_2 = Bu_2,$$
$$t_3 + x_3 = Bu_3,$$
$$\ldots\ldots\ldots\ldots,$$
$$t_n + x_n = Bu_n.$$

Lorsque, pour déterminer B, on suppose que

$$\sum(x) = x_1 + x_2 + x_3 + \ldots + x_n = 0,$$

on a immédiatement

$$B = \frac{t_1 + t_2 + t_3 + \ldots + t_n}{u_1 + x_2 + x_3 + \ldots + x_n}.$$

Quand on a recours à la méthode des moindres carrés, on admet que $\sum(ux) = u_1 x_1 + u_2 x_2 + u_3 x_3 + \ldots + u_n x_n = 0$; par suite,

$$B = \frac{u_1 t_1 + u_2 t_2 + u_3 t_3 + \ldots + u_n t_n}{u_1^2 + u_2^2 + u_3^2 + \ldots + u_n^2}.$$

Quelquefois encore on prend pour B la moyenne arithmétique des quotients $\dfrac{t_1}{u_1}$, $\dfrac{t_2}{u_2}$, $\dfrac{t_3}{u_3}$, ..., $\dfrac{t_n}{u_n}$, en sorte que

$$B = \frac{1}{n}\left(\frac{t_1}{u_1} + \frac{t_2}{u_2} + \frac{t_3}{u_3} + \ldots + \frac{t_n}{u_n}\right).$$

Cela revient à admettre que

$$\sum\left(\frac{x}{u}\right) = \frac{x_1}{u_2} + \frac{x_2}{u_2} + \frac{x_3}{u_3} + \ldots + \frac{x_n}{u_n} = 0.$$

C'est précisément le procédé qu'on a indiqué en dernier lieu.

TABLE DES MATIÈRES.

	Pages.
Préface.	v

PRÉLIMINAIRES.

§ 1.	— Considérations générales.	1
§ 2.	— Observations relatives au poids et à la densité des corps.	2
§ 3.	— Poudre.	4
§ 4.	— Effets de la poudre en vases clos. — Expériences de Rumford.	4
§ 5.	— Suite. — Expériences de MM. Noble et Abel.	10

PREMIÈRE PARTIE.

ANCIENNE ARTILLERIE. — CANONS A AME LISSE. PROJECTILES SPHÉRIQUES.

CHAPITRE I.

VITESSES INITIALES DES PROJECTILES.

§ 1.	— Notions préliminaires.	21
§ 2.	— Notations algébriques. — Rendement des canons.	22
§ 3.	— Considérations générales. — Application du principe des forces vives.	24
§ 4.	— Suite. — Application du principe de la conservation du mouvement du centre de gravité.	27
§ 5.	— Sur le mouvement du gaz dans le canon. — Formation des équations différentielles, lorsque la combustion est complète avant le déplacement du projectile.	28
§ 6.	— Suite.	35
§ 7.	— Bouches à feu semblables.	43
§ 8.	— Observations sur les expériences de Lorient.	45
§ 9.	— Influence du diamètre de la gargousse sur la vitesse initiale. Premières expériences (1842-1843).	46

TABLE DES MATIÈRES.

		Pages.
§ 10.	— Suite. — Deuxième série d'expériences (1844).	54
§ 11.	— Suite. — Troisième série d'expériences.	58
§ 12.	— Suite. — Résumé et conclusions.	61
§ 13.	— Influence du diamètre du projectile sur la vitesse initiale et sur le recul. — Premières expériences (1842-1843).	65
§ 14.	— Suite. — Deuxième série d'expériences (1845).	70
§ 15.	— Suite. — Troisième série d'expériences (1846).	72
§ 16.	— Recherche d'une formule propre à faire connaître la perte de vitesse due au vent du projectile.	77
§ 17.	— Influence de la grandeur de la lumière sur la vitesse initiale.	84
§ 18.	— Recherche d'une formule propre à faire connaître l'influence que le vent du boulet exerce sur le recul.	85
§ 19.	— Formules relatives aux vitesses initiales des projectiles (poudre du Ripault 1842).	88
§ 20.	— Formules relatives aux reculs (poudre du Ripault 1842).	101
§ 21.	— Récapitulation des formules relatives aux vitesses initiales et aux reculs.	106
§ 22.	— Usage des formules. — Applications numériques.	109
§ 23.	— Vitesses initiales données par la poudre du Pont-de-Buis. — Formules.	115
§ 24.	— Expériences exécutées à Metz pour la détermination des vitesses initiales des projectiles. — Formules qui en représentent les résultats.	117
§ 25.	— Expériences faites à Liège par M. Navez pour déterminer l'influence que le poids du projectile exerce sur la vitesse initiale.	123
§ 26.	— Variation du calibre. — Applications des formules aux canons de 50.	125
§ 27.	— Variation du chargement. — Influence des sabots sur la vitesse initiale des projectiles.	127
§ 28.	— Suite. — Interposition d'un valet en étoupe entre la gargousse et le projectile.	131
§ 29.	— Suite. — Interposition d'un valet en algue marine entre la gargousse et le projectile.	133
§ 30.	— Suite. — Espace vide ménagé entre la gargousse et le fond de l'âme. — Le feu mis par l'avant de la charge (chargement proposé par M. Delvigne).	135
§ 31.	— Bouches à feu à chambres.	137
§ 32.	— Effets des petites charges.	141
§ 33.	— Pression moyenne des gaz sur le projectile.	142
§ 34.	— L'inclinaison du canon a-t-elle quelque influence sur la vitesse initiale des projectiles?	145
§ 35.	— Tir des boulets sphériques dans les canons rayés.	147

	Pages.
§ 36. — Épreuves des poudres	150
§ 37. — Expériences exécutées en 1855 sur le mortier de 32^{cm} à plaque	152
§ 38. — Effet du pulvérin dans les bouches à feu	154
§ 39. — Tables des vitesses initiales des projectiles	155

CHAPITRE II.

RÉSISTANCE DE L'AIR AU MOUVEMENT DES PROJECTILES SPHÉRIQUES.

§ 1. — Théorie de la résistance de l'air d'après Newton	161
§ 2. — Considérations générales. — Formules	164
§ 3. — Procédés d'expérimentation	167
§ 4. — Expériences exécutées à Metz, en 1839 et 1840, à l'aide du pendule balistique	168
§ 5. — Formules qui ont été déduites des expériences précédentes	169
§ 6. — Expériences exécutées à Metz en 1856 et 1857	172
§ 7. — Expériences exécutées en Angleterre par M. Bashforth, années 1864-1870	174
§ 8. — Expériences exécutées à Saint-Pétersbourg en 1868 et 1869	176
§ 9. — Conséquences des expériences	177

CHAPITRE III.

PÉNÉTRATION DES PROJECTILES SPHÉRIQUES DANS LES MILIEUX SOLIDES.

§ 1. — Considérations générales. — Formules	182
§ 2. — Relation entre la force vive du mobile et le vide formé dans le milieu	186
§ 3. — Pénétration des boulets massifs en fonte de fer dans la maçonnerie	188
§ 4. — Pénétration des boulets massifs en fonte de fer dans la terre	190
§ 5. — Pénétration des boulets massifs dans le charbon de terre	193
§ 6. — Pénétration des boulets massifs dans le bois de chêne. — Gâvre, 1835. — Premières expériences	196
§ 7. — Suite. — Nouvelles expériences exécutées à Gâvre en 1844	199
§ 8. — Suite. — Massif capable d'arrêter un projectile	201
§ 9. — Table des pénétrations des boulets massifs dans le bois de chêne	202
§ 10. — Table des pénétrations des boulets creux dans le bois de chêne	203
§ 11. — Tir oblique contre le bois de chêne. — Réflexion des projectiles	204

CHAPITRE IV.

EFFETS DE LA POUDRE DANS LES PROJECTILES SPHÉRIQUES CREUX.

	Pages.
§ 1. — Phénomènes généraux	207
§ 2. — Cas où la lumière est formée pendant la combustion de la poudre. — Détermination de la charge de rupture	209
§ 3. — Cas où la lumière est ouverte avant l'éclatement. — Expériences	210
§ 4. — Suite. — Expériences exécutées à Metz sur les obus de 22^{cm}	215
§ 5. — Nombre et vitesse des éclats du projectile	210

CHAPITRE V.

EFFETS DES BOULETS SPHÉRIQUES SUR LES MURAILLES DES VAISSEAUX EN BOIS. — EXPÉRIENCES EXÉCUTÉES A GAVRE EN 1840.

§ 1. — Objet des expériences. — Dispositions générales	221
§ 2. — Construction des murailles	222
§ 3. — Effets des boulets isolés qui traversent la muraille	223
§ 4. — Destruction des murailles	229
§ 5. — Influence de la vitesse des boulets sur la destruction	232
§ 6. — Effets des obus munis de mécanismes percutants	232

CHAPITRE VI.

TRAJECTOIRES MOYENNES DES PROJECTILES SPHÉRIQUES.

§ 1. — Considérations générales	234
§ 2. — Mouvement dans le vide	236
§ 3. — Formules du mouvement lorsque la résistance de l'air est dirigée suivant la tangente à la trajectoire	239
§ 4 — Résistance proportionnelle à une puissance quelconque de la vitesse	241
§ 5. — Suite	244
§ 6. — Résistance proportionnelle au carré de la vitesse	246
§ 7. — Résistance composée de deux termes proportionnels l'un au carré, l'autre au cube de la vitesse	249
§ 8. — Résistance proportionnelle au cube de la vitesse	253
§ 9. — Résistance proportionnelle à la quatrième puissance de la vitesse	255
§ 10. — Résistance proportionnelle à la vitesse	256

CHAPITRE VII.

SUBSTITUTION D'UNE COURBE DU TROISIÈME DEGRÉ A LA TRAJECTOIRE RÉELLE. — FORMULE DES PORTÉES.

	Pages.
§ 1. — Considérations conduisant à cette substitution...............	260
§ 2. — Expériences de Gâvre. — Dispositions générales.............	265
§ 3. — Suite. — Canon de 30 n° 3 (année 1848)....................	268
§ 4. — Suite. — Canon de 30 n° 4 (année 1850)....................	269
§ 5. — Suite. — Canon de 30 n°^{s} 1 et 2 (années 1830, 1831, 1832)....	270
§ 6. — Suite. — Canon de 18 n°^{s} 1 et 2 (années 1830-1832).........	271
§ 7. — Suite. — Canon de 12 (années 1848-1853)..................	273
§ 8. — Conséquences des expériences précédentes..................	274
§ 9. — Expériences exécutées sur des boulets creux................	278
§ 10. — Expériences exécutées à Metz sur un canon de 16..........	281
§ 11. — Expériences exécutées en Russie sur un canon de 24........	284
§ 12. — Expériences sur des fusils d'infanterie exécutées à Vincennes.	287
§ 13. — Résumé des formules du tir surbaissé.....................	289
§ 14. — Applications numériques................................	293
§ 15. — Construction des tables de tir. — Angle de relèvement......	299
§ 16. — Cas où le point à battre n'est pas au niveau du point de départ..	301
§ 17. — Conséquences auxquelles on est conduit lorsqu'on suppose la trajectoire du troisième degré et la résistance de l'air dirigée suivant la tangente......................................	303
§ 18. — Tir sous des angles supérieurs à 10°. — Modifications à faire subir aux formules....................................	306

CHAPITRE VIII.

INFLUENCE DE LA ROTATION SUR LE MOUVEMENT DES PROJECTILES SPHÉRIQUES.

§ 1. — Expériences exécutées à Gâvre, en 1843, sur des obus excentriques de 22^{cm}...	310
§ 2. — Autres expériences exécutées à Gâvre, en 1844, sur l'obusier de 27^{cm}...	314
§ 3. — Conséquences des expériences précédentes.................	315
§ 4. — Application aux projectiles sphériques ordinaires. — Véritable direction de la résistance de l'air.........................	319
§ 5. — La proximité du sol a-t-elle quelque influence sur l'étendue des portées?...	321

CHAPITRE IX.

DÉVIATIONS DES PROJECTILES SPHÉRIQUES.

	Pages.
§ 1. — Considérations générales et définitions......................	323
§ 2. — Déviation latérale moyenne.................................	325
§ 3. — Influence du vent du projectile sur les obviations...........	331
§ 4. — Tables des déviations latérales moyennes des projectiles sphériques..	332
§ 5. — Comparaison des déviations latérales et des déviations verticales. — Observations faites à bord du bâtiment-école de Toulon..	335

CHAPITRE X.

INFLUENCE DES AGITATIONS DE L'AIR SUR LE MOUVEMENT DES PROJECTILES SPHÉRIQUES.

§ 1. — Considérations générales.................................	339
§ 2. — Influence d'un plan horizontal parallèle au plan de tir........	342
§ 3. — Applications numériques.................................	343
§ 4. — Influence d'un vent horizontal perpendiculaire au plan de tir.	346
§ 5. — Application numérique.....................................	349
§ 6. — Influence d'un vent vertical................................	350
§ 7. — Application numérique.....................................	352

CHAPITRE XI.

TIR A DEUX BOULETS SPHÉRIQUES.

§ 1. — Vitesses initiales des projectiles.............................	355
§ 2. — Trajectoires des projectiles. — Courbes moyennes............	358
§ 3. — Écart horizontal des projectiles.............................	362
§ 4. — Écart vertical des projectiles................................	362

CHAPITRE XII.

TIR A MITRAILLE.

§ 1. — Considérations générales.................................	364
§ 2. — Description des mitrailles..................................	365
§ 3. — Vitesses des balles..	366

TABLE DES MATIÈRES. 447

	Pages.
§ 4. — Trajectoire moyenne des balles.............................	368
§ 5. — Tir à boulet et à mitraille...................................	370
§ 6. — Égalité de la dispersion dans tous les sens. — Indépendance de la dispersion et de la vitesse initiale. — Proportionnalité de la dispersion à la distance.............................	000
§ 7. — Influence du plateau sur la dispersion........................	380
§ 8. — Augmentation de la dispersion quand on oppose un obstacle au mouvement des balles. — Influence de la position du boulet dans le tir à boulet et à mitraille.................	381
§ 9. — Influence du nombre et du diamètre des balles...............	382
§ 10. — Influence de la longueur de l'âme sur la dispersion..........	383
§ 11. — Expression générale de la dispersion........................	384
§ 12. — Expériences exécutées en 1844 sur un obusier de 27^{cm}........	385

CHAPITRE XIII.

RÉSISTANCE DES CANONS EN FONTE DE FER AU TIR DES BOULETS SPHÉRIQUES.

§ 1. — Manière dont s'opère la rupture d'un canon en fonte de fer...	387
§ 2. — Influence du mode de chargement sur la rupture............	391
§ 3. — Observations sur la construction des bouches à feu en fonte de fer..	395

NOTE I.

THÉORIE DE LA SIMILITUDE MÉCANIQUE.

§ 1...	397
§ 2...	399
§ 3...	401

NOTE II.

PROBABILITÉ DES RÉSULTATS MOYENS DES OBSERVATIONS.

§ 1. — Notions préliminaires......................................	401
§ 2. — Concours de plusieurs causes à la production des écarts. — Théorème concernant le carré moyen des écarts..........	402
§ 3. — Hypothèses et formules fondamentales......................	404
§ 4. — Application à la loi de probabilité des écarts $\frac{a}{\sqrt{\pi}} e^{-a^2 x^2}$.....	407
§ 5. — Moyenne arithmétique des résultats des observations........	409
§ 6. — Probabilité de la moyenne arithmétique, formule générale de Laplace...	410

TABLE DES MATIÈRES.

Pages.

§ 7. — Application à la loi de probabilité $\frac{a}{\sqrt{\pi}} e^{-a^2 x^2}$ 415

§ 8. — Application à la loi de probabilité $\frac{1}{\pi(1+x^2)}$ 417

§ 9. — Cas où la loi de probabilité des écarts est inconnue........ 419

§ 10. — Argument de Gauss en faveur de la loi de probabilité $\frac{a}{\sqrt{\pi}} e^{-a^2 x^2}$ 421

§ 11. — Adoption de la loi de probabilité $\frac{a}{\sqrt{\pi}} e^{-a^2 x^2}$ 423

§ 12. — Valeur de la fonction $\frac{2}{\sqrt{\pi}} \int_0^t e^{-t^2} dt$ correspondant aux valeurs de t... 425

§ 13. — Détermination du coefficient a............................ 428

§ 14. — Écart probable.. 430

§ 15. — Hypothèse de l'égale probabilité des écarts................ 430

§ 16. — Détermination d'une fonction linéaire de plusieurs variables. — Méthode des moindres carrés............................. 435

§ 17. — Suite. — Autre procédé..................................... 438

§ 18. — Cas particulier.. 439

FIN DU TOME PREMIER.

6611   Paris. — Imprimerie de Gauthier-Villars, quai des Augustins, 55.

www.ingramcontent.com/pod-product-compliance
Lightning Source LLC
Chambersburg PA
CBHW070527230426
43665CB00014B/1599